通信産業
の経済学 R1

Economics of the Telecom Industry, R1

実積寿也

Toshiya Jitsuzumi

九州大学出版会

第3版はしがき

通信やネットの分野でテキストを執筆する場合，対象物の変化の速さが最大の障害となる。加えて，新たに登場した事象やサービスについては，それ以前にあったシステムの上に成立しているため，「新しいもの」を理解するための基礎として求められる知識の水準もますます増加している。

さて，初版を上梓してから10年が経とうとしている。10年一昔とは言うが，ムーアの法則でいえば，10年間で100倍の機能を持つ大規模集積回路が生まれる。モバイル・ブロードバンドを支える無線技術の進歩も著しい。2010年，わが国で利用可能であった携帯電話の最先端は第3.9世代（3.9G）と呼ばれるもので，下り50Mbps，上り25Mbpsの性能を誇っていた。現在，導入が進められている第5世代（5G）では，下りで最大20Gbpsの性能が期待されており，その進歩は400倍に達する。サービスやビジネスモデルの進歩はさらにすさまじい。写真共有SNSであるインスタグラムの提供開始が2010年，日常生活において不可欠なサービスとなっているLINEは2011年，最近になって急速に使用できる店舗が増えているQRコード決済は2012年，メルカリは2013年，ポケモンGOとTikTokは2016年。気が付けば，われわれの身の回りは10年前にはなかったサービスであふれている。もはや初版『通信産業の経済学』は前世代の書と言わざるを得ない。

今回の改訂では，産業の現状についての記述を整理するとともに，次の10年で大きなトレンドとなるであろう分野に関する記述を大きく増やした。具体的には，旧版の第1部第1章を削除し，第1部第3章を新たに挿入した。また，第4部については大幅な追記を行っている。最終的には第2版に引き続き全四部構成を維持している。第1部（通信と政府の役割）において，本書がその分析の基本とするミクロ経済モデルや産業政策の基礎理論，情報の価値について学ぶ。第2部（通信サービスの経済特性）では，通信産業が通常とは異なる取り扱いを求める理由について解説する。第3部（通信市場と規制）では，政府による市場介入の背景となる理論について学び，規

制から競争導入のロジックについて議論する。最後の第4部（通信産業からネット産業へ）では，通信産業やその存在を前提として急速に発展するネット産業が直面する問題について記述する。

　未来を担う学生諸君や，未来に向けて苦闘しなくてはならない社会人にとって何らかの道標を与えることができるのであれば幸せである。

　今回も九州大学出版会の皆さんには大変お世話になった。大学を移籍し，九州を遠く離れてもしっかりサポートしていただき感謝している。また，執筆作業を順調に進めることができたのは，献身的な妻の協力があってこそである。本書を三度彼女に捧げる。

　2019年8月

実積寿也

初版はしがき

　本書は，基本的なミクロ経済学の知識を有する読者を対象に「通信産業の経済学的な特質」について平易にとりまとめたものである。これまで，通信経済学を論じた書籍は，いわゆる研究書の類が主であり，初学者には少々敷居が高かった。本書は，通信経済学に初めて接する読者が他の参考文献を必要とすることなく理解できるよう十分に配慮したつもりである。その意味で，本書が主として対象としている読者層は，ミクロ経済学入門を履修済の学部学生，他分野から経済学系大学院に進学した大学院修士一年生，さらには，情報通信産業に就職した社会人一年生である。

　本書は，三部から成る。第 1 部（通信と政府の役割）において，本書が対象とする通信サービスや，一般的な産業政策についての基本的復習を行う。第 2 部（通信サービスの経済特性）では，通信産業において通常とは異なる取り扱いを必要とする理由について解説する。第 3 部（通信政策の理論）では，伝統的規制，規制緩和，競争政策，さらには近年話題となっているインフラ整備政策について議論している。各章ではできる限り最新の統計データや研究成果を組み込んでいるが，本書全体の平易さを確保する観点から，詳細な説明についてはより高度なテキストブックや研究書に委ねている箇所がある。本書の内容に飽き足らず，より高度な理解を求める読者は，ぜひ，そういった文献を手にとって知的好奇心を満たしてもらいたい。また，各章末尾には，十分な数の引用文献リストを配し，さらに本書の最後に主要な参考文献を別記した。卒業論文や学位論文の執筆を予定している学部学生や大学院生にとっては，資料収集の第一歩として利用価値があると思われる。

　さて，通信産業は技術進歩が著しく速い産業分野である。そのため，本書の取り扱っている具体例が陳腐化するスピードは残念ながら極めて速い。わずか 5 年前にはブロードバンド利用者の数は 2,000 万人に届かず，その大半は ADSL を利用していた。動画投稿サイトとして有名な YouTube が公式にサービスを開始したのは 2005 年 12 月であり，ニコニコ動画や Ustream は存在すらしていなかった。それに対し，今日では

ブロードバンド利用者は 3,000 万人を超え，過半数は莫大なキャパシティを持つ光ファイバでインターネットに接続し，映画やオンラインゲームなどの動画コンテンツを日々大量に消費している。このような状況に対し，通信経済学に携わっていくすべての者は，日々出現する新しい事態を客観的かつ詳細に観察したうえで，これまでの理論蓄積が依然として適用可能であるか否かを冷静に判断し，必要があれば従来の理論を大胆に書き換えるという姿勢を保持しなくてはならない。その意味で本書は，執筆時点における通信経済理論の概要と，それが拠って立つ現実を描写したスナップ写真としての意味も持つかもしれない。

　本書が筆者の意図を十分に反映したものとなっているか否かは読者の判断に委ねる他はないが，通信経済学という分野に対する読者の知的好奇心を少しでも掻き立てるものであれば幸いである。

　最後に私事ながら，本書をまとめることができたのは，私の研究活動を献身的に支えてくれている妻のおかげである。本書を彼女に捧げたいと思う。

　2010 年 7 月

実積寿也

目　　次

第 3 版はしがき　　i

初版はしがき　　iii

第 1 部　通信と政府の役割

第 1 章　市場に対する政府の関与 ·······················3

1. はじめに　3
2. 市場メカニズムが達成するもの　5
   - 2.1. 市場モデル　5
   - 2.2. 家計の意思決定　7
   - 2.3. 企業の意思決定　9
   - 2.4. 競争均衡　11
   - 2.5. 効率性と公平性　13
3. 市場メカニズムの限界と解決策　16
   - 3.1. 「夜警国家」的モデル　16
   - 3.2. 効率性の前提条件　17
   - 3.3. 効率性の失敗（狭義の「市場の失敗」）　20
   - 3.4. 公平性の失敗　22
4. 通信分野への政府介入　23
   - 4.1. 市場は失敗しているのか？　23
   - 4.2. 規制の根拠　25
   - 4.3. 規制のコスト　27
5. 政府介入の変遷　28

vi　目　　次

　　5.1.　産業育成（復興）　28

　　5.2.　事業規制　28

　　5.3.　競争政策　29

　　5.4.　効率性と社会的便益　31

　引用文献　32

第2章　産業政策の基礎理論　……………………………………………33

1.　はじめに　33

2.　産業構造政策　34

　2.1.　産業構造の変化　34

　2.2.　望ましい産業構造　38

　2.3.　幼稚産業保護　39

　2.4.　産業転換・産業調整　46

3.　産業組織政策　48

　3.1.　競争至上主義の是非　48

　3.2.　わが国の通信産業政策　56

4.　戦略的貿易政策　58

　4.1.　マーシャルの外部性　58

　4.2.　補助金競争　61

　引用文献　63

第3章　情報の価値　…………………………………………………65

1.　はじめに　65

2.　市場メカニズムにおける情報　66

　2.1.　情報の不完全性　66

　2.2.　情報の非対称性：影響と対策　67

　2.3.　モラルハザード問題　71

　2.4.　不確実性下の消費者行動　72

3.　経済財としての情報　75

　3.1.　財の特殊性　75

　3.2.　情報財の価値　77

目　次　*vii*

　3.3.　独占力の源としてのデータ　79

4.　情報財市場　82

　4.1.　市場構築のための環境整備　82

　4.2.　個人情報への配慮　84

　4.3.　ミスインフォメーション，ディスインフォメーション　85

引用文献　86

第2部　通信サービスの経済特性

第4章　ネットワーク効果 ……………………………………………91

1.　はじめに　91

2.　ネットワーク効果と外部性　92

　2.1.　ネットワーク効果とは　92

　2.2.　正の効果と負の効果，予測の自己実現性　93

　2.3.　ネットワーク効果による外部性　95

　2.4.　ネットワーク外部性の内部化　96

　2.5.　メトカーフの法則　98

3.　閾値加入者数とネットワーク規模　99

　3.1.　閾値加入者数　99

　3.2.　ネットワーク規模の決定　101

　3.3.　安定均衡と不安定均衡　102

4.　ネットワークの均衡点　104

　4.1.　均衡点の数と安定性　104

　4.2.　クリティカル・マス　106

　4.3.　クリティカル・マスによる均衡の性質　106

5.　市場加入需要曲線　108

　5.1.　需要曲線の導出1　108

　5.2.　需要曲線の導出2　110

　5.3.　数値例　112

引用文献　113

viii　目　　次

第5章　ネットワーク効果の影響 …………………………………115

1. はじめに　115
2. 通信需要と加入需要　115
   2.1. 個別通信需要と加入需要　115
   2.2. 現実の加入需要　118
   2.3. 個別通信需要と市場通信需要　120
3. スタートアップ問題　121
   3.1. 新規参入事業者の対応　121
   3.2. 先行している事業者の活用　123
   3.3. クリティカル・マスの大きさ　124
4. 既存事業者への影響　126
   4.1. 事業経営の非効率性　126
   4.2. 過剰慣性と過剰転移　127
   4.3. ユニバーサルサービスの価値　128
5. ネットワーク間競争　129
   5.1. The winner takes all.　129
   5.2. 複数ネットワークの共存　129
   5.3. 事業者の具体的な戦略　130

引用文献　133

第6章　通信サービスの生産 …………………………………135

1. はじめに　135
2. 通信ネットワーク　135
   2.1. 充足の経済，設備の不可分性　135
   2.2. ネットワークの構造　136
3. ネットワークの構築　138
   3.1. 構築コスト　138
   3.2. 大規模構築のメリット　139
   3.3. ネットワークの混雑　141
   3.4. 費用構造の特徴　142
4. 規模の経済　144

4.1. 平均費用逓減　144

4.2. 規模の経済・不経済　146

4.3. 環境変化の影響　148

5. 範囲の経済　150

5.1. 範囲の経済　150

5.2. 費用構造の備えるべき性質　152

6. 通信事業の構造　153

6.1. 規模の経済と範囲の経済　153

6.2. 独占の安定性　155

6.3. 自然独占　157

引用文献　158

第3部　通信市場と規制

第7章　参入規制と料金規制　………………………………163

1. はじめに　163

2. 独占企業の料金設定　163

2.1. 独占企業の行動　163

2.2. 自然独占の場合　165

2.3. 社会的厚生からの評価　166

3. セカンドベスト料金　168

3.1. 限界費用価格形成　168

3.2. 平均費用価格形成　170

3.3. 二部料金制　173

3.4. ピークロード料金　175

4. 参入規制　178

4.1. 根拠としての自然独占　178

4.2. その他の根拠　179

5. わが国における伝統的規制　181

5.1. 公正報酬率規制　181

x 目 次

   5.2. 第一種電気通信事業への参入許可　182

  引用文献　184

第8章　伝統的規制の限界と解決策 ……………………………………185

  1. はじめに　185

  2. 伝統的規制をめぐる環境変化　186

    2.1. 規制のコスト　186

    2.2. 需要環境　187

    2.3. 生産環境　189

    2.4. 政策環境　190

  3. 伝統的規制の本質的問題点　191

    3.1. 内部効率化インセンティブへの影響　191

    3.2. アバーチ＝ジョンソン効果　193

    3.3. 規制運用面の非効率性　199

  4. インセンティブ規制　201

    4.1. 免許入札制　201

    4.2. ヤードスティック競争　204

    4.3. 価格上限規制　206

  5. コンテスタブル市場　210

    5.1. コンテスタビリティ理論　210

    5.2. コンテスタビリティ理論の展開　212

  引用文献　214

第9章　新規参入の促進 ……………………………………………………217

  1. はじめに　217

  2. 新規参入　218

    2.1. 競争形態と不可欠設備　218

    2.2. 設備競争とサービス競争　220

    2.3. 投資の階段　223

    2.4. 接続　225

  3. 既存ネットワークの利用料金　227

目　次　**xi**

　3.1.　最適料金　227

　3.2.　LRIC 方式の既存事業者への影響　230

　3.3.　価格スクイズ　231

4.　内部相互補助　232

　4.1.　レバレッジ　232

　4.2.　不当廉売への対処　233

5.　標　準　化　234

　5.1.　デジュリ vs. デファクト　234

　5.2.　標準化戦争　235

　5.3.　スイッチングコスト　237

　5.4.　ロックイン下の競争　239

6.　新規参入事業者の保護・育成　241

　6.1.　幼稚産業保護論の応用　241

　6.2.　直接支援と間接支援　241

引用文献　242

第4部　通信産業からネット産業へ

第10章　ネットワークの整備 ……………………………………………247

1.　はじめに　247

2.　ネットワーク整備の価値　247

　2.1.　経済へのインパクト　247

　2.2.　利用者側の条件整備　248

3.　ネットワークの最適規模　250

　3.1.　専用部分と共用部分　250

　3.2.　技術進歩と事業者協調　251

　3.3.　ネットワークの混雑　254

　3.4.　提供条件の影響　257

4.　周波数オークション　260

　4.1.　電波という資源　260

xii 目　　次

4.2. 配分方法の比較　261

4.3. 効率解達成の条件　263

4.4. ルールの選択　265

4.5. 公平性・収入最大化の視点　267

引用文献　268

第 11 章　ネット産業の経済学 ……………………………………271

1. はじめに　271

2. 最適事業範囲　272

2.1. 取引費用経済学　272

2.2. 情報化の影響　275

2.3. 垂直統合の効率性　277

3. ビジネスモデルの模索　281

3.1. 無料モデル　281

3.2. 無料サービスの価格　284

3.3. 両面市場　285

3.4. 定額料金制と従量料金制　287

4. ビッグデータ　289

4.1. デジタル化とビッグデータ　289

4.2. データ駆動型社会　292

4.3. 必要な政策介入　294

引用文献　297

第 12 章　ネット産業の政策課題 ……………………………………301

1. はじめに　301

2. デジタルトランスフォーメーション　301

2.1. 産業構造の変化と Society 5.0　301

2.2. 競争へのインパクト　303

2.3. 労働市場へのインパクト　305

3. オンライン・プラットフォーム　306

3.1. プラットフォーム事業者　306

目　次　*xiii*

　　3.2.　プラットフォーム独占　　309

　　3.3.　経済システムへのインパクト　　311

4.　ネットワーク中立性　　314

　　4.1.　問題の本質　　314

　　4.2.　トラフィック混雑への対処　　315

　　4.3.　ネットワーク事業者の市場支配力　　319

　　4.4.　通信品質リテラシーの確保　　321

　　4.5.　「ネットワーク中立性」からの中立性　　323

5.　ブロードバンドエコシステムが求める中立性　　326

　　5.1.　ネットワーク中立性の進化　　326

　　5.2.　様々な中立性　　327

引用文献　　329

索　　引　　333

第 1 部　通信と政府の役割

第 1 章　市場に対する政府の関与

1.　はじめに

　電話サービスやインターネット接続サービスを提供している通信事業者，および，通信設備の存在を前提としてサービス展開を行っているネットサービス事業者（OTT事業者[1]）は，情報通信技術（ICT：Information and Communication Technology）の進歩の恩恵を最も享受している産業分野であり，品質・機能をより高めた新サービスや，より低廉で使い勝手のよいサービスが日々提供されている。他方，彼らの提供しているサービスは，それ自体がわれわれの日常生活にとっての必需サービスであることに加え，企業ユーザーにとっては事業運営に欠かすことのできない生産要素である。つまり，通信事業やネット事業はわれわれの社会・経済活動にとってなくてはならない要素である。特に通信事業は社会のインフラストラクチャーを構成する重要な要素の一つであるため，自動車産業や電気機械産業とは大きく異なり，政府の規制・介入を受けることが通常であると長い間認識されてきた。

　ミクロ経済理論の想定する最も基本的な市場メカニズムの下では，産業や企業は政府の規制・介入を受けない状況において最高の効率性を発揮し，市場は一般均衡の状態になり，パレート最適[2]と呼ばれる状況が実現する。日本をはじめとする資本主義諸国において，われわれが日々消費している財やサービスは，そのほとんどが営利目的の民間企業の手で市場メカニズムを通じて提供されている。提供される財・サービ

---

[1] OTT とは Over-The-Top の頭文字である。ネットサービス事業者は，自身のビジネスに不可欠な下部構造（インフラストラクチャー）であるネットワーク設備を他者である通信事業者に依存しつつ，その上でサービスを構築していることから，OTT 事業者と称される。
[2] パレート最適とは，他のいずれかの経済主体の効用（あるいは生産量）を減らすことなしには，どの経済主体の効用（あるいは生産量）も増加できない状況を描写する言葉であり，生産要素や財の配分に無駄のない状況である。経済学においては，「完全競争均衡はパレート最適である」という命題（「厚生経済学の第一定理」）が証明されている。

スの料金や品質，あるいは取引量は，売り手と買い手との間の自発的な市場取引によって決定され，政府などの第三者が介入する余地が基本的には存在しないようにみえる。しかしながら，現実の市場状況は，ミクロ経済理論が通常想定する条件を満たしていないため，パレート最適の状況が達成されないことも多い。そのため，市場メカニズムを経済活動の基本原理として認める国々においても，一定の条件を満たす（あるいは一定の条件を満たさない）産業に対して規制や政策介入を行い，効率性の改善を目指すことが珍しくはない。

　ミクロ経済理論の満たす条件が満足されたとしても，依然として政府活動と無関係というわけではない。売買契約の誠実な執行を確保するためには，政府が提供する警察・司法システムを利用することが不可欠である。また，政府が追求する価値は経済的なものに限らない。それらをカバーする社会的規制に従う限り，財・サービスの生産・販売を行う民間企業は，自身の利潤最大化のみを目的として行動することが許されている。

　通信事業あるいは通信市場にとって政府の規制が不可欠と考えられてきた主な理由は，生産面における自然独占性および消費面におけるネットワーク効果があり，さらに，提供されるサービスに社会的不可欠性があるからである。自然独占性とは，通信産業が巨大設備の構築を必要とすることに由来するもので，その結果，巨大事業者が価格競争力をもって市場を独占することが可能になる。「通信サービスは相手方が存在して初めて価値を生む」ことに起因するネットワーク効果は，市場における一人勝ちを維持・拡大させてしまう。通信事業者が提供するサービスは社会的に不可欠，かつ，極めて重要であるため，いわゆる不採算地域におけるサービス提供拒否が発生した場合は社会的に大きな問題となる。こういった性質は，ミクロ経済学が想定する完全競争市場（無数の企業が市場への参入，市場からの撤退を繰り返しながらサービス提供を競う市場）の状況とは大きく異なっている。そのため，こういった通信事業の特徴は，政府の規制・介入の存在を正当化するものと認識されてきた。

　ネットサービス事業者については，これまでは通信事業の大口ユーザーの一つという位置付けであったが，通信事業者と同じく，自然独占性やネットワーク効果を活用し，寡占化が急速に進展しており，競争市場維持の観点から経済的規制の対象となりつつある。加えて，近年，個人情報を活用したパーソナライズサービスの提供により，その市場支配力をさらに強化しつつあることから，プライバシー保護のための社会的規制も強化されてきている。

本章では，通信産業およびネットサービス産業に対する政府の関与を理解する第一歩として，まずは政府の規制がない市場メカニズムの理想像とその限界について解説し，さらに，政府が介入することで何が期待できるのかについて議論する。

2.　市場メカニズムが達成するもの[3]

2.1.　市場モデル

　最も基本的なミクロ経済学が想定する市場メカニズムのモデルでは，いわゆる完全競争の仮定の下で，2種類のプレイヤー（市場参加者）と，2種類の市場の存在が想定される。

　完全競争モデルとは以下の条件を満たす状況である。

(1)　個々の主体の取引量は，市場全体に比べて十分に小さい

(2)　同種の財を生産する供給者の生産物は同質

(3)　個々の主体は市場価格や財の性質について「完全情報」[4]を保持

(4)　個々の主体は意思決定にあたり，他主体への影響を考慮しない

(5)　長期的には供給者による参入・退出は自由

　通常，(1)から(4)の条件が満たされる市場を「短期の完全競争市場」と呼び，すべての条件を満たす場合を「長期の完全競争市場」と呼んでいる[5]。現実の世界ではこれらの条件を完全に満たす例を探すのは困難であり，その意味で極端な状況を仮定していることには留意する必要がある。あくまでも市場メカニズムの基本的な機能を理解するための想定である。

　さて，第一の市場参加者は「家計」と呼ばれ，生産を行うために必要な労働力や土地，資本といった生産要素の所有者として定義される。現実の社会における大部分の消費者が「家計」の具体例である。「家計」は，所有している生産要素を市場で売却することで得た対価（所得）で，自らが消費する財・サービスを購入する。「家計」

---

[3] 本節および次節は，マーキュロ&ライアン（1986, pp.47-56）などの議論をベースとしている。

[4] 完全情報については，完全競争とは独立の条件として議論される場合があり，本章3.2節においてさらに説明する。

[5] 「長期」「短期」の内容については第6章脚注3を参照されたい。

の行動目的は，購入した財・サービスを消費することから得られる満足感（効用）を最大化することである。

　第二の参加者は「企業」である。「企業」は，一定の技術を所有し，それを用いることで，市場取引を通じて「家計」から購入した生産要素を組み合わせて財・サービスを生産し，当該生産物を再び市場を通じて「家計」に売却する主体として定義される。そのため，現実社会における企業群だけではなく，余暇や休日に裏庭で農作業を行って副業収入を得るサラリーマンや，インターネットに自作ビデオを投稿して収入を得る学生など，一般的には必ずしも企業としての体裁を備えない主体も，ここで言う「企業」に分類されることに注意が必要である。「企業」の行動目的は，生産物の販売額（売り上げ）と生産要素の購入額（費用）の差額である利潤を最大化することである。

　第一と第二の参加者が取引を行う場所として「市場」が定義される。基本モデルにおいて，市場には2種類あるものとして想定される。第一の市場は，家計が保有する生産要素の取引が行われる「生産要素市場」である。ここでは，「家計」が売り手（供給者），「企業」が買い手（需要者）として行動する。第二の市場は，「企業」が生産した財・サービスの取引が行われる「生産物市場」であり，「企業」が供給者，「家計」が需要者となる（図1-2-1）。

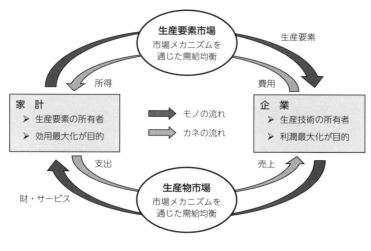

図1-2-1　市場モデル

第1章 市場に対する政府の関与 7

すべての取引は市場を介してのみ実行される。市場の機能（市場メカニズム）は，取引される財・サービスに対する需給を，価格水準を操作することで均衡させることである。次節で説明するように，価格水準が上昇すれば需要量が減少し，供給量が増大する。逆に，価格水準を下げることで需要量を増加させ，供給量を減少させることができる。ワルラス的調整過程（Walrasian adjustment process）[6]の下では，供給量が需要量を上回る超過供給の場合，市場メカニズムは価格に下降圧力を加えるよう機能し，逆の超過需要の場合は上昇圧力を加える。「企業」と「家計」が競争的に市場での取引を行うことを通じて需要量と供給量が一致するに至った状況が競争均衡であり，その際の価格を均衡価格（または市場価格）（P^*），取引量（数量）を均衡取引量と呼ぶ。

2.2. 家計の意思決定

「家計」の効用水準が，財・サービスの消費量の増大に伴って上昇し，かつ，財・サービスの価格が常に正であると仮定すると，図1-2-1で紹介した市場モデルにおける「家計」の意思決定は，「当初保有している生産要素（初期保有量）を売却して得た収入で，効用水準を最大化するような生産財の組み合わせを購入する」と記述できる。どういった財・サービスをどれだけ市場で購入するのかのみならず，初期保有量のうちどれだけを売却するのかも「家計」自身の意思に左右される。例えば，一日のうち，何時間を労働にあて，何時間を余暇にあてるのかは，効用最大化を目的とする「家計」による意思決定の一部である。

以下では，議論を単純にするため，所得 I を所与として，生産物市場のみに焦点をあてよう。この場合，家計は，ある財・サービスを消費することから得られる主観的価値と，そのために支払わなければならない価格を比較することで購入の意思決定を行う。具体的には，ある財・サービスの追加的1単位から得られる主観的価値を他の財で測った値である限界代替率（MRS：Marginal Rate of Substitution）と，財・サービスの相対価格を比較して行動を決定する。

二財のケースを考えよう。財1の価格と購入量，財2の価格と購入量をそれぞれ，P_1，X_1，P_2，X_2とする。価格水準P_iは市場メカニズムにより決定される均衡価格であり，完全競争市場を仮定すると，所与のものとして与えられる。限界代替率逓減の法則[7]が成立しているような通常のケースでは，財1と財2の限界代替率が相対価格

---

[6] 脚注15を参照のこと。

[7] 限界代替率は無差別曲線の接線の傾きの絶対値として計測される。この法則は，財の相対的な

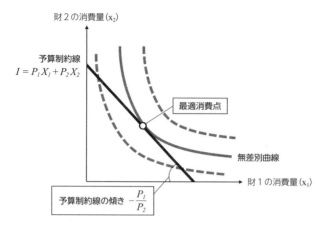

図 1-2-2　家計の効用最大化

の水準より大きい場合，すなわち，$MRS_{12} > P_1/P_2$ が成立する場合であれば X_1 を増加させることで[8]，より高い無差別曲線に到達できる。逆に，$MRS_{12} < P_1/P_2$ が成立する場合であれば X_2 を増加させることで実現できる効用水準は高くなる。この場合，相対価格が極端な値をとらないという条件の下で[9]，家計の効用最大化の条件は，$MRS_{12} = P_1/P_2$ として表現できる。

家計の支出総額は所得 I を超えることができないため，予算制約は，$I \geq P_1X_1 + P_2X_2$ として与えられる。効用は財の消費によってのみ与えられる場合，予算を残すことは合理的ではない。そのため，家計の意思決定は，予算制約線（$I = P_1X_1 + P_2X_2$）上のどの点を選択すれば最大の効用を実現できるのかを明らかにすることが目的となり，効用最大化は無差別曲線と予算制約線が接する点（最適消費点）において実現される（図 1-2-2）。ここで，無差別曲線の接線の傾きが $-MRS_{12}$ に等しく，一方，予算制約線の傾きが $-P_1/P_2$ であることを想起すれば，先の条件（$MRS_{12} = P_1/P_2$）がこの点

消費量が増加するにつれて，その財に対する主観的価値が次第に低下していくことを意味する。縦軸と横軸にそれぞれの財の消費量をとって描かれる無差別曲線が原点に対して凸になっているのはこのためである。数学的には，限界代替率の微分が負であるとして表現される。

[8] 所得制約の下では，X_1 を増加させると同時に，X_2 を減少させることが要請される。

[9] すべての財の消費量が正となる，いわゆる内点解（interior solutions）のケース。相対価格が極端な値になると，いずれかの財の消費量がゼロとなる境界解（corner solutions）のケースが発生しうる。その場合，$MRS_{12} \geq P_1/P_2$ あるいは $MRS_{12} \leq P_1/P_2$ が家計の効用最大化条件として成立するため，以降の議論において追加的な考慮をする必要がある。

において成立していることが確認できる。

さて，限界代替率は財・サービスの追加的消費によって得られる効用水準の増分の比，すなわち限界効用（MU : Marginal Utility）の比に等しい。そのため，上記の効用最大化条件は，$MRS_{12} = MU_1/MU_2 = P_1/P_2$，あるいは，$MU_1/P_1 = MU_2/P_2 (= \lambda)$ と書き換えることができる。つまり，「家計」が，最適な消費選択を行っている場合は，貨幣 1 単位当たりの限界効用の均等が達成されていることになる。なお，後者の等式の値である λ は，価格を一定として名目所得を 1 単位増加するときに達成される最大効用の追加分（追加的効用）である「所得の限界効用」（$\partial V/\partial I$）の水準に等しい[10]。

さて，一定量の財・サービスの消費に対して消費者が費やしてもよいと考える所得の上限（＝支払ってもよいと考える金額の上限）は，当該財・サービスに対する消費者の評価を示す。これを「便益（benefit）」と呼ぶことにすれば，後者の等式から，限界便益（MB : Marginal Benefit）の概念を用いた式 1 が得られる。

$$P_i = \frac{MU_i}{\lambda} \left(= \frac{\partial U/\partial X_i}{\partial V/\partial I} \right) = MB_i \quad (i = 1, 2) \qquad (式1)$$

結局，家計の最適行動ルールは，「$P_i = MB_i$ という条件がすべての財・サービスについて満たされるように一定の所得制約の下での消費量を調節すること」として表現できる。なお，需要曲線は与えられた市場価格の下で家計が選択する消費量を示しているため，このルールは，限界便益の値が需要曲線の高さと等しいことを意味している。結局のところ，「家計」は，$P_i < MB_i$ であれば当該財を追加購入し，$P_i > MB_i$ であれば当該財を購入しない（既に保有している場合には市場で売却する）[11]。

2.3. 企業の意思決定

「企業」の意思決定は，利潤（π）を最大にする生産パターン（生産する財・サービスの組合せと生産量）を発見することである。「家計」の場合と同じく，話を生産物市場での意思決定の局面に絞り，さらに単純化のために財の種類を 1 種類に限定する。そのため，生産パターンの決定は当該財の生産量を決定することに等しい。この場合，どれだけの生産物を生み出すのが最適であるかという「企業」の意思決定は，

---

[10] V は間接効用関数。詳細については，西村（1990，第 2 章）などを参照のこと。

[11] 以降，簡略化のため，財・サービスの種類を示す添え字 i については省略する。

10　第1部　通信と政府の役割

生産物を1単位追加的に生産・販売することによって得られる売り上げ（限界収入：MR：Marginal Revenue）と，当該生産に必要な追加的費用（限界費用：MC：Marginal Cost）との比較によって左右される。$MR > MC$であれば生産・販売量を追加することによって（逆であれば，減少することによって），「企業」の利潤が増大する。生産量が増大するにつれて限界費用が逓増するという通常の状況を仮定すれば[12]，「家計」の場合と同じように，「企業」の最適行動が成立しているための条件は$MR = MC$である。

　同じ結論は，$\pi =$収入（Revenue）－費用（Cost）という式の両辺を生産量で微分することによっても得られる。財・サービスの市場価格をP，生産量をX，逆需要関数を$P = P(X)$，総費用を$TC(X)$とすれば，企業の利潤πは式2によって表現される。

$$\pi = P(X)X - TC(X) \tag{式2}$$

　この場合，企業利潤を最大にする生産量は，式2をXについて微分し，その値がゼロに等しいとした方程式を解くことによって与えられる（式3，式4）[13]。すなわち，

$$0 = \frac{d\pi}{dX} = \frac{dP}{dX}X + P - \frac{dTC(X)}{dX} = (1/\varepsilon + 1)P - MC(X) \tag{式3}$$

したがって，$(1/\varepsilon + 1)P = MC(X)$ $\tag{式4}$

　ただし，ε（$= dX/dP \times P/X$）は需要の価格弾力性を，$MC(X)$は生産量Xにおける限界費用を意味する。また，$(1/\varepsilon + 1)P$は，生産量Xにおける限界収入を意味する。つまり，利潤最大化を目指す企業にとっての最適な生産量においては，限界収入と限界費用が一致すること（$MR = MC$）を式4は表現している。

　個々の企業が水平の需要曲線に直面する完全競争下ではεはマイナス無限大の値を

---

[12] 例えば，固定的な資本設備を一定量保有しており，資本設備と組み合わせて生産物を生み出す労働力の増減によって生産量を調整するケースを考えよう。資本量が一定であれば，当該企業が1単位余分に生産を行うために必要とする労働投入の追加量は生産水準に応じて増大する。この場合，労働単位で計測した限界費用の水準は生産増加とともに増大する。

[13] 実際には，一階微分した方程式の値をゼロにするという条件に加えて，二階微分した方程式の値が負になるという条件を満たす必要がある。本章においては，二階条件については常に満足していることを仮定する。

とるので[14]，式4左辺の限界収入は価格の水準に等しい。そのため，利潤最大化条件は $P = MC$ と表現される。

2.4. 競争均衡

　先の市場モデルにおいて，「家計」と「企業」が合理的に最適行動を選択しているとすれば，競争均衡においては $MB = P^* = MC$ という条件が成立している。これは，ある財・サービスを追加的に生産することによって得られる限界便益と，そのために必要な限界費用が，市場メカニズムによって決定される均衡価格（P^*）を介して一致していることを意味する。この下では，前節までで説明したように，「家計」は最大の効用を達成する水準の財・サービスを消費し，「企業」は利潤を最大化させる水準の財・サービスの生産を行っている。

　「家計」は「企業」による生産量の決定とは無関係に消費量を決定し，他方，「企業」は「家計」の消費量とは無関係に財・サービスの生産量を決定することが想定されている。ただし，その結果，生産量が消費量を上回る超過供給（過少需要）が生じた場合には，市場メカニズムが価格に低下圧力を加え，過少供給（超過需要）の下では，価格に上昇圧力を加える。市場が一定の安定条件を満たす場合[15]，需給状況が価格に加える圧力は需給均衡をもたらし，経済システム全体にとって効率的な資源配分を実現する。

　このことは市場メカニズムが優れた情報共有手段であることを意味している。限界便益や限界費用は家計や企業自身にしかわからない私的情報であるが，市場メカニズ

---

[14] 通常，価格が上昇すると需要量は減少するため，需要の価格弾力性（ε）はマイナスとなる。そのため，ε の値の定義において冒頭にマイナス1を乗じ，正の値として表現される場合も多い。その場合，完全競争下における需要の価格弾力性はプラス無限大となる。

[15] 2.1節で紹介したワルラス的調整過程は，超過供給・超過需要に反応して価格が調整される過程であり，価格の調整速度に比べて需要・供給量の反応速度が極めて速い状況を想定している。この調整メカニズムの下で，安定的な需給均衡が達成されるためには，「供給曲線の傾きの逆数が，需要曲線の傾きの逆数より大きい」という条件（ワルラス安定性の条件）を満たす必要がある。一方，需要量の反応は瞬時に完了するものの，供給量の反応に時間がかかる環境下で想定されるマーシャル的調整過程（Marshallian adjustment process）の下で安定的な需給均衡を得るには，「供給曲線の傾きが需要曲線の傾きより大きい」というマーシャルの安定性の条件を満たさなくてはならない。また，第三の調整過程であるクモの巣過程（cobweb process）では，「供給曲線の傾きの絶対値が需要曲線の傾きの絶対値よりも大きい」ことが安定的需給均衡の条件となる。市場メカニズムの安定性条件の詳細については，西村（1990，第2章）に平易な解説があるので参照されたい。

ムの下，すべての市場参加者にとって共通な公的情報である価格を介することで，すべての市場参加者について限界便益と限界費用の均衡，$MB = P^* = MC$ が分権的に達成される。

　ただし，限界便益や限界費用の計測が，当該プレイヤーのみの観点から行われた場合[16]には，社会全体として望ましい状況が生じない。それを避けるためには，便益や費用の計測に社会全体としての評価，具体的には当該意思決定の影響を受けるすべてのプレイヤーの評価，が反映されている必要がある。社会全体の観点からみて最適な競争均衡をもたらす条件は，MB_S（社会的限界便益）$= P^* = MC_S$（社会的限界費用），あるいは，$MB_S = MB_P$（私的限界便益）$= P^* = MC_P$（私的限界費用）$= MC_S$ として表現される。

　一般的に，市場メカニズムが実現する競争均衡では以下の二つの状況が成立する。

パレート効率的状況

　「他のいずれかの経済主体の効用（あるいは生産量）を減らさずには，どの経済
　　主体の効用（あるいは生産量）も増加できない状態」

ワルラス的一般均衡

　「すべての財・サービスにおいて需要と供給が一致」

　パレート効率的な状況とは，すべての家計と企業に関して $MB_S = MC_S$ が成立している状況であり，あらゆる便益と費用が考慮された下で，最適の資源配分が達成されていることを意味する。限界便益の逓減（＝右下がりの需要曲線）と限界費用の逓増（＝右上がりの供給曲線）を仮定する通常のケースでは，$MB_S = MC_S$ という条件を満たす生産量において社会便益が最大化するからである。状況は図 1-2-3 に示すとおりである。X_0 を下回る生産量では，$MB_S > MC_S$ が成立しているため，生産を今以上に拡大することで社会は費用以上の便益を享受できる。逆に，X_0 を上回る生産量では，$MB_S < MC_S$ となるため，生産縮小が社会にとって有益である。

---

[16] こういった観点から計測されたものを，私的限界便益（MB_P）および私的限界費用（MC_P）と呼ぶことにする。

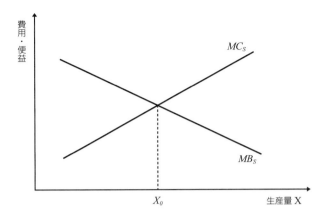

図 1-2-3　パレート効率的生産量

パレート最適に関しては，以下の二つの定理が一般的に成立する。

厚生経済学の第一定理
　「完全競争均衡はパレート効率的である」

厚生経済学の第二定理
　「任意のパレート効率的な配分は，適当な初期保有量を持つ個人からなる経済の完全競争均衡として達成される」

なお，議論を単純化することを主たる目的として[17]，本書における以降の分析は，経済全体の需給条件に着目する一般均衡分析（general equilibrium analysis）ではなく，特定の財・サービスの市場のみに着目する部分均衡分析（partial equilibrium analysis）のスタイルに従う。

2.5. 効率性と公平性

伝統的に，経済学では，一国の富の大きさに関わる問題を効率性（efficiency）の問

---

[17] 奥野（2008, p.133）は，「与件の変化が直接的な影響を与える財の（密接な代替財・補完財を含めた）ウェイトが経済全体に与える割合が小さい」，あるいは，「当初，経済に非効率が存在しない」という条件が満たされれば，こういった取り扱いに問題が少ないことを指摘している。

14 第1部 通信と政府の役割

題と呼び，獲得された富の分配に関わる問題を公平性（equity）の問題として定義してきている。そのうえで，効率性を追求する政策を実施して富の最大化を実現した後，公平性の問題に対処することを基本的アプローチとしている[18]。

　単純な市場メカニズムが，パレート効率的状況を達成するということは，当該経済システム全体をみた場合，初期保有量を最も効率的に，無駄なく利用していることを意味する。これは，ほぼ万人に納得可能な「効率性基準」であり，望ましい資源配分・所得分配が最低限満たすべき条件である。

　しかしながら，この基準だけで望ましい資源配分・所得分配の形が一意に定まるわけではない。例えば，生産技術が固定的であるため，常に財・サービスが100単位だけ生産され，二つの「家計」，AおよびB，がその消費を行うような市場システムを考えよう。この場合，家計Aと家計Bがともに50単位ずつ消費するような状況（状況1）と，家計Aのみがすべての生産財（100単位）を独占消費するような状況（状況2）は，ともに資源が無駄なく利用されているという意味でパレート効率的である。消費財を再配分しようとすれば，必ず，以前よりも効用が悪化する家計が生じるからである。そのため，状況1と状況2に関しては，「効率性基準」の観点からは優劣をつけることが不可能である。他方で，状況1と状況2とでは，社会的な価値が大きく異なる。競争均衡として状況2が成立しているような状況は，結果的に実現される所得分配が大きく歪んでいるために，最高の効率水準を実現できているとしても，そのままでは社会的に問題ありとされることが通常であろう。

　社会的に望ましい資源配分・所得分配を選択するためには，「効率性基準」に加えて，「公平性基準」と呼ばれるものを新たに導入する必要がある。「公平性基準」を導入すれば，「効率性基準」を満たす複数の状況に対して，公平性の尺度から優劣をつけることが可能になる。その結果，最終的に社会的に最も適切な状況を選択できる。

　しかしながら，「効率性基準」の場合と異なり，「公平性基準」では，万人に納得可能な基準を見出すことは困難である。「公平性基準」の策定においては，様々な条件に対する社会的な価値判断を行うことが必要であるが，価値判断は個人個人によって異なるため，統一基準の策定は困難を極める。先の例を続けるとすれば，家計Aが派遣切りにより貧困に喘いでいるのに対し，家計Bは先祖から巨額の資産を相続しているため当座の生活には全く困っていないような状況を考慮してみればよい。家計Aと

---

[18] この背後にある考え方については奥野（2008, pp.14-15）を参照されたい。

家計 B に同量配分することはかえって社会的正義に適わない可能性が高い。家計 A と家計 B の効用水準を比較するという問題（より具体的には，家計 A と家計 B のどちらの幸せを重視するのかという問題）の解決は厄介である。一定の政策の実施により，社会全体としての利益は増大するものの，その過程において，利益を受ける経済主体と，損失を受ける経済主体が同時に発生してしまうような場合には「効率性基準」だけでは有効な判断基準を提供できない[19]。

　「公平性基準」をめぐる諸問題は，経済を構成する各個人の効用と社会全体の厚生水準を対応させる社会厚生関数をいかに導出するかという問題でもある。この点については，エイブラム・バーグソン（Abram Bergson）とポール・A. サミュエルソン（Paul A. Samuelson）による理論に要約されている。いわゆるバーグソン＝サミュエルソン型社会厚生関数は，社会厚生を W，社会を構成する個人 i の効用を u_i とすると，以下の形（式 5）を持ち，他の消費者の効用が一定という条件の下，任意の個人の効用が増加すれば，W も増加することが仮定される。

$$W = W(u_1, u_2, \cdots, u_n) \tag{式 5}$$

　社会厚生関数については，いわゆる「アローの不可能性定理（Arrow's impossibility theorem）」[20]により，民主的な意思決定が有するべき望ましい性質を持ちえないことが主張されている。一方，サミュエルソンは，アローの主張に対し，パレート原理と両立する社会厚生関数は無数に存在し，そのいずれが望ましいかは価値判断に依存し，経済学の対象ではないと主張した。社会厚生関数に対するサミュエルソンのこの考え方は，経済学者の間での標準的な考え方となっている（常木, 2002）。

　社会厚生関数の具体的な例としては，「最大多数の最大幸福」の実現を目的とするジェレミ・ベンサム（Jeremy Bentham）の功利主義の基準（式 6）や，最も不利な人

---

[19] こういった状況を解決する基準として，「補償原理（compensation principle）」（あるいは「仮説的補償原理（hypothetical compensation principle）」）が提案されている。利益を得た主体から損失を被った主体に補償を行うことによってパレート改善が可能であれば，実際にそういった補償が行われることがなくとも，その政策は実行する価値があるとする判断基準である。カルドア基準（Kaldor criterion），ヒックス基準（Hicks criterion）などがその例として挙げられる。

[20] 経済学者ケネス・アロー（Kenneth Arrow）が博士論文（"Social Choice and Individual Values"）で示した定理であり，その中では「一般可能性定理（general possibility theorem）」と呼んでいる。選択肢が三つ以上あるときは，望ましい性質を満たす「社会的厚生関数」を作ることはできないことを示した。

16　第 1 部　通信と政府の役割

の状況を改善することを目指すジョン・ロールズ（John Rawls）の「正義の原理」（ロールズ基準）（式 7）などが著名であるが，それぞれ一定の価値判断を基準とするもので，万人に無条件で受け入れられる基準とは言いがたい。例えば，ロールズの基準の下では，最も不利な人の状況が改善されるのであれば，最も恵まれた人との格差の拡大自体は容認されてしまい，不平等自体は拡大する場合がある。社会厚生関数をめぐる論点については，ヨハンソン（1995）などに平易に解説されている。

$$W = u_1 + u_2 + \cdots + u_n \qquad\qquad\qquad\qquad (式 6)$$

$$W = \min[u_1, u_2, \cdots, u_n] \qquad\qquad\qquad\qquad (式 7)$$

　所得分配の公平性のみならず，経済活動の安定性や価値財・非価値財に対する考慮も必要である。いくら効率的であったとしても，その措置が大きな産業構造の変動を伴うものであった場合，摩擦的失業による悪影響を最低限に食い止めるなどの考慮が必要となる場合がある。また，より大きな利潤が見込めるからといって違法ドラッグの生産を目的とした資源配分は望ましい帰結とは言えない。

3.　市場メカニズムの限界と解決策[21]

3.1.　「夜警国家」的モデル

　市場モデルが順調に機能するためには，これまでにも指摘してきたように，一定の社会システムの存在が必要である。

　まず，財や資産に対する所有権が明確に定義されていなければならない。所有権制度が存在しないか，あるいは不確定な状況であれば，取引を行うことができず，市場が成立しない。また，不当な所有権の侵害に対して十分に対抗しうるような装置（司法システム，警察・軍など）が存在していなければ，たとえ所有権制度が明確であっても，市場メカニズムが十分に機能を発揮することは望めない。

　次に，市場を介して結ばれた取引契約が誠実に実行されることを担保するシステムが必要である。現実社会では，政府が提供する司法システムや，弁護士などの一定の

---

[21] 本節の議論については，岸本（1998），常木（2002）などのテキストを参照されたい。

資格を有した職能団体，あるいは強制装置としての警察システムが共同してその任にあたっている。

　こういった機能のみを国家に求め，残りは「家計」と「企業」から構成される市場システムにすべて委ねてしまうという考え方は，政治学で言うところの「夜警国家」論（＝「小さな政府」論）に通じるものがある。こういったシステムの下では，次に述べる一定の条件が満たされている限り，効率性基準を満たした資源配分・所得分配の達成が期待できる。

3.2. 効率性の前提条件

　効率性基準を満たす資源配分を得るためには，先に説明したとおり，$MB_S = MC_S$を達成すること，すなわち競争市場の下では$MB_S = MB_P = P^* = MC_P = MC_S$を達成する必要がある。「夜警国家」的機能のみを政府に要求する環境において，そういった状況を得るためには，以下の三つの条件を満たす必要がある。

完全情報の条件：取引の当事者が取引される財の性質と価格について完全な情報を持っていること。

　　　各プレイヤーが保有している情報が曖昧あるいは不正確なものであった場合（「情報の不確実性」）や，取引の双方が有している情報が同一でなかった場合（「情報の非対称性」）には，各プレイヤーは正確な意思決定ができず，結果として，$MB_P = P^* = MC_P$を達成することが保証されない。この点に関してAkerlof（1970）は，中古車市場を例にとり，情報の非対称性がある場合には，市場そのものが成立しない可能性を示している[22]。

　　　そもそも，どの程度の情報量を供与することで，「完全情報」が達成されるのかについては，追加情報を得るために必要となる限界費用と，その情報によって実現される限界便益の比較によって決定される（Stigler, 1961）。ある財に関して，より安価で提供している店舗を探すケースを考えよう。情報探索の限界費用は，対象となる財の種類を問わず一定と考えられるのに対し，限界便益，つまり，より安価な店舗を見つけた場合の便益の水準は当該財の価格が高額であるほど大きい。すなわち，商品が高価であればあるほど，要求される情報量の

---

[22] 詳細な解説は第3章2節を参照。

18 第1部　通信と政府の役割

水準は高いことになる。ICT 化の進展などにより，情報探索のための手間（探索費用）が著しく低減する場合，他の条件が一定であるならば，要求される情報量の水準は全般的に上昇する。

広範性の条件：各経済主体の状態は，市場で取引されている財のみによって決定されること。

　　市場の外で取引される財については，価格メカニズムが機能しない。そのため，公共財[23]のように，本来，市場で供給することが困難である財・サービスが存在している場合，それらは価格メカニズムによる調整の対象とはならない。その場合，得られた競争均衡において公共財の提供水準は最適水準[24]から乖離し，結果として達成される資源配分・所得分配は効率性基準を満たさない。

　　また，市場における取引が取引当事者以外の第三者に対して，市場メカニズムを介さずに影響を及ぼす場合（技術的外部性：technological externality[25]）が存在する。これは，問題になっている取引を市場内にとどめておくための私的コストが，それによって関係者自身が得る私的メリットを上回ることによって発生する。この場合も価格メカニズムが機能しないため，達成される均衡がパレー

---

[23] 消費の排除不可能性（non-excludability）と非競合性（non-rivalness）を併せ持つ財。排除不可能性は他者の利用を排除するための排除費用（exclusion cost）が禁止的に高いことを意味し，非競合性は混雑費用（congestion cost）がゼロであることを意味する。こういった性質を持つ財・サービスの場合，本来の権利者以外の第三者が利用することで，本来の利用者の便益が損なわれることはなく，また，当該第三者に対価を求めることは費用的に引き合わない。そのため，市場で提供された場合，対価を支払わずに利用する者（フリーライダー）を排除することができず，供給企業は必要な収入を得ることができない。このような性質を持つ財の例としては，天気予報・警察・国防・消防・道路などがある。こういった「純粋公共財（pure public goods）」と正反対の性質を持つ財が「私的財（private goods）」であり，排除費用がゼロであり，混雑費用が無限大の財として表現される。純粋公共財でも私的財でもない財は「準公共財」と呼ばれ，排除費用と混雑費用がともに小さい「クラブ財（club goods）」と，排除費用と混雑費用がともに大きい「共有財（commons）」が含まれる。

[24] 公共財の供給量が最適水準を満たすためには，「公共財の社会的限界評価（各家計の公共財の限界代替率の総計）と公共財生産のための限界費用が等しい」という条件（サミュエルソン条件：Samuelson condition）を満足させる必要がある。

[25] これに対して，「金銭的外部性（pecuniary externality）」と呼ばれるものもある。ある企業の利潤が，その企業の生産要素投入量や産出量ばかりではなく，これらの市場価格の変化を通じて，他企業の生産要素投入量や産出量にも依存していることを意味するものである。金銭的外部性は市場メカニズムの本来的機能であり，パレート最適の実現の観点からは問題がない。

ト効率性基準を満たすことは期待できない。外部性が発生している環境では，財・サービスの利用主体自身が直面する私的限界便益あるいは私的限界費用が，社会全体が直面する水準から乖離している。そのため，各プレイヤーが完全情報に基づいて合理的に行動したとしても，$MB_S \neq MB_P = P^* = MC_P \neq MC_S$ となり，効率性基準を満たすために必要な条件（$MB_S = MC_S$）が保証できない。

　もちろん，外部性が存在しても，その効果が些少である場合には問題は少ない。一方，外部性に基づく効果が，財・サービスの消費が生み出す直接的な効果の規模を上回るような場合は，政策決定に重大な影響を及ぼすことがある。例えば，実際の通勤活動を ICT の活用によって代替するテレワークが関東圏で生み出す混雑緩和効果のうち，6～7 割が外部性を通じての効果であると推計されている（Mitomo and Jitsuzumi, 1999）。周辺の産業集積により当該企業の生産効率が改善するという「マーシャルの外部性」[26]が発生している場合も同様の事態が発生しうる。

完全競争の条件：市場の各プレイヤーが価格受容者（プライステイカー）として行動すること。

　価格受容者であるということは，当該プレイヤーにとって市場価格は所与であり，自己の生産量（あるいは需要量）の増減によって価格を上下させることができないことを意味する。そのような場合，各プレイヤーは「需要の価格弾力性 ε」が無限小の需要曲線（あるいは「供給の価格弾力性」が無限大の供給曲線），つまり横軸と水平な需要曲線（供給曲線）に直面しているため，均衡においては，$MB_P = P^* = MC_P$ という最適条件が保証される。

　一方，規模の経済や範囲の経済，あるいは何らかの参入障壁の存在によりプレイヤーが価格支配力を持ち，有限の価格弾力性を有する右下がりの需要曲線あるいは右上がりの供給曲線に直面している場合，自己の生産量（あるいは需要量）の増減によって価格を変更できる。その場合，$P^* > MC_P$（あるいは $P^* < MB_P$）が成立し，最適条件が損なわれる。

---

[26] マーシャルの外部性は主として国際経済学のテーマとして議論される。詳しくは，第 2 章 4 節に譲る。

3.3. 効率性の失敗（狭義の「市場の失敗」）

　前節の条件が満たされない場合，得られた均衡は効率性基準を満たさない。この状況が，狭い意味での市場の失敗（market failure）と呼ばれる。効率性基準＝パレート効率性を満たすことが万人の納得する基準であることの裏返しとして，狭義の市場の失敗は，誰もが問題視する状況である。公共経済学などの分野では，上記各条件が満たされない場合の解決策が議論されてきた。いずれの方法も，本来の市場メカニズムの働きを公権力の介入などによって再現しようとするものである。

　完全情報の条件が達成されない場合は，政府による情報提供・消費者教育が解決策となりうる。ただし，産業活動に対する政府の知識は，民間企業に比較して劣っていることが通常であるため，情報提供の主体は必ずしも政府であるべきとは限らない。その場合，第三者的な民間事業者が提供する情報サービスに対して，その正当性・正確性を認定するような行為は，有効な方策となりうる。業界団体自身による消費者への情報提供を支援するという方法も検討する価値がある。加えて，不十分あるいは不正確な情報を提供することによる詐欺的行為の出現に対しては十分な措置を講じておく必要がある。他方，詳細かつ網羅的な情報を大量に提供することは，個々人の情報処理能力には限界があることを考慮すれば，必ずしも最適な選択を導かない。その場合，公権力などの信頼のおけるオーソリティを背景として，取引の定型化（約款化）やモデル事例の提示，あるいは，専門知識を有した仲介エージェント（保険コンサルタントや弁護士）の認定を行うことなどが求められよう。

　広範性の条件からの乖離のうち，外部性に起因するもの，例えば公害事例に相当するものに対しては，関連するプレイヤーに対する情報提供などを通じた自発的解決の支援や，公的調停システムの設置，さらには，環境基準の法定化のような直接的な公権力の介入が解決策になりうる。外部性が発生する原因としては，「①保護されるべきと考えられている対象（例えば，清浄な水）に対する所有権が存在せず，しかも，それに対する利用権（清浄な水を生活用水として利用する権利 vs. 清浄な水を工業用水として利用する権利）の優劣が明らかではない」，あるいは「②因果関係が明確でなく，発生した事象に対する責任の所在が不明確である」ことなどが代表例である。こういった場合，公権力の介入により，新たに環境権などの権利を設定し，因果関係の証明責任を当事者のいずれか一方に課すことが問題解決を導くとされる[27]。ただし，

---

[27] 「コースの定理（Coase's theorem または Coase theorem）」として知られる。

その解決策を現実に適用するにあたっては，利害調整を必要とする関係者数の多さが
ネックとなる。関係者間の意見調整コスト（取引費用）が嵩む場合，権利関係などが
明らかであったとしても，効率的な資源配分は望みがたい。関係者間で情報の非対称
性が存在する場合や，合意内容の遵守が客観的に確保しがたい場合も最適な均衡は得
られない。そうした場合，公権力による積極的介入が求められる。混雑税や環境税を
課したり[28]，排出権制度などを導入したりすることで，民間企業の最適行動を誘導す
る方法，あるいは，法規制によって企業行動そのものに制約を加える方法などが存在
する。ただ，最適な課税水準や排出権の数を決定するためには，政府が完全情報を有
している必要がある。

　一方，公共財については，利潤最大化を目的とする民間企業とは異なる原理に基づ
く生産・販売メカニズムを導入することで解決を図る必要がある。警察や国防，消防
といったサービスが政府自身によって提供されていることはその典型例である。いわ
ゆる公共サービスの事業免許を受けた事業者が，法定料金などの規制に従ってサービ
スを提供しているのも同じ理由に基づく。ただし，公共財のサービス提供を上記のよ
うな方法によって実施しても，市場メカニズムが目指していた効率性水準を実現する
ことは困難である。そもそも公共財供給の最適水準を決定すること自体が難しい。理
論的には，提供されるべき公共財の供給量自体は，受益者の限界便益の合計が公共財
の限界費用に等しくなる水準に決定することが最適である[29]。しかしながら，社会の
構成員が自身の限界便益の水準を正確に認識することは簡単ではない。さらに，享受
する便益の水準が費用負担の水準と正の相関を持つような場合には自らの限界便益
を過少申告するインセンティブも生まれる。こういった点に関しては，公共財の潜在
的利用者による自発的交渉による最適水準の発見（リンダール解），あるいは，リン
ダール解を改善したクラーク解などが提案されているが，いずれも完璧なものとは言
いがたい。一方，現実社会では，民主主義的な多数決が解決策として採用されるケー
スが多い。しかしながら，多数決の結果（多数決投票均衡）が効率性を満足させる解
を生まないことは，いわゆる「アローの不可能性定理」によって主張されている。

---

[28] 最適な課税水準は，最適な外部性生産量がもたらす限界被害に等しく設定される。これは，「ピ
グー税（Pigovian tax または Pigouvian tax）」として知られるものである。また，企業数を所与とす
る短期においては，同額を補助金として与えても，排出量については同一の効果が実現できる（ピ
グー補助金：Pigovian subsidy または Pigouvian subsidy）。ただし，企業の参入・退出がありうる長
期においては，ピグー税のみが最適均衡を実現する（奥野，2008, pp.317-323）。
[29] 本章脚注 24 を参照。

完全競争条件をめぐる問題については，事前的解決策と事後的解決策の2種類が提案されている。事前的解決策とは，完全競争に合致しない状況が発生する前に対処しようとするもので，法規制によって企業の業務範囲に制約を加えたり，あるいは，独占力を発揮できるような企業の出現を防止するため企業分割を命じたり企業合併を阻止したりするものである。独占的地位にある事業者に対し，料金水準を指定したり，設定可能な料金の上限を画したりすること，さらには，独占的事業者の行動を競争圧力によって制限するために新規参入事業者の育成支援を行うことも選択肢の一つである。事前的解決策の第一の問題点は，当該解決策の発動が必要な事態の認定が必ずしも容易ではないため，往々にして過剰規制の恐れがあることである。さらに，政府による詳細な情報収集が必須であるため，規制コストが嵩む。加えて，規制対象企業の経営意思決定に対して一定の制約・制限が加えられることにより，事業者のインセンティブに歪みが生じ，その結果，効率性損失が発生する[30]。

独占的な状況が発生した後に，その弊害を除去することを目指す事後的解決策の代表例としては，独占禁止法に基づく公正取引委員会の介入がある。事後的解決策の場合，問題となる事態の発生を待って発動されるため，過剰規制の恐れは少ない。ただし，事後的措置であるために，問題の性質によっては，被害者・被害企業にとって十分な損害回復が見込めない。さらに，事前的解決策が併用されている場合には，二重規制の恐れも存在する。

3.4. 公平性の失敗

パレート効率を満足させる資源配分・所得分配が達成されたとしても，公平性という価値を満足させる保証はないことは，2.5節で説明したとおりである。

ただし，市場メカニズムがもたらす資源配分・所得分配が公平性を全く欠くというわけではない。「公平な機能的分配」（生産要素が行った生産に対する貢献に応じた，生産要素への分配）という基準は最低限満たされている。その下では，優れた人材，条件のよい土地，使い勝手のよい資金といった優良な生産要素を所有する「家計」は，そうでない「家計」以上の収入を得ることができる。

問題は，優良な生産手段の所有が本人の努力に必ずしも基づかない点にある。先祖から相続した土地・資金を保有するだけで何の努力もしない「家計」が，生産に貢献

---

[30] この損失の代表例としては，アバーチ＝ジョンソン効果がある。詳しくは，第8章3.2節において解説する。

するための非常な努力をして優良な生産要素を獲得した「家計」と同等，あるいはそれ以上の報酬を得ることに関して，公平性に欠けている，あるいは，社会正義に悖ると評価される可能性がある。

この問題に対し，政府が追求できる目標には様々なバリエーションがありうるが，そのスペクトラムの両端に位置するものとして「結果の均等化」と「機会の均等化」の二つがある。「結果の均等化」とは，生産要素の保有・活用状況にかかわらず，結果として各「家計」に分配される報酬を均等化することを目指すものである。均等化された報酬は，事前に定められた一定の基準により設定され，当該「家計」が生産に対して実際にどういった貢献を行ったかという事情は一切考慮しない。基準が適切に定められたものであれば，この政策により社会公正は確かに満足できる。しかしながら，各「家計」は所有している生産要素を有効に活用しようという動機を喪失するので，効率的な資源配分の実現（つまり事後的に分割されるパイの最大化）は困難になる。一生懸命働いても働かなくても，後日受け取る賃金には差がないという状況を想定すれば，このことは自明である。それに対し，「機会の均等化」政策では，「生産要素を所有するに至る機会がすべての人に均等に開かれているなら，生産要素の所有者がその要素の生産への貢献分を受け取ることは公平である」という考え方に基づくもので，結果として実現される所得分配の状況は考慮しない。そのため，本政策の下では，社会的には望ましくない資源配分・所得分配が実現してしまう余地が残る。

わが国において現実に採用されているのは，両者をミックスした政策である。高校教育までの無償化，相続税・贈与税の賦課により，機会の均等化の要求をある程度満足させつつ，一定以下の所得しか得られない「家計」に対しては生活保護給付を行うことにより，結果の均等化にも配慮がなされている。

4. 通信分野への政府介入

4.1. 市場は失敗しているのか？

市場メカニズムを基礎として運営されている現在の資本主義社会においては，政府による市場への介入は最小限にとどめるべきである。市場メカニズムが理想的に機能すれば，資源配分の面において最高の効率性が達成することが期待できるためである。

市場メカニズムの働きを信頼し，民間の経済活動への政府介入をできる限り抑制しようとする「小さな政府」がなすべきことは，第一に「市場メカニズムが働く条件を

確立・維持すること」，第二に「条件が満たされない場合に市場メカニズムの働きを代替すること」，そして，第三に「資源配分の効率性の下では満たされない『公平性』という社会的要請に応えること」に限定される。具体的には，財産権の設定による私有財産制の確立や，契約内容の遵守を保証するための司法的手続きの整備などが第一の役割であり，この役割はあらゆる政府の基本的責務である。第二，第三の役割は「市場の失敗」に対処するものである。

詳しくは第2章に譲るが，政府の市場メカニズムへの介入である産業政策とは，市場の失敗が存在し，自由な市場メカニズムに任せていては望ましい資源配分・所得分配が達成されないときに初めて要請される。ただし，市場の失敗の存在が，即，産業政策の執行を正当化するわけではない。問題となっている「市場の失敗」が引き起こしている非効率性の大きさや，政策執行側のリソース，さらには，政策発動自体がもたらす効率性ロス（いわゆる「規制の失敗」）に配慮しつつ，最終的には政治プロセスを通じて，可能な限り合理的・客観的に介入の是非が判断されることが望ましい。その際，市場の失敗による非効率性の大きさが，政府介入のコストよりも小さいと予想されれば，介入が見合わされ，市場の失敗を甘受すべきという結論になる。

さて，経済学的には死重損失の大きさとして計測される非効率性の程度は，当該市場の需要・供給の状況や，社会的割引率といった経済をとりまく環境の条件に応じて増減する。消費者の選好の変化，あるいは現状や将来に対する認識の変化によって，それまでプラスの便益をもたらすものとされてきたプロジェクトの評価が大きくマイナス方向に振れることもありうる。そのため，国や地域，あるいは時代背景によって産業政策の対象は大きく異なりうることに注意が必要である。例えば，経済学のテキストにおいて外部不経済の典型例として記述される「環境問題」あるいは「公害問題」について，政府の関与がスタートしたのは1967年の公害対策基本法の制定以降のことに過ぎない[31]。昨今，国際政治の舞台においても関心が高まっているグローバルな地球温暖化問題に関して日本政府が地球温暖化防止行動計画を策定したのはさらに近年で，1990年に至ってからである。それに対し，通信産業はその発足以来，わが国を含むほぼすべての国や地域で，その主要部分が継続的に政府の関与の下にあり続けたという意味で極めて特異な産業である。

---

[31] 本法は1993年11月に環境基本法が施行されたのを機に廃止されている。

4.2. 規制の根拠

では，通信事業では市場メカニズムによる最適な資源配分・所得分配が達成できるのであろうか。

まず，完全情報の条件について考えよう。ICT 化の進展によりインターネットなどを通じた情報収集が手軽に行えるようになったことは，サービス利用者にとって有利である。他方，サービスの大半がコンピュータ上のソフトウェアで実現され，かつ端末機器が極めて高度な機能を果たせるように進化してきたため，利用者にとってはその機能の詳細を理解し，不具合が発生した場合に手軽に修理・修正を行うことがこれまでにもまして困難になっている。サービスの多様化により料金プランや利用条件が複雑になってきていることも完全情報条件を損なわせる余地を広げる。事業者の側からみれば，サービスの仕組みがブラックボックス化されているため，利用者に対して詐欺的行為を行いうる余地が大きい。そのため，社会経済活動にとって不可欠な通信サービスに関しては，サービスの提供条件を明示することが法律によって定められている。加えて，ICT 化の進展は，利用者側に従来以上の情報リテラシーの水準を求めるものとなっており，その面でも政府の役割に期待するところは大きい。

サービスを利用するためには，その前提として通常は加入契約を締結する必要がある。そのため，対価を払わずに当該財を利用しようとするフリーライダーを排除することは容易であり，公共財の存在に伴う効率性ロスは通信事業に関しては想定されない。ただし，通信ネットワークは防災・消防などの行政サービスを円滑に提供するうえで不可欠な社会的基盤であるため，公共目的のネットワークに関しては公共財としての性質を有する。さらに，ネットワークの構造上，大都市間を結ぶ基幹部分は大多数の利用者で共用する仕様となっている。そのため，大量の需要に直面した場合，ネットワークには，いわゆる「パケ詰まり」と称されるような混雑状況（輻輳）が発生し，負の外部性が生じる。一方，通信ネットワークを整備することは，経済活動全体の効率性を高めることを通じて，直接の通信利用者以外の便益に対してプラスの効果を及ぼす（正の外部性）。需要面でみた場合，同一ネットワークに加入する利用者数が多いほど，そのネットワークが提供するサービスの価値が高まるというネットワーク外部性（詳しくは第4章）が存在する。

加えて，電話やブロードバンドなどの基本的サービスについては，その提供に先立って巨大なネットワークを整備する必要があるため，多くの資本投資を必要とする。携帯電話やモバイル・ブロードバンドなどの無線系のサービスについては，事業開始

に先立って，必要な電波資源の排他的割当を受けることが必要となる場合がある。そのため，通信事業については，先行して参入を果たした事業者が巨大化し市場を独占するという産業構造に陥ってしまい，古典的な市場メカニズムが想定するような完全競争の実現が困難となる。

以上の点を考慮すると，通信サービスの提供を市場メカニズムにすべて委ねてしまうと，効率性の失敗が発生し，最適な資源配分・所得分配が達成されない可能性が少なからず存在する。

現代社会において通信サービスは，健全な生活を送るための必需品である。ICT 化が進展して，社会経済活動の多くの部分がインターネットを介して，あるいは，インターネットのみを介して，提供されるようになれば，その必需性はさらに高まる。こういった場合，民間企業によるサービス提供では利潤が見込める地域から展開されるため，国民全体に対して，「必需品である通信サービス」の提供が均等にいきわたらず，公平性の観点からみて問題ある状況（デジタル・デバイド）が発生する。

そのため，通信市場に対しては市場メカニズムの原理をできる限り活かしつつも，必要な範囲で政府が介入を行うというフレームワークが採用される。わが国における主要な介入態様には以下のようなものがある[32]。

通信インフラ構築・新産業育成に関するもの

　　　大きな外部経済を生み，公共財としての性質を有する通信インフラは，市場メカニズムに委ねると十分な供給をもたらさない場合があるため，e-Japan 戦略以来，数次にわたって戦略ビジョンが策定され，補助金の供与や低利資金の融通などを含む各種支援政策が展開されてきた。

情報リテラシーの向上に関するもの

　　　学校教育において ICT に関する科目が提供されていることに加え，地方自治体が主催するセミナーなどが数多く提供されている。

通信サービスの提供に関するもの

　　　サービスの提供に関しては，後に論じる理由により十分な競争条件が整

---

[32] その他，ありうる介入態様については，植草（2000, 第 1 章）にまとめられている。

わない可能性がある。そのため，「電気通信事業法」や「電波法」，「日本電信電話株式会社等に関する法律（NTT法）」が制定され，市場プレイヤーの行動に一定の制約を加えている。

4.3. 規制のコスト[33]

　政府が介入を実施すると一定の行政コストが発生する。アローの不可能性定理で述べられたように，民主的政府の意思決定が最善解をもたらすことは保証できないし，国民一般とその代理人である政府（官僚組織）の行動目標が一致するとは限らない。意思決定主体とその代理人の意思が一致しないことによる非効率性の発生については，プリンシパル・エージェント問題[34]として議論されてきている。また，代理人である政府が国民に忠実だとしても，正しい意思決定を行うための完全情報を手に入れることができるか否かは未知数であるし，利益団体によるレントシーキング（rent-seeking）[35]による意思決定の歪みも考慮に入れる必要がある。

　そのため，市場の失敗を是正するために介入を行うに先立って，市場の失敗をそのまま放置していた場合の厚生水準と，一定の行政コストを費やして介入を行うことによって得られる厚生水準を比較する必要がある。その際，政府の決定には月単位あるいは年単位の時間を要するため，是正しようとしている市場の失敗が長期継続的に影響を及ぼすものであることをまず確認する必要がある。一旦下された決定を取り止めるのにも同程度の手間と時間がかかるため，誤った政策を策定した際のコストは莫大なものとなりうる。

　一方，市場環境や技術背景が変化したためにもはや大きな市場の失敗が発生する可能性がなくなった場合には，早急に規制緩和のプロセスを開始する必要がある。環境変化にもかかわらず，依然として旧来の規制が課されているような場合は，規制による効率性ロスが生じる。技術進歩と需要の変化・高度化が急速に進んでいる通信分野は，規制緩和が急速に進展している分野でもある。

---

[33] 詳細については岸本（1998，第8章）などを参照されたい。
[34] プリンシパル（principal）すなわち依頼人と，エージェント（agent）すなわち代理人の間において，前者が後者の行動を完全には観察できないという「情報の非対称性」によって生じる問題。
[35] 「圧力活動によって政策に影響を与え，自らの利得を増やす」（岸本，1980，p.191，脚注13）活動である。レントは生産要素の受け取る余剰の意味。

28   第 1 部　通信と政府の役割

5.　政府介入の変遷

5.1.　産業育成（復興）

　戦後復興が第一の課題であった時期には，社会経済活動の基盤である通信網の復旧が政策の最優先課題であった。その後，1960年代以降の高度成長期には，著しい経済発展に伴い電話需要の伸びは激しく，超過需要を一刻も早く満足させるとともに，手動交換システムから自動交換システムへとネットワークの高度化を図ることが，経済立国を目指すわが国の命題となった。

　国内電気通信サービスの提供主体として公社制度が採用されたことは，「数次にわたる電信電話拡充五ヶ年計画を立て，独立採算により設備投資資金を確保し，即ち国家計画的手法と民間会社的手法をミックスさせたやり方」（情報通信総合研究所，1996，p.6）を採用するためとされる。膨大な建設投資資金を円滑に調達するため，政府保証債（電信電話債券）の発行や，政府貸付や債券引受，国庫余裕金の一時使用，さらには外貨債務にかかる債務保証などの優遇措置が政府から提供された。その結果，1978年3月に超過需要が解消し，1979年4月には電話の全自動ダイヤル化が達成され，社会経済のインフラストラクチャーとしての固定電話ネットワークは一応の完成を迎えた。

5.2.　事業規制

　国営独占で提供されていた時代における通信の品質や価格，種類，量は，政府の厳格なコントロールの下にあった。しかし，1985年の市場開放以降は，民間企業にサービス提供を委ねつつも，市場参入や料金設定を法律に基づいて規制するという体制に移行した。

　第一次制度改革（1985年～）は，それまでの独占体制から競争体制への移行に重点が置かれた。ネットワークを設置する「第一種電気通信事業」については事業許可，ネットワークを自ら設置しない「第二種電気通信事業」については，大規模事業あるいは国際事業を行う場合（特別第二種電気通信事業）には登録，その他の場合（一般第二種電気通信事業）は届出により市場参入が認められた。第一種電気通信事業への参入については，過剰投資を防止するためにいわゆる需給調整条項を満たすことが求められ，サービスの供給能力が需要を著しく上回る場合には許可を与えないとされた。さらに，防災時や緊急時におけるネットワークの価値を重視し，一定の外資規制が課

された。サービス提供においては，第一種電気通信事業者は提供条件や料金水準を契約約款として定めて郵政大臣からの認可を得ることが，特別第二種電気通信事業者については契約約款の届出を行うことが求められた。

市場開放直後の参入規制・料金規制はかなり厳格なものであったが，その後の技術革新や市場環境の変化，需要の高度化・多様化の流れを受けて，段階的に規制緩和されてきた。第二次制度改革（1997 年～）では，第一種電気通信事業の許可基準から需給調整条項と外資規制条項を削除するとともに，料金認可性を原則，事前届出制に移行した。（ただし，国民生活・経済に必要不可欠なサービスのうち，市場メカニズムが十分に働くことが期待できないものについては，価格上限規制[36]が適用されることとされた。）さらに，第三次制度改革（2004 年～）においては，電気通信事業法が抜本的に改正され，第一種・第二種の事業区分を廃し，参入許可制を登録・届出制に移行するとともに，料金・契約約款規制を原則廃止し，サービス提供を原則自由化している。

こうした規制の発展経緯については，事前規制によって適正なサービスを実現するという方法から，問題が起きたときに大臣の業務改善命令や紛争解決手続きによって問題を解決するという事後的なルール型規制に移行してきているものと要約できる。

5.3. 競争政策

市場開放の制度枠組みを構築するだけでは，既存事業者により実質的に支配されている市場を競争状況に転換することは困難である。とりわけ，自然独占性の影響を受ける通信市場においては，既存事業者側に圧倒的な競争優位が存在するため，新規参入事業者による自主的な努力のみに期待しているだけでは競争市場の実現は望めない。そのため，競争原理導入後の公正かつ有効な競争を現実のものとするための各種措置が講じられてきている。

公平な競争条件を確保するため，既存事業者の自由な事業活動を抑制する政策には以下のようなものがある。まず，1992 年には NTT に事業部制が導入され，移動通信事業を分離・分割することで，単一の事業分野に参入する新規参入事業者との公正競争条件の基盤整備が図られた。さらに，新規参入事業者と NTT との公正競争条件を構造的に確保し，内部相互補助や情報流用などの問題に対処する観点から 1997 年に

---

[36] 第 8 章 4 節を参照。

はNTTの再編成を決定し（1999年7月実施），地域通信を担当するNTT東日本・NTT西日本（NTT東西）と，長距離通信を担当するNTTコミュニケーションズが誕生するに至った。これらの措置は，膨大なネットワーク資産を独占支配してきた国営事業の系譜を引く既存事業者の市場支配力を，会社の分割を通じて抑制することが目的の一つであるとされる[37]。

　一方，新規参入支援のため，1985年の市場開放後は，競争市場における新規参入事業者育成・保護や，携帯電話・PHSといった新産業育成，あるいは通信インフラの早期整備を目的とした各種支援（低利融資や減税措置）が実施されている。さらに，中長期的な政策目標を提示することを通じ，通信事業をめぐる将来リスクの軽減を図ることで資金調達を容易にし，民間プレイヤーの技術開発や設備投資をターゲットを絞った形でより効率的に行わせるため，e-Japan戦略をはじめとする政策ビジョンが提示されてきた。

　あわせて，新規参入事業者の事業展開を容易にする目的で，ネットワーク接続のルール化（1997年），NTT東西に関する接続約款の作成・公表の義務化（1997年）が実施され，さらに，固定電話ネットワークの接続料金の算定に関する長期増分費用（LRIC）方式[38]が導入された（2000年）。2001年には，地域通信市場をめぐる競争の進展が不十分であったため，電気通信事業法および「日本電信電話株式会社等に関する法律（NTT法）」を改正し，NTTに対する非対称規制[39]を拡充し，加えて，事業者間の紛争処理のために電気通信事業紛争処理委員会を設置した。

　事業者間の公正競争確保の観点に加え，利用者保護も，競争原理導入後の重要な政策課題としてとらえられている。例えば，2004年の電気通信事業法改正では，電気通信に関する利用者トラブルの急増に対処し，利用者保護ルールの整備も図られた。

　さらに，近年では，ブロードバンドインターネットが社会経済活動の基盤となるに伴い，産業構造や産業エコシステムが大きく変貌しつつあるなか，最適な競争ルールの在り方について再検討が進められている。

---

[37] その他にも，巨大会社を分割することで，マネジメントを効率化し，より能率的なサービス提供を実現することも目指された。

[38] 第9章3節を参照。

[39] 非対称規制とは，事業者毎，あるいは，事業者のカテゴリー毎に異なる規制を適用する規制手法である。通信市場では，競争促進のために，強大な市場支配力・影響力（SMP：Significant Market Power）を持つ事業者を市場支配的事業者（SMP事業者）に認定し，それ以外の事業者（非SMP事業者）よりも厳しい規制に服させることが行われてきた。

5.4. 効率性と社会的便益

　競争原理の導入に舵を切ったとしても，政府による介入がすぐに不要とされるわけではなく，かなりの期間にわたり（あるいは永続的に），競争政策などの名の下に各種規制が継続する。その間，当該産業では，効率性を追求する自由競争原理と，社会的便益の最大化を目指す政策原理の双方が産業活動を導くことになる。しかしながら，二つの原理が常に同じ方向を目指すとは限らない。目指す方向や問題に対するアプローチが異なる場合は，利害や意見の対立が発生する。植草（2000）は以下の三つの対立軸の可能性を指摘している。

(1)　社会厚生最大化と企業の利潤最大化志向の対立

　　　参入した企業は自己の利潤最大化を目的として事業活動を行う。完全競争の条件が成立していれば，「見えざる手」により，社会厚生の最大化がもたらされるが，情報の非対称性や外部性が発生するような場合には，政府介入により企業活動に一定の制約を加えなければならない場合がある。その際，規制当局と参入企業との間で，規制の範囲や程度，ときには規制の方法に関して対立が発生する。

(2)　既存事業者と新規参入事業者との利害対立

　　　課される規制が既存事業者と新規参入事業者のそれぞれに対して異なる効果を及ぼす場合には，両者の間で規制の適切性や程度について意見の相違が生まれる余地がある。新規参入促進の観点から，既存事業者のみに一定の追加的規制が課されるような場合には，競争が一定水準に達したことを主張して追加的規制の撤廃を訴える既存事業者と，依然として競争が不十分なことを理由に規制の存続を訴える新規参入事業者との間で，大きな対立が生まれかねない。

(3)　事業所管省庁と競争監督省庁との利害対立

　　　競争導入によって発生する具体的問題に対して，直接規制を実施する官庁（規制官庁）と，間接規制を実施する官庁（主として公正取引委員会などの競争監督機関）との間で，意見や解釈の相違が生まれる結果，法的安定性が損なわれる。同一の事象に対して，異なる観点からの競合

適用を認めることは，対象となる事業者にとってコスト増大要因になり
かねない。

　競争政策が適切か否かを判断するに際しては，こういった利害対立の結果としても
たらされる非効率性や，対立を解決するためのコストについても十分に配慮すること
が必要である。

引用文献：

Akerlof, G.A.（1970）"The Market for 'Lemons': Quality Uncertainty and the Market Mechanism,"
　　Quarterly Journal of Economics, 84（3）, 488-500.

情報通信総合研究所［編］（1996）『通信自由化—10 年の歩みと展望』情報通信総合研究所.

岸本哲也（1998）『公共経済学　新版』有斐閣.

マーキュロ, N. & ライアン, T.P.（1986）『法と経済学』（関谷登［訳］）成文堂.

Mitomo, H. and Jitsuzumi, T.（1999）"Impact of Telecommuting on Mass Transit Congestion: The
　　Tokyo Case," *Telecommunications Policy*, 23（10/11）, 741-751.

西村和雄（1990）『ミクロ経済学』東洋経済新報社.

奥野正寛［編著］（2008）『ミクロ経済学』東京大学出版会.

Stigler, G.J.（1961）"The Economies of Information," *The Journal of Political Economy*, 69（3）,
　　213-225.

常木淳（2002）『新経済学ライブラリ 8　公共経済学　第 2 版』新世社.

植草益（2000）『公的規制の経済学』NTT 出版.

ヨハンソン, P.O.（1995）『現代厚生経済学入門』（金沢哲雄［訳］）勁草書房.

第 2 章　産業政策の基礎理論

1.　はじめに

　資源配分・所得分配の基本的メカニズムとして競争市場を選択する資本主義諸国において，政府による産業活動への介入が容認される根拠は，市場メカニズムの補完を行うことに求められる。このような立場に立つ伊藤他（1988）では，「産業政策」に対して以下のような定義を与えている[1]。

> 　「競争的な市場機構の持つ欠陥－市場の失敗－のために，自由競争によっては資源配分あるいは所得配分上なんらかの問題が発生するときに，当該経済の厚生水準を高めるために実施される政策」（p.8）

　つまり，産業政策とは，市場の失敗が存在し，自由な市場メカニズムに任せていては望ましい資源配分・所得分配が達成されないときに要請される政策手段である。なお，産業政策の目的はあくまでも一国の経済厚生の増進である。そのため，具体的政策次第では，他国の経済厚生が減少するというコストの発生を伴うこともある。

　産業政策は大きく三つのグループに分けることができる。まず，当該国にとって最

---

[1]　「産業政策」の定義には様々なバリエーションがある。主なものは次のとおり。

- 「産業政策とは通産省が行う政策である。」（貝塚, 1973, p.167）
- 「産業間の資源配分や，個々の産業の私企業によるある種の経済活動の水準を，そのような政策が行われない場合とは異なったものに変えるために行われる政府の政策」（小宮, 1975, p.308）
- 「諸産業の構造・行動および成果に一定の影響を与えることを直接の目的とした政府の政策」（新野, 1988, p.61）
- 「市場の限界に対応して，何らかの公共目的のために産業に介入する政策の総体」（後藤・入江, 1994, p.27）
- 「産業活動に影響を与えてその欠陥を補正する政策領域」（福川, 2004, p.28）

34 第1部 通信と政府の役割

適な産業構造の構築を目的とする「産業構造政策」がある。望ましい産業構造を得るためには，現時点では存在しない新しい産業を育成し（幼稚産業保護），経済厚生最大化にはふさわしくない産業を退出させること（産業転換・産業調整）が必要である。次に，一定の産業構造を所与とし，特定の産業の枠内で最も効率的な生産組織を構築することを目的とする「産業組織政策」がある。自然独占産業に対する伝統的規制や，市場支配力規制（SMP 規制）などの競争政策がこのカテゴリーに含まれる。最後に，貿易関係で結び付いた相手国との関係を利用して自国の経済厚生の改善を志向する「戦略的貿易政策」がある。

　本章では産業政策をめぐる基礎的理論について紹介する。

2. 産業構造政策

2.1. 産業構造の変化

　経済に流通している多種多様な財・サービスは企業によって生産されている。それら財・サービスを一定の基準によって分類し，同種の財・サービスを生産している企業をまとめた集合が産業である。さらに，一つの国民経済はそういった産業がいくつか組み合わさって構成されているが，その組み合わせの状況を産業構造（industrial structure）と呼ぶ[2]。産業構造は，当該国で生産する財・サービスに対する国内外からの需要の状況や，もともと備わっている生産要素（天然資源，労働力，資本など）の状況，あるいは利用可能な生産技術の水準など，いくつかの要因によって規定される。開放経済においては，産業構造は他国で成立している産業構造，あるいは他国の産業構造規定要因の影響を受ける（国際分業）。

　産業構造を決定する要因は時間とともに変化していくため，産業構造も時間の経過に応じて変化する。その変化に一定のパターンがあることを主張するのが，「ペティ＝クラークの法則」や「ホフマンの法則」などの経験則である。

　「ペティ＝クラークの法則」は，ウィリアム・ペティ卿（Sir William Petty）の『政治算術』中の記述を基に，英国の経済学者コーリン・G. クラーク（Colin G. Clark）が提示したもので，産業を第一次産業，第二次産業，第三次産業の三つに分類したう

---

[2] 一方，各産業内において個々の企業が構成している関係は，産業組織（industrial organization）と称される。

表 2-2-1　ペティ＝クラークの法則の検証結果

	労働力構成比		所得構成比		相対所得	
	横断面	時系列	横断面	時系列	横断面	時系列
第一次産業	低下	低下	低下	低下	(1以下) 不変	(1以下) 低下
第二次産業	上昇	一般化 不可能	上昇	上昇	(1以上) 上昇	(1以上) 上昇
第三次産業	上昇	上昇	不変	一般化 不可能	(1以上) 上昇	(1以上) 低下

出典：高橋・増田（1984, p.476）の表を基に筆者作成

えで[3]，「一国の産業構造は，経済・産業が発展し，所得水準が上昇するにつれて，第一次産業から第二次産業，第二次産業から第三次産業へと，就業人口の比率および国民所得に占める比率の重点がシフトしていく」と主張する。この法則は，その後，ノーベル経済学者サイモン・S. クズネッツ（Simon S. Kuznets）に綿密に検証されている。実証分析の結果は表 2-2-1 のとおりである。労働力構成比を横断的に観察すると，第一次産業の労働力構成比は低下，第二次産業と第三次産業に関しては逆に上昇と，ペティ＝クラークの法則が検証されている。しかし，時系列方向では，第二次産業の労働力構成比が法則に則しない動きをみせている。所得構成比の観点からみても必ずしもペティ＝クラークの経験則がそのまま該当するわけではない。

　一方，「ホフマンの法則」は，工業部門内における産業構造変化に関する経験則であり，ドイツの経済学者ワルサー・G. ホフマン（Walther G. Hoffmann）が主張している。この法則は，主として家計を対象とした製品を製造する消費財産業と，主として企業を対象とした製品を製造する投資財産業の付加価値の比率（ホフマン比率）が経済発展につれて低下することを主張する。ただし，この法則はオリジナルな形では現状と必ずしもうまく合致しない。そのためこの法則は，その後「重工業化」「高加工度化」というトレンドを示すものと再解釈されてきている。

　いずれにせよ，これらの法則は各研究者がそれまでに観察された実際の産業構造の変化から導き出したものである。そのため，別の時代，別の地域の産業構造の変化に

---

[3] ペティの分類によれば，第一次産業は農業を中心とする産業であり，農業，牧畜業，水産業，林業，狩猟業が含まれる。第二次産業は加工型の産業であり，鉱工業，建設業，電気・ガス・水道業を含む。第三次産業はそれら以外のサービス産業であり，運輸・通信業，商業，金融業などが含まれている。これら産業分類は論者や国にとって若干の違いがあり，例えば日本では，電気・ガス・水道業は第三次産業に含まれる。また，サービス産業化を背景に，第三次産業をさらに細分化する試みもある。

対して適用可能か否かは先験的には明らかではなく，現実のデータから個別に判断する必要がある。わが国に対してそういった作業を行った研究としては，鶴田・伊藤（2001，第1章）などがある。

さて，鶴田・伊藤（2001）はこうした変化が発生する原因として二つの要因を指摘している。一つ目は，財・サービスに対する需要の所得弾力性が産業によって異なることである。所得増加により需要が拡大するペースが大きい，つまり，所得弾力性が高い産業は，経済発展に伴って産業構造上の比率を増大させていく。第二の要因は，国際貿易の枠組みでみた比較生産性の産業毎の格差である。経済主体の利潤最大化あるいは効用最大化インセンティブに従って，比較生産性の低い分野から，より高い分野に投入資源が移行していくことが産業構造の変化を引き起こす[4]。

また，経済が拡大していく過程では，B2B（Business to Business：卸売）市場において中間生産物を取り扱う産業の比率が急速に増大し（迂回生産化の進展），産業構造の多段階化が進んでいく可能性が指摘されている。迂回生産とは，最終的な生産の目的である B2C（Business to Consumer：小売）市場で提供される完成消費財ではなく，機械設備などの生産手段をまず生産することを意味する。需要量がある一定レベルを超えれば，単一の産業で消費財生産を行うような単純な産業構造よりも，迂回生産を伴う産業構造の方が生産効率は高い。

迂回生産の状況を簡単なモデル図で示したのが図 2-2-1 である（資本減耗の影響は単純化のために無視する）。横につながった長方形ひとつながりが一つの産業に該当し，構成要素である長方形一つひとつが 100 単位の生産量を表すと仮定する。第一段階では，総生産量と GDP は一致し，ともに 100 単位である。経済規模が拡大し，増大した需要に応えるため迂回生産が行われた場合，2 種類の産業が生じる第二段階では，総生産量が 300 単位となる一方で，GDP はそれを下回る 200 単位となる。それ以降の段階についても常に総生産量が GDP を上回り続ける。総生産量と GDP の差は中間財生産部門の規模を表すが，経済全体の生産活動に占めるそのシェアは増大傾向（0% → 33% → 50% → 60%）を示す。このことは産業構造の多段階化とともに中間財生産部門の一国経済に占める重要性が増大していくことを意味している。

---

[4] 比較優位をめぐる経済理論については，デヴィッド・リカード（David Ricardo）の比較生産費説やヘクシャー＝オーリンの定理（Heckscher-Ohlin theorem）を参照のこと。

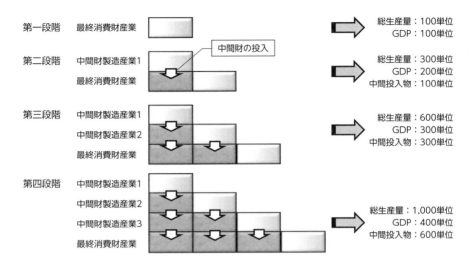

図 2-2-1　迂回生産化の影響

　さて，上記仮説は，産業連関表によって現実に検証できる。産業連関表は，一国の一定期間内に行われた取引を一覧表の形で整理したものであり，縦方向に読めば，生産活動を行うにあたっての投入要素の状況がわかり，横方向に読めば，生産された財・サービスが利用される状況が判明する。最終生産物の合計（あるいは付加価値生産の合計）である GDP は産業連関表の I または II に，中間生産物は III に計上される（図 2-2-2）。

　鶴田・伊藤（2001）は，国民経済計算のデータを用いて，1955 年から 1975 年にかけての高度経済成長期のわが国において，中間財生産部門は，GDP 成長率（年率 7.8％）を上回る年率 10.2％で拡大し，産業構造の迂回生産化が進展したことを示している。彼らによれば，国内の総産出額に占める中間財生産部門のシェアは，1955 年には 37.9％であったが，1975 年には 48.4％にまで拡大している。

　以降のデータを産業連関表より作成すると，中間財生産部門のシェアは 2000 年までは減少傾向にあり，その後再び上昇に転じている（図 2-2-3）。高度経済成長以降の

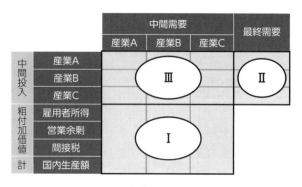

図 2-2-2　産業連関表の仕組み

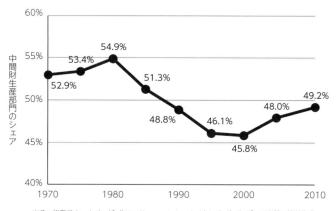

出典：総務省ホームページ（http://www.stat.go.jp/data/io/）のデータを基に筆者作成

図 2-2-3　1970 年以降の中間財生産部門のシェア

わが国は迂回生産化とは異なるメカニズムによって動いていたが，その後，再び迂回生産による産業構造の多層化の道筋に復帰したことが示唆される。ただし，正確な結論を得るためには個別の産業の動態に着目した検証作業が必要である。

2.2.　望ましい産業構造

　市場メカニズムに委ねているだけでは必ずしも達成が保証されない産業構造を生み出すため，あるいは，そういった構造変化を短い時間で達成するために（または，構造変化を遅らせるために），産業活動に一定の影響を与えようとする政府の行為が

産業構造政策である。望ましい産業構造を達成するための政策と言い換えることもできる。

　では，目標とされる「望ましい産業構造」とはどういった性質を持つものであろうか。高度経済成長期においてわが国が目指した産業構造については，1964年発行の『通商白書　総論』（通商産業省, 1964）で，わが国は需要面では所得弾力性が高く，供給面では生産性上昇率あるいは技術発展の可能性が高い産業を持つべきであり，具体的には重化学工業化を指向すべしと結論付けている。1930年代から1970年代にかけての日本で，重化学工業が生産・輸出両面で拡張し，軽工業の地位が下落したことは，まさに，当時の産業政策が目指していたところと合致していたことになる。

　伊藤他（1988, 第7章）は，簡単な産業構造選択モデル（図2-2-4）を用いて，後進国にとっては，自国の産業構造を高度化していくような産業発展を試みることが経済厚生の改善に大きく貢献することを主張している。そういった後進国の産業構造政策に対して，先進国が限界的産業での自国競争力を保持する目的で保護政策を展開することは，先進国自身の経済厚生にプラスの影響をもたらすとは限らないし，世界貿易の収縮を引き起こしかねないために望ましくない。自国優位が残存する産業の技術開発などに注力することも，当該財・サービスの需要の価格弾力性により結果は様々である。むしろ，先進国は，限界的産業を防衛する代わりに，先端産業のさらなる発展を促す政策をとるべきであるというのが，本モデルの結論である。

　産業構造政策をデザインするためには，所得弾力性や技術開発の長期動向について正確な予測を持つ必要がある。しかしながら，モノのインターネット（IoT : Internet of Things）・ビッグデータ（Big Data）・人工知能（AI : Artificial Intelligence）・ロボットが社会経済活動の効率性を飛躍的に改善するとともに，潜在需要を開花させる全く新しい財・サービスを創出することが期待されている今日，将来のあるべき産業構造についての予測は困難を極める。

2.3.　幼稚産業保護

　望ましい産業構造を生み出すために要請される政策介入には2種類ある。その一つは，介入なくしては発生しない，あるいは，介入なくしては発生に時間がかかる産業の自立を支援することを目的とする政策介入である。そのための一連の政策は「幼稚産業保護政策」と総称され，その理論的基礎に関する議論は「幼稚産業保護論」と呼ばれる。

モデルの前提条件

経済に存在しているのは先進国と後進国の2ヶ国のみ。
両国間の貿易は均衡（先進国の輸入額＝後進国の輸入額）していることを仮定すれば，輸入額＝GNP×平均輸入性向（A）なので，以下の等式が成立する。

$$GNP_{後進国}/GNP_{先進国} = A_{先進国}/A_{後進国}$$

さらに，生産される財は以下の3種類のグループに分類されると仮定する。

- 財①：技術的に単純な財。比較優位のある後進国で生産され，先進国に輸出。
- 財②：中間的な財。双方の国で拮抗して生産され，互いに相手国に輸出。
- 財③：技術的に高度な財。比較優位のある先進国で生産され，後進国に輸出。

| 財① 技術的に単純な財であり，後進国に比較優位がある。 | 財② 技術的には中程度であり，後進国と先進国が拮抗。 | 財③ 技術的に高度な財であり，先進国に比較優位がある。 |

← 後進国で生産，先進国に輸出　　　← 先進国で生産，後進国に輸出

後進国の戦略とその帰結

先進国と比較して相対的に自国（後進国）のGNPを大きくすることが自国の産業政策の目的である。そのためには，先進国が自国から輸入する程度（先進国の平均輸入性向）を自国のそれよりも大きくする必要がある。すなわち，自国で生産した財を，金額ベースでより多く先進国に購入させることが合理的な戦略となる。

戦略1：財①の生産コストを引き下げ，輸出価格を安くし，国際競争力を高めることで先進国により大量に購入してもらうことを目指す。

	財①に対する需要の価格弾力性 ε	両国のGNPへの影響
ケース1	εの絶対値が1より小さい場合 （先進国の輸入金額は減少）	後進国のGNPは先進国と比較して相対的に低下（窮乏化成長）
ケース2	εの絶対値が1に等しい場合 （先進国の輸入金額は不変）	両国のGNPの相対比に変化なし
ケース3	εの絶対値が1より大きい場合 （先進国の輸入金額は増加）	後進国のGNPは先進国と比較して相対的に上昇

技術的に単純な財に対する価格弾力性の絶対値は小さいことが予想されるので，最もありそうなのはケース1。ただし，財①の価格低下の影響は先進国・後進国の双方の経済厚生にプラスの影響を及ぼすため，ケース1において後進国側の経済厚生が最終的に低下するとは必ずしも限らない。

図 2-2-4　産業構造選択モデル

第 2 章　産業政策の基礎理論　*41*

戦略2：財②の生産コストを引き下げ，輸出価格を安くし，国際競争力を高める。

財②の一部について先進国から後進国への供給主体の置き換えが発生し，後進国側の輸出メニューは拡大，一方，先進国側の輸出メニューは縮小する。

先進国が後進国から輸入する物品の種類が増えるにつれ，輸入金額も増大するので，戦略1において検討したすべてのケースにおいて後進国のGNPは先進国と比較して相対的に上昇する。ただし，上昇幅は，財②に対する需要の価格弾力性の絶対値に比例して変動する。加えて，財②の価格低下の便益が後進国自身に発生する。

先進国の側は輸入する財②の価格低下の便益を同じように受ける一方で，相対的なGNPが低下するので，最終的な経済厚生の増減については確定しない。

> 後進国側にとっては，自国の産業構造を高度化するような産業発展（戦略2）を試みることが望ましい。

それに対する先進国の戦略とその帰結

先進国が自国のGNPを相対的に大きくするためには，後進国が先進国から輸入する金額を増大させ，後進国の平均輸入性向を増大させることが必要になる。

戦略3：後進国に対抗して，財②に関して保護貿易政策や，生産補助政策を実施。

このような政策によって先進国側の経済厚生が上昇するか否かは明らかではない。また，こういった政策は後進国との間の貿易紛争を引き起こし，報復的な保護貿易政策がとられることにもつながる。その場合，自由な貿易自体が阻害され，先進国と後進国の双方が不利益を被る。

戦略4：財②での対抗措置はとらず，先端産業（財③）での発展を試みる。

財②に関して防衛的な立場をとらないため，後進国によるキャッチアップの過程を通じて先進国の生産要素が財③に移転していくことが促進される。また，財③の品質改善やバリエーションの増大がもたらされれば，財③に対する需要が増大する可能性が生まれる。これにより，後進国が先進国から輸入する金額が増大すれば（＝平均輸入性向の増大）先進国のGNPは相対的に増大する。一方，後進国側では，財③の品質改善・バリエーション増大による便益を享受できる。

加えて，先進国のGNPの拡大は生産要素価格の上昇を通じて財②における先進国側の競争力を減殺し，戦略②を採用して財②への進出を図る後進国にとって有利に働く。

> 先進国にとっては（そして後進国にとっても），自国の産業構造をさらに高度化するような産業発展（戦略4）を試みることが望ましい。

出典：伊藤他（1988, 第7章）を基に筆者作成

図 2-2-4　産業構造選択モデル（続き）

42 第1部 通信と政府の役割

「幼稚産業」とは，産業発達の初期段階では国際競争に耐える力を持たないが，「『実行を通じた学習効果』(learning by doing) により，生産活動を行えば費用条件が時間を通じて改善される」(伊藤他，1988, p.44) ため，最終的には国際競争に耐えうる力を備え自立することが見込まれる産業を指す。そうした産業を，発達の初期段階において一時的に保護することで（当初は保護コストが発生するが，）長期的には一国の経済厚生を改善できることがあるというのが，幼稚産業保護論の主張である。

産業の立ち上がり期に必要で，確立後の生産量とは無関係に発生する保護コストは「産業のセットアップコスト」と呼ばれる（伊藤他，1988, p.39）。一般に，産業確立によって得られる総余剰の増加分がセットアップコストを上回るのであれば，経済全体の効率性からみて当該産業を育成することが望ましい。つまり，経済全体としてセットアップコストを初期負担する価値がある。問題はその負担主体であり，通常の市場経済では市場メカニズムによって最適な負担主体が決定する。幼稚産業保護政策では，政府がその費用の負担主体となる。つまり，これは，市場メカニズムを介さずに，公的主体（最終的には納税者である国民全体）で当該セットアップコストを負担しようとする政策である。

そもそも，産業育成によって経済厚生の改善が見込まれるためには，「実行を通じた学習効果」を当該幼稚産業が持つことが最低条件である。これは「動学的規模の経済（dynamic economies of scale）」または「時間の経済効果（economies of time）」と称される。

次いで，幼稚産業が初期段階を脱して成熟した暁に，プラスの収益性を確保しうることが必要である。これは「ミル（Mill）の規準」と呼ばれるもので，本条件が満たされないと，いつまでたっても政策介入（資金供与などの各種保護措置）を止めることができず，経済全体として厚生改善を享受する機会を得られない。

第三に，保護措置の発動に費やした費用（複数年にわたる場合はその現在価値[5]の合計）が，成熟産業が生み出す社会的便益（の現在価値の合計）よりも少ないものである必要がある（「バステーブル（Bastable）の規準」）。便益から費用を差し引いたものがプラスであることが，幼稚産業保護政策からプラスの経済厚生を得ることを意味するからである。

---

[5] 発生の時期を異にする貨幣価値を比較可能にするために，将来の価値を一定の時間割引率（または，割引率）を使って現在時点まで割り戻した値であり，時間割引率を r とし，t 時点に発生した貨幣価値を M_t とすれば $\sum_t M_t (1+r)^{-t}$ として表現される。

ただし，ミルの規準とバステーブルの規準の双方を満足させても，そのことだけでは産業構造に対する政策介入を正当化することはできない。そもそも両規準を充足することは，セットアップコストを負担しても，それを回収して余りあるだけの利益が後に生じることを意味する。だとすれば，当該幼稚産業は，将来の利益を担保に金融市場から資金調達を行って初期損失をカバーし，将来の利益で借入金を返済することで，政府からの助力なしに自立できる。つまり，当該産業の育成に政府介入は必要とされない。

こういった民間のイニシアティブの発揮を妨げる要因が存在している場合は状況が異なる。想定できるのは以下の三つのケースである。

第一のケースは，民間金融システムが不完全な場合である。例えば，私的な時間割引率が適正な社会的割引率を上回る場合，本来は収益性のある産業に十分な資金が投入されない。こういった場合，政府主導の低利融資の実施・政府保証の供与が必要になる。ベンチャーキャピタルの活動が不活発であるわが国の状況はこのケースにあてはまるかもしれない。

第二に，完全情報条件が満たされていないため，民間セクターが正しい判断を下すことができない場合が考えられる。政府が民間セクターよりも正確な情報を把握している場合，最適な資源配分を達成するためには，政府による啓発や周知宣伝活動の実施が求められる。しかし，市場環境や技術の将来見通しについて，政府が民間よりも完全な情報を有していることは通常期待できない。このケースでは，政府による状況改善を期待することは困難である。ただし，政府の将来見通しあるいは政策目標は，民間機関が発表するものとは異なり，将来の政策発動の予定表という意味合いを有している。この場合，政府の将来予測には一定の自己実現性があるため，民間の予測の場合にはない一定の信頼性を有する。

以上二つのケースにおける政府の介入形態は，特定の産業セクターを目指したものというよりも，全体の経済メカニズムが円滑に機能するような環境整備と言えるものである。これに対し，特定の産業分野をターゲットとした「産業政策の名の下での典型的な介入」が正当化されるのが，「動学的外部性（dynamic externalities）」が存在する第三のケースである。

動学的外部性の下では，損失を被りながらも生産を継続したことによって最終的に得られる利益が，そのための費用を負担した主体に専有可能とはならない。これが「ケンプ（Kemp）の規準」であり，本条件が満たされる場合，民間のイニシアティブに

44　第 1 部　通信と政府の役割

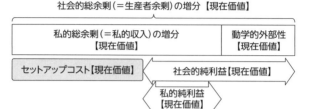

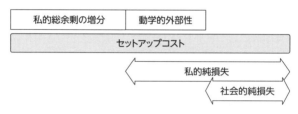

図 2-2-5　ケンプの規準

よって自立可能となる幼稚産業の範囲は，効率性の観点からみて最適な範囲よりも小さくなる。つまり，「産業全体の動学的規模の経済の社会的純利益がプラスであっても，私的活動だけを取り出せばその純利益はマイナスとなり，私的インセンティブだけでは投資が行われない」（伊藤他，1988，p.50）というケースが生まれる。言い方を変えれば，セットアップコストが社会的総余剰の増分[6]よりも小さく当事者の収入の増加分よりも大きい状況では，初期費用負担のための私的インセンティブが十分な水準に達しない。この場合，市場メカニズムの外にある主体（政府）が当該産業に介入し，社会的最適解を達成することが正当化されうる（図 2-2-5）。

---

[6] ここでは新産業の確立による国際価格の変化を考慮していない（「小国の仮定」）ので，総余剰の変化分は生産者余剰の変化分に等しい。

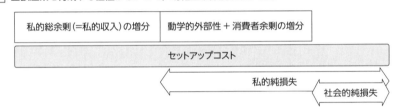

図 2-2-6　根岸の規準

　結局，幼稚産業保護政策を発動することが正当化されるには，「動学的規模の経済」が存在する産業において，「ミルの規準」と「バステーブルの規準」に加えて，「ケンプの規準」を含む4条件が充足されることが必要である。

　さて，ここまでの議論は一国における産業政策の発動（とそれに伴う幼稚産業の自立）が市場価格の水準には影響を及ぼさないことを仮定していた。そのため，幼稚産業の支援を是とするかあるいは否とするかについては，企業自身あるいは当該企業を支える投資家の損益だけを考えれば十分であった。一方，こうした保護政策を発動することで，（国際的な）市場価格に影響が及ぼされるような場合[7]には，企業や投資家への利益（生産者余剰）の変化のみならず，消費者利益（消費者余剰）の変化を考慮

---

[7] 国際経済学の枠組みでは「大国の仮定」と呼ばれ，市場価格に影響を及ぼさない「小国の仮定」と対照的に議論される。

46 第1部 通信と政府の役割

に入れて総余剰の増分を計測する必要がある。幼稚産業の成熟により財・サービスの供給量が増大し，均衡価格が低下すれば，消費者余剰が増大する。消費者余剰の増大が十分に大きければ，上記4条件を満たさない産業に対して保護措置を講じることが，経済全体として正当化される場合がある。こういったケースを考慮に入れると，「ある産業を保護・育成することでもたらされる（消費者余剰の変化分をも含めた）社会的純利益の流列の割引現在価値はプラスであるが，保護・育成措置がないときの私的利潤流列の割引現在価値はマイナスであるとき，そのときにのみ，この産業は幼稚産業として保護・育成することが正当化される。」（伊藤他，1988, pp.52-53）という「根岸の規準」が導かれる（図2-2-6）。本規準は，これまでのすべての条件を包含する最も一般的なものと言え，幼稚産業保護政策が発動されるための必要十分条件である。

2.4. 産業転換・産業調整

望ましい産業構造を生み出すために要請されるもう一つの政策介入は，望ましい産業構造にとっては必要のない産業を取り止める，つまり，当該産業に投入されている生産要素を別の用途に振り向けることを目的とするものである。もちろん，社会的に必要とされない産業への生産要素投入量が減少し，最終的には消滅するというのは，市場メカニズムのみによって十分に達成可能である。

二つの財を生産している経済が直面する交易条件が変化した場合に要請される産業転換のケースを図2-2-7に示す。交易条件が変化することにより財1および財2を生産する最適な組み合わせ，すなわち最適な産業構造は点Aから点Bに変化する。ここで点Aから点Bへの移行が長期的な生産フロンティアに沿って最適な速度で発生すれば効率性ロスは生じない。

しかしながら，特定の条件の下では，市場メカニズムへの依存によって非効率的な結果が導かれる。例えば，点Aから点Bへの移動が生産フロンティアを離れた点Cを経由するケースや，市場メカニズムでは対応不可能な事情が存在するために，望ましい資源配分の達成自体が阻害されるケースが想定できる。市場メカニズムによる自主解決を第一の道とする市場資本主義の下では，市場メカニズムに委ねているだけでは非効率的な結果になるという条件が満たされることが，産業転換政策・産業調整政策を発動する前提条件である。

市場メカニズムのみに依存した転換・調整が効率的な結果をもたらさない原因としては，以下のようなものがある。いずれも，産業調整プロセス中に発生するもので，

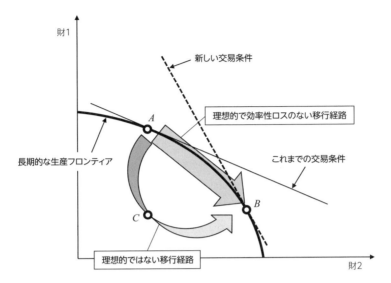

図 2-2-7　交易条件の変更による最適産業構造の変化

産業転換・産業調整に伴う摩擦的なロスをもたらす。

(1)　衰退産業からの生産要素の撤退が妨げられているケース

　　強力な労働組合が存在しているため賃金が均衡水準を超えるレベルに高止まりしているような場合，労働力の移動が阻害され，経済全体でみた資源配分の効率性が妨げられる。

(2)　産業間の生産要素の移動に時間がかかるケース[8]

　　新しい産業に移動するのに際し，今までとは異なる技能の習得を要求されたり，地理的移動を伴ったりする場合，産業調整プロセスに一定の時間がかかる。調整プロセス中は，例えば失業率が増加し，経済全体の生産量は最適水準を下回る。

---

[8] ただし，市場による自律的調整のスピードが社会的に望ましい水準よりも遅いとは限らない。そのため，産業展開・調整を促進するための政策を導入する際には，最適な調整スピードが何かという点に関しては理論的な検討が必要である。

48　第1部　通信と政府の役割

　こういった場合に考慮される政策は，①「産業転換・調整をある程度犠牲にして短期的な効率性をより重視する政策」か，②「短期的な効率性をある程度犠牲にしても産業転換・調整を促進する政策」という二つに大別できる。①の政策は，衰退産業への補助を行って，その延命を図るものである。衰退産業が生産する財・サービスに関する貿易制限措置などにより，産業存続に必要な収益率の確保を図るような政策がその例となる。これにより，調整プロセスによって引き起こされるロスは解消できるが，望ましい産業構造への移行が遅れ，経済全体の長期的効率性は損なわれる。それに対し，②の政策は，現時点におけるロスの発生を甘受しつつ，いち早く望ましい産業構造への転換を図ろうとする政策であり，職種転換訓練や設備廃棄への補助金提供などが具体例となる。

　政策①と政策②のどちらが望ましいかは，短期的に予想される摩擦的ロスと，産業転換達成後に予想される効率性改善との比較によって決定される。仮に，摩擦的ロスと将来の効率性の大きさ，さらには政策介入のコストが所与であるならば，当該社会が持つ社会的割引率の水準が大きな影響を及ぼす。政策の選択にあたっては所得分配に与える影響も見逃すことはできない。衰退産業への補助は，当該産業で働く労働者への所得再分配になるし，職種転換訓練への補助は，新規産業に対する事実上の補助金となる。

　ただし，いずれの政策が採用されるとしても，望ましい産業構造の姿が，現在のそれとは異なるものである限り，これらの政策は時限性を有する必要がある。しかしながら，導入時に時限性を謳われていた補助政策を予定どおりに取り止めることは，大きな政治的反発を生じがちである。

3.　産業組織政策

3.1.　競争至上主義の是非

　一定の産業構造を所与とし，特定の産業の枠内で最も効率的な生産組織を構築することを目的とする「産業組織政策」においては，市場メカニズムの機能をどこまで信用できるのかに関して二つの考え方がある。

　第一の立場は，市場競争による効率性改善効果を信頼し，独占禁止法により企業の競争制限的行為に対して制約を加えれば十分とするものであり，市場競争を阻害することは一般的に経済厚生を低めると主張する。これは経済学者の伝統的な立場であり，

市場競争が激しければ激しいほど望ましいというのが基本的なスタンスとなる。この立場からは，企業合併に対して制約を加えることで企業のシェアを小さく保ったり，企業の共謀行為を規制したりすることで市場競争を活発にする政策が求められる。

　第二の立場は，市場競争によってかえって経済厚生が低められる場合があること，つまり，過当競争の存在を主張し，政府による競争制限の必要性を認める立場である。これは産業政策が華やかなりし頃の日本で広く受け入れられてきたとされる立場で，「競争は悪，協調は善」と主張する（伊藤他，1988，第 12 章）。政府が主導してカルテルを形成したうえで企業が協調的行動をとったり，競争制限的な政府規制を実施したりしてきたわが国の産業政策の歴史は，そういった立場の帰結である。

　正解は両者の中間にある。完全競争が常に望ましい結果を生み出すわけではないし，逆に，競争ではなく協調を重視することが効率性を保証するわけでもない。

　個別企業の市場シェアが小さく，激しい競争が行われているほど，経済厚生が高まるという第一の立場の基本的な考え方は，実際は古典的なミクロ経済学モデルが依拠してきた一定の前提条件の下で導かれたものに過ぎない。例えば，図 2-3-1 に示すとおり，クールノー・モデル[9]の下では企業シェアが低いほど高い効率性が実現可能であるという解が得られる。しかしながら，ベルトラン・モデル[10]の場合には同様の結論は成立しない。第 8 章 5 節で説明するコンテスタビリティ理論が適用可能である状況では，当該市場が独占企業によって支配されていたとしても効率性は確保できる。

　第一の立場ではその存在すら認めない「過当競争」についてもいくつかの理論的分析結果が存在している。まず，規模の経済が働くような産業において戦略的代替関係にあるクールノー型寡占均衡が生じている場合，競争激化のために参入企業数を人為的に増やすことは社会厚生を損ない，逆に，参入企業数を減少させることが社会厚生を最大化する（「過剰参入定理」，図 2-3-2）（伊藤他，1988，第 13 章）。Shy（1996）ではリング型の立地競争モデルを用いて寡占市場における企業行動の分析を行い，同様の結論を見出している（Chap.7, p.156）。こういった場合，経済効率性の面からは，営業の許認可や投資調整を通じて参入数を制限し，市場競争に一定の枠をはめることが最適政策となる。同様の分析は，周波数オークションをめぐる議論でも展開されてお

---

[9] 寡占モデルが想定する競争の一種で，「個々の企業が同じ産業の他の企業の特定の生産量を一定として自己の利潤を最大にする生産量に決める」（西村，1995，p.446）ことを通じて遂行される。
[10] 寡占モデルが想定する競争の一種で，生産量を戦略的に決定する企業を前提とするクールノー・モデルとは異なり，価格を戦略的に決定する企業の間で展開される競争状況を指す。

50 第1部 通信と政府の役割

モデルの前提条件

x_i：企業 i の生産量，X_{-i}：企業 i 以外の生産量，
$X(\equiv x_i + X_{-i})$：産業全体の生産量，$P(X)$：逆需要関数，$C(x_i)$：企業 i の費用関数

企業 i の最適行動は，限界費用 MC_i と限界収入 MR_i が等しくなる生産量を選択することによって達成される。ここで，企業 i の収入を R_i とすると，限界収入は次のとおり計算される。

$$MR_i = \frac{dR_i}{dx_i} = \frac{d[P(X) \times x_i]}{dx_i} = \frac{d[P(x_i + X_{-i}) \times x_i]}{dx_i}$$

$$= P(x_i + X_{-i}) + \frac{dP(x_i + X_{-i})}{dx_i} x_i$$

$$= P(x_i + X_{-i})\left[1 + \frac{dP(x_i + X_{-i})}{d(x_i + X_{-i})} \times \frac{d(x_i + X_{-i})}{dx_i} \times \frac{x_i + X_{-i}}{P(x_i + X_{-i})} \times \frac{x_i}{x_i + X_{-i}}\right]$$

$$= P(X)\left[1 + \underbrace{\frac{dP(X)}{dX}\frac{X}{P(X)}}_{\substack{\text{需要の価格弾力性} \\ \varepsilon \text{ の逆数}}} \times \underbrace{\frac{x_i}{x_i + X_{-i}}}_{\substack{\text{企業 } i \text{ の} \\ \text{市場シェア } \theta_i}}\right] = P(X)\left(1 + \frac{\theta_i}{\varepsilon}\right)$$

したがって，企業 i に利潤最大化をもたらす最適生産量は次の条件を満たす。

$$MC_i = MR_i = P(X)(1 + \theta_i/\varepsilon)$$

ここにおいて，価格 P と限界費用 MC_i の乖離率（$1 + \theta_i/\varepsilon$），つまり資源配分の非効率性は，企業 i の市場シェア θ_i と比例して大きくなる。

図 2-3-1　クールノー・モデルの下での効率性と市場シェアの関係

り，帯域の増大がデータ取扱量をそれ以上に増大させるという特徴（電波資源の「集積の経済性」）を考慮した場合，モバイル市場への参入を増やすことはかえって社会厚生にマイナスの効果を及ぼす（Beard *et al.*, 2012）。

次に，生産物が戦略的代替財である同質的寡占産業では，戦略的な費用削減投資は社会的に過大になることがあり，過大投資の傾向は産業内の企業数が大きいほど，生産物間の代替性が強まれば強まるほど大きい（「過剰投資定理」，図2-3-3）（伊藤他, 1988, 第14章）。この場合は，政府による規制や指導，あるいは企業間の協調行動に基づく投資抑制が効率解となりうる。

第三に，他の企業に先んじて市場参入を果たした企業のみが競争優位性を享受できるという性質を持つ市場[11]においては，経済全体の観点からみて効率的な時期よりも

---

[11] 生産における習熟効果が大きい財のケースや，スイッチングコストの水準が高いといった理由で購入者に強烈なブランドロイヤルティが発生する財のケースが想定できる。伊藤他（1988, 第

モデルの前提条件

x_i：企業 i の生産量，X_{-i}：企業 i 以外の生産量，$X(\equiv x_i + X_{-i})$：産業全体の生産量，
$P(X)$：逆需要関数，$C(x_i)$：企業 i の費用関数
企業 i の利潤は $\pi^i(x_i, X_{-i}) = P(X)x_i - C(x_i)$ となり，ここで $\partial \pi^i(x_i, X_{-i})/\partial X_{-i} < 0$ は自明。

固定費用の存在による規模の経済性，すなわち，$dAC(x_i)/dx_i < 0$ を仮定。

また，固定費が存在するために X_{-i} が一定値（X_{-i}^o）以上であれば，企業 i は生産を行わないことがクールノー型競争の下での最適戦略となるという状況を想定。

さらに，各企業の戦略は「戦略的代替関係」にあり，それぞれの反応曲線の傾きの絶対値は 1 未満であることを仮定。

この場合，縦軸に産業全体の生産量 X をとった企業 i の反応曲線は右のように描くことができる。点 A は競争の結果，利潤がゼロとなる点を，点 B は，当該企業が市場を独占し，独占利潤を得ている点を意味する。

ここで，全く同一の費用条件を持つ（したがって反応曲線も同一である）n 個の企業がクールノー・ナッシュ均衡を成立させているとすれば，点 E がその点となる。

点 E において各企業はプラスの利潤を得ているため，完全競争市場においてはさらなる新規参入を誘発する。新規参入が生じると，直線 $X = n \times x_i$ の傾きが増大する。

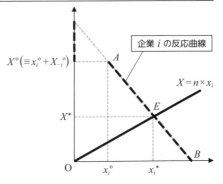

新規参入の結果，個々の企業の均衡生産量は減少する一方で，産業全体の生産量は拡大して市場価格は下落するため，企業収益は悪化する。これ以上参入企業数が増加しない均衡点は点 E が点 A と一致する場合（自由参入均衡）である。

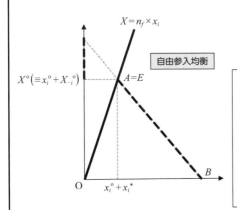

自由参入均衡とは，市場メカニズムによって自律的に達成される長期均衡点であり，参入企業数は n_f であり，各企業はゼロ利潤を得る。

ここで，競争政策上の観点から問題となるのは，自由参入均衡で達成されている厚生水準をさらに改善するためにはどういった政策を適用するべきか否かということ，具体的には，さらなる新規参入を促すような政策展開が効率性を改善するか否かである。

図 2-3-2　過剰参入定理モデル

---

15 章）では「時間を通じた競争」と呼んでいる。

52　第 1 部　通信と政府の役割

達成されている社会厚生（社会的総余剰）は以下の式によって算出される。

社会的総余剰 $W(n)$ = 消費者余剰 $CS(n)$ + 生産者余剰 $PS(n)$

$$= \left[\int_0^{X^*(n)} P(z)\,dz - P^*(n) \times X^*(n) \right] + \left[P^*(n) \times X^*(n) - n \times C\big(x^*(n)\big) \right]$$

$$= \int_0^{X^*(n)} P(z)\,dz - n \times C\big(x^*(n)\big)$$

参入企業数が増大することによる社会的総余剰の変化分 ΔW は次のようになる。

$$\Delta W(n) = \Delta CS(n) + \Delta PS(n)$$

$$= X^*(n) \times (-\Delta p) + \big[n \times \Delta \pi + \pi^*(n) \times \Delta n \big]$$

$$= X^*(n) \times (-\Delta p) + \Big[\underbrace{\big(n[P^*(n) - C'(x^*(n))] \big) \times \Delta x}_{\text{新規参入に応じて個々の企業が生産}\atop\text{調整をすることによる利潤変化分}} + \underbrace{X^*(n) \times \Delta p}_{\text{新規参入が誘発する価格}\atop\text{変化による利潤変化分}} \Big] + \pi^*(n) \times \Delta n$$

$$= \underbrace{n\big[P^*(n) - C'(x^*(n)) \big] \times \Delta x}_{\text{資源配分効果}} + \underbrace{\pi^*(n) \times \Delta n}_{\text{競争促進効果}}$$

$$\boxed{\begin{array}{l} C = x \times AC \\ \Rightarrow C' = AC + x \times AC' \end{array}}$$

$$= n\big[P^*(n) - AC(x^*(n)) - x^*(n) \times AC'(x^*(n)) \big] \times \Delta x + \pi^*(n) \times \Delta n$$

したがって，自由参入均衡（$n = n_f$）においては追加的な新規参入を促進すること（$\Delta n > 0$）は，ΔW をマイナスにしてしまう。なぜなら，

- 参入企業数と均衡生産量は正　$\Rightarrow$ $n = n_f > 0,\ x^* > 0$
- 規模の経済性が存在し，平均費用が逓減することを仮定　$\Rightarrow$ $AC' < 0$
- 新規参入により個々の企業の均衡生産量は減少　$\Rightarrow$ $\Delta x < 0$
- 自由参入均衡における均衡利潤はゼロ　$\Rightarrow$ $\pi^* = 0$ or $P^* = AC^*$

すなわち，自由参入均衡が成立している環境においては，さらなる新規参入を呼び込むことは経済厚生を悪化させ，逆に，参入企業数を減少させることが経済厚生を増加させる。

出典：伊藤他（1988, 第13章）を基に筆者作成

図 2-3-2　過剰参入定理モデル（続き）

ずっと早期に参入行動を行うインセンティブが生じるため，政府による参入抑制策が経済効率性を改善する（図 2-3-4）。

　連続独占仮説（serial monopoly hypothesis）と呼ばれる考え方は，技術の進歩が急速に進む市場における独占規制の意味に疑問を投げかける。ある一時点の技術に誰よりも秀でている事業者は，その優越性を利用することで，同じ技術を用いる競合事業者を市場から排除し，独占的地位を獲得できる。しかしながら，その技術に安住してし

第 2 章　産業政策の基礎理論

モデルの前提条件

同質的な生産物を生産している産業で，参入障壁に守られた n 個の企業が以下に示す二段階の競争を行っている状況を仮定する。

第一段階：効率的生産設備への投資量 K_i を決定。投資量が増加すれば第二段階での限界費用 $c(K_i)$ が低下し，競争力が改善される。なお，$dc(K_i)/dK_i < 0$

第二段階：第一段階の投資によって決まった費用関数 $C(x_i, K_i) = c(K_i) \times x_i$ の下で生産量 x_i をめぐり競争。

$P(X)$：逆需要関数　ただし，X：産業の総需要量。なお，$X_{-i} \equiv X - x_i$，第一段階で選ばれた各企業の投資量の組み合わせを $\mathbf{K} \equiv (K_1, \cdots, K_n)$ と定義する。

サブゲームである第二段階ではクールノー競争が行われ，各企業は第一段階で選ばれた投資量の組み合わせ $\mathbf{K}$ の下で以下の利潤関数を最適にすることを目指す。

$$\pi^i(x_i, X_{-i}) = P(x_i + X_{-i})x_i - c(K_i)x_i$$

各企業の戦略は戦略的代替関係にあり，それぞれの反応曲線の傾きの絶対値は 1 未満であることを仮定する。

さらに，サブゲームでのナッシュ均衡を $\mathrm{x}^*(\mathbf{K}) = (x_1^*(\mathbf{K}), x_2^*(\mathbf{K}), \cdots, x_n^*(\mathbf{K}))$ と表現する。

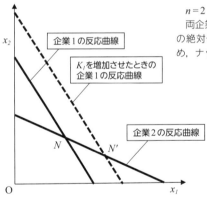

$n = 2$ の場合における第二段階の競争を考える。

両企業の反応曲線 $x_i(\overline{K_1}, \overline{K_2}) = R(x_j, (\overline{K_1}, \overline{K_2}))$ は傾きの絶対値が 1 より小さいという安定条件を満たすため，ナッシュ均衡は点 N として表現できる。

いま，企業 1 が第一段階において投資 K_1 を増加させたとすれば，反応曲線は競争力の改善を反映して右にシフトし新しい均衡 N' が得られる。

生産量が増大した企業 1 の準レントは増加する一方，生産量が低下した企業 2 の準レントは低下する。また，反応曲線の傾きの絶対値が 1 未満なので，産業の総生産量 X は増大する。

第一段階では，以上のような第二段階におけるナッシュ均衡を読み込んだうえで，各企業は投資量を決定する。1 単位当たりの投資費用を 1 とすれば，二段階競争を通じて，企業は以下の式で表される利潤を最大化するために行動する。

$$\Pi^i(x_i^*(\mathbf{K}), K_i) = P(X^*(\mathbf{K}))x_i^*(\mathbf{K}) - C(x_i^*(\mathbf{K}), K_i) - K_i \quad \text{ただし，} X^*(\mathbf{K}) = \sum_{i=1}^{n} x_i^*(\mathbf{K})$$

こうして得られる完全ナッシュ均衡は $\mathbf{K}^* = (K_1^*, \cdots, K_n^*)$ と表現でき，さらに各企業が同一の費用関数を持つと仮定すれば，$K_i^* = K_j^*, x_i^* = x_j^*$ が成立する。

図 2-3-3　過剰投資定理モデル

投資量 $\mathbf{K} = (K_1, \cdots, K_n)$ における社会的厚生は以下のように表現できる。

$$W(\mathbf{K}) = \underbrace{\int_0^{X^*(K)} P(X)dx - P(X^*(\mathbf{K}))X^*(\mathbf{K})}_{\text{消費者余剰 } CS} + \underbrace{\sum_{i=1}^n \left[P(X^*(\mathbf{K}))x^*(\mathbf{K}) - C(x^*(\mathbf{K}), K_i) - K_i \right]}_{\text{生産者余剰 } PS}$$

ここで，任意の企業がその投資量 K_i を増大させた場合，①投資量の変化が生産量の変化を通じて社会的厚生に及ぼす効果（「資源配分効果」）と，②投資の変化が当該企業の投資費用と生産費用に直接与える効果（「戦略的効果」）の二つが発生する。

「資源配分効果」に関しては，消費者余剰および生産者余剰の変化の合計として以下のとおり分析できる。

$$\Delta CS = \Delta \left[\int_0^{X^*(K)} P(X)dx \right] - \Delta \left[P(X^*(\mathbf{K}))X^*(\mathbf{K}) \right] = P\Delta X - (P\Delta X + \Delta PX)$$

$$\Delta PS = \Delta \left[\sum_{i=1}^n \left[P(X^*(\mathbf{K}))x^*(\mathbf{K}) - C(x^*(\mathbf{K}), K_i) - K_i \right] \right] = (P\Delta X + \Delta PX) - MC\Delta X$$

資源配分効果 $\equiv \Delta CS + \Delta PS = (P - MC)\Delta X$ ただし，$MC \equiv dC/dx_i \equiv c(K_i)$

ここでは，参入障壁に守られた寡占的競争均衡を仮定しているため，価格は限界費用を上回り $(P > MC)$，かつ，先に示したように，ある企業の投資量の増加は産業全体の生産量を増大させる $(\Delta X > 0)$。そのため，資源配分効果はプラスであり，一企業の投資の増大は社会的厚生を増大させる。

一方，「戦略的効果」は，第一段階における投資量の変化が，第二段階において他企業の行動を変化させることに基づく効果であるため，投資量の増加に伴う生産費用の削減効果から，投資費用の増分を差し引いた値になる。

戦略的効果 $= -\Delta C - 1$

戦略的効果は，企業投資が競合相手に及ぼす影響を考慮しなければゼロになる。しかしながら，戦略的代替関係にある競合相手の存在を考慮した場合，社会的に過大な投資が行われることになるため，戦略的効果はマイナスの値をとり，資源配分効果の場合とは逆に，一企業の投資の増大は社会的厚生を減少させる。

> すなわち，寡占均衡の投資量は資源配分効果の観点からは過小，戦略的効果からみれば過剰と評価される。最終的な結論は両効果の相対的な大きさに依存する。
> これに関して一般的には，①産業内の企業数が多ければ多いほど，②産業の生産物が同質の場合，あるいはそれらの間の代替性が強ければ強いほど，戦略的効果が資源配分効果を上回る。

ただし，企業数が小さくても同質財のクールノー競争下で需要曲線が線形であれば常に投資量は社会的に過剰になる。また，企業数が多い場合には過剰投資の経済的効果はあまり意味を持たなくなる。

出典：伊藤他（1988, 第14章）を基に筆者作成

図 2-3-3　過剰投資定理モデル（続き）

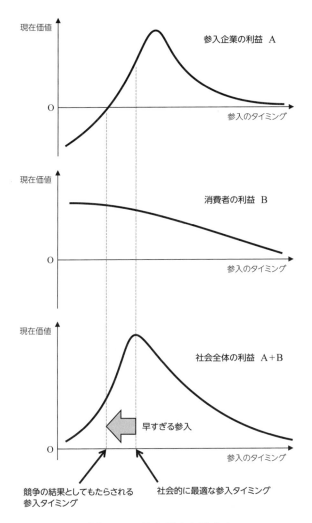

図 2-3-4　早すぎる市場参入

まうと，次世代の技術が登場した場合に，その新技術に秀でた新規参入事業者にその地位を奪われ，市場から駆逐される。地位を奪うことに成功した新規参入事業者は自ら独占体制を確立できるが，そのままでは，やがては次の世代の技術が現れ，自らの独占が突き崩されてしまう。そのため，独占事業者は，その独占的地位を長期的に確保するため，参入障壁の源泉である自らの技術優越性を維持し続けようとする。すな

わち，自身の財・サービスを常に改善し，より安価でより高品質の生産を行う強いインセンティブを持ち続けるため，独占による効率性ロスは生じない。これが連続独占仮説の主張であり，技術進歩が目覚ましい市場において独占を排除するための規制が必要ないという結論を導く。本仮説は，Faulhaber（2005）に簡潔にまとめられている。

　一方，企業集団の協調行動を基本として経済厚生最大化を目指す第二の立場が想定どおり機能するには，フリーライダーが生じないことや，企業間および政府と企業の間で情報の非対称性が存在しないこと，さらには，いわゆる「政府の失敗」の程度が大きくないことなどの条件を満たす必要がある。そもそも，介入を必要とする過当競争が仮に存在するとしても，対処として競争自体の可能性を一般的に制限することには問題が多い。過剰参入定理にしても過剰投資定理にしても，一定の枠内で民間企業の競争が十分に行われているという条件の下で政策介入の有効性を主張するものであり，少数企業による談合を是とするものではないことに注意する必要がある。

3.2.　わが国の通信産業政策

　産業組織への介入は，一概に否定されるべきものでも肯定されるべきものでもない。直面する市場の状況を冷静に分析し，政策介入をめぐる各種のトレードオフを詳細に行ったうえでその適否を判断すべきである，というのが前節の結論であった。

　通信産業については，自然独占性を有する産業として伝統的にとらえられてきており，参入規制により独占体制を維持することで規模の経済や範囲の経済などをベースとした効率性の発揮を求めつつ，料金規制を適用することで「自然独占企業の独占行動に一定の枠をはめる」という政策が施行されてきた。わが国における伝統的規制の詳細については第7章5節に譲る。

　伝統的な規制を理解するうえで重要なのは，コモンキャリア（common carrier）という英国慣習法由来の概念である。そもそも英国慣習法では特定の職業については，すべての希望者に対して，合理的な条件の下で無差別にサービスの提供を行うことがコモンキャリアルール（common carrier rules）として義務付けられていた。Speta（2002）によれば，コモンキャリアルールは，その事業者が一定の独占力を保持し，提供されるサービスが社会にとって不可欠性を有し，さらに当該事業者が公共的に重大な役割を果たしていることに基づいて課される[12]。19世紀に入り，英国と米国ではこのルー

---

[12] 代償として，コモンキャリアはその事業展開に際して，公共用地の優先的利用を認められたり，他人の土地などに対する使用権を強制的に設定できたりする特権（公益事業特権）を享受する。

ルを新興の鉄道サービスに対して適用した。鉄道会社は空席がある限り，規定の料金を支払った者や荷物に輸送サービスを提供しなくてはならず，合理的理由以外で利用を拒否した場合には損害賠償の責任を負うこととされた。その後米国では 1910 年「マン・エルキンズ法（Mann-Elkins Act）」制定により「1887 年州際通商法（Interstate Commerce Act of 1887）」が改正された際，電話会社や電信会社，ケーブルテレビ会社もコモンキャリアであるとされ，同じ義務に従うことが求められるようになった。さらに「1934 年通信法（Communications Act of 1934）」で同方針は確認され，新たに設立された連邦通信委員会（FCC：Federal Communications Commission）が同原則の運用にあたることになった。わが国でも，通信サービスの不可欠性と，市場の競争状況を考慮して，合理的な条件の下で利用者を差別することなくサービスを提供するよう通信事業者に対し一定の規制を課してきたところである。

　高度情報化が進み，通信ネットワークあるいはインターネットが社会活動において最も重要なインフラとなっている今日，通信事業者が提供するサービスの不可欠性はますます強くなり，公平無差別にサービスを提供することが以前にもまして要請される。他方，急速な技術進歩を背景とした通信市場のあらゆる分野における競争の進展は，コモンキャリア性の一つの源泉である独占力を薄める方向に作用している。そのため，コモンキャリア性をどういった事業者に認めるか，あるいは，認めるにしてもコモンキャリアルールをどの程度厳密に適用すべきかについては，常に議論しなくてはならない。

　現実には，サービスに対する需要の高度化と，ICT の進歩，さらには，一般消費者の情報リテラシーの向上を背景に，コモンキャリア規制の希薄化・局限化とも言える段階的な規制緩和が進展して今日に至っている。

　通信産業における規制緩和においては，それまでのような規制当局による市場介入に代わって，事業者間の市場競争の力を活用して自律的に経済効率性を達成することが指向されている。しかしながら，自然独占性が残存する環境の下で存続可能な有効競争を実現するためには，少なくとも当面の間は，強大な競争優位性を持つ SMP 事業者の競争行動に一定の制約を加え，新規参入事業者が一定の市場ポジションを確保するまで保護することが必要であると考えられている。

　近年は，それぞれ専用の設備を用いて事業がなされることを前提に相互に独立の体系として構築されてきた通信と放送に対する規制の融合化も進んでいる。その背景には，①ICT の進歩により，デジタル化・ブロードバンド化・IP 化が進んだ結果，伝統

58 第1部　通信と政府の役割

的な設備とサービスの対応関係が崩壊したこと（市場の水平化），②一つのサービスに関して一つの事業者が全体を統括するビジネスモデルから，端末・伝送サービス・アプリケーションにおいて異なる主体が連携してサービスを構築する形態が増加していること（事業者間の垂直的連携）がある。

　しかしながら，通信産業および放送産業を対象とした現状の規制枠組みが前提としている市場の失敗が実際に存在しているのか，仮に存在しているとして現行の規制体系が最適な対応策となっているのかという点に関しては，市場の変化が急であることを考えると，不断の確認・見直し作業が必要である。

4.　戦略的貿易政策

4.1.　マーシャルの外部性

　産業政策は国内産業だけを対象として策定されるとは限らない。一国の経済厚生を高めることが目的である以上，他国の産業構造を自国にとって有利になるように誘導することもその重要な手段となる。

　産業全体の生産量が拡大することに伴い，個々の企業の平均費用が低下する場合がある。これは，企業が特定地域に集中することにより，ベストプラクティスに関する情報交換が盛んになって個々の企業の生産プロセスが改善されたり，周辺に教育・訓練機関が進出して熟練労働力の確保が容易になったりする結果として発生する[13]。いわゆる「規模の経済」や「習熟の経済」が当該企業自身の生産拡大あるいは生産経験の蓄積による平均費用の低下を意味するのに対し，この効果は，産業全体で発現している規模の経済が個々の企業の生産関数に影響を及ぼすことによって実現される[14]。つまり，個々の企業にとっては，規模の経済が（自身の経営意思の決定とは無関係な）外部効果として与えられる。これが，「マーシャルの外部性」と呼ばれる。

　一国の経済の構成要素として二つの産業（産業A，産業B）が存在し，それぞれ財Aと財Bを生産しているとする。産業Aについて規模に関する収穫一定が成り立ち，

---

[13] 物理的な近接性が生産性にプラスの影響を与える効果については，様々な組織からイノベーターが一堂に集って協同作業を行い，新たなイノベーションを生み出す場として構築されるイノベーションハブ（innovation hub）に関しても観察されている（Galegher *et al.*, 1990 など）。

[14] いわゆる「規模の経済」が自然独占性を帰結するため競争市場の分析枠組みをそのまま適用することが困難であるのに対し，この場合は，個々の企業の行動に関しては完全競争を仮定して分析を進めることができる。

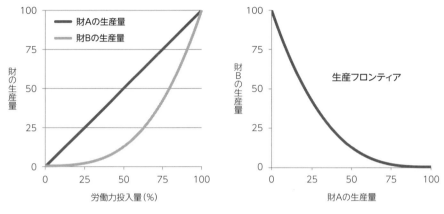

図 2-4-1　財の生産関数と生産フロンティア

産業 B についてマーシャルの外部性が発生していると仮定する。労働力が唯一の生産要素とすれば，各産業の生産関数と経済全体の生産フロンティアは図 2-4-1 のようにグラフ化できる。

同じ生産技術を持ち，生産要素の初期保有が同じである国は，同一の生産フロンティアを持つ。ある国のフロンティアが図 2-4-1 のように与えられる場合，同じ条件を満たす別の国と貿易を行うことによって達成可能な生産フロンティア（世界の生産フロンティア）は図 2-4-2 のようになる。さらに，両国民が同じ選好を有すると仮定し，共通の無差別曲線を I とすれば，最も効率的な生産と消費の組み合わせは E 点において与えられる。

さて，点 E において，世界を構成する二つの国はそれぞれ生産フロンティア上の点 a および点 b を達成している。つまり，この場合，各国がそれぞれ財 A および財 B に完全特化することにより最大の効率性が達成できる。

ところで，マーシャルの外部性の働く産業 B で生産される財 B の方が財 A よりも相対価格が高いとしよう。その結果，予算制約線が，予算規模に応じて図 2-4-3 における直線 M_α もしくは直線 M_β として表現されるとする。この場合，財 B に特化する国（β）の経済厚生は，財 A に特化する国（α）のそれを上回る。α 国の消費者は，点 a で生産を行い，財 A を ad だけ輸出することで，財 B を cd だけ輸入し，最終的に c 点で消費を行い，I_α だけの効用を得る。それに対し，β 国の消費者は，点 b で生産を行い，財 B を bf だけ輸出し，財 A を ef だけ輸入することにより，I_β の水準の効用

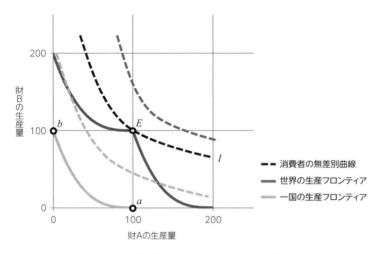

図 2-4-2　貿易によって達成される最適均衡点

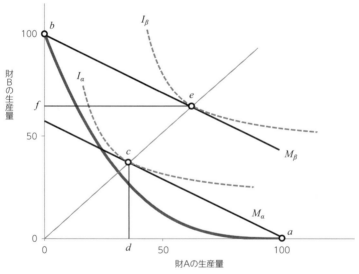

図 2-4-3　完全特化による経済厚生への影響

を享受する。なお，図は両国の社会的無差別曲線が同一かつ相似的（homothetic）であることを仮定して描かれている。両国間の貿易が均衡している場合，$ad = ef$，かつ，$cd = bf$ となる。

この場合，産業政策の観点からは，財 B の生産に特化するような地位に自国を位置

付け，貿易相手国を財Aに特化せざるを得ない地位に追い込むことが要請される。産業Bはマーシャルの外部効果の影響下にあるため，産業確立に先んじることで価格競争力を獲得できる。逆に，産業Bに関して相手国にリードを許すとその差は広がりこそすれ縮まることはない。そのため，自国の経済厚生の最大化を目論む両国は，産業Bの早期確立に向けて産業育成競争を展開することになる[15]。

4.2. 補助金競争

　貿易相手国に先駆けて特定産業の育成を図ろうとする二つの国に関して分析しよう。セットアップコストが60億円に達する産業があり，国際市場の独占に成功すれば当該企業に100億円の売り上げが見込めると仮定する。ただし，両国ともに当該産業の育成に成功した場合，市場競争が発生し，企業の売り上げは各々30億円に低下する。この場合，この産業への参入を目論む投資家・企業家が直面する利益は表 2-4-1 として表現できる。

　この場合，ある国が当該産業を確立することで利益を得るのは，相手国において産業確立を試みない場合に限られる（利得表の右上あるいは左下の状況）。逆に，相手国において先に産業が成立した場合は，参入を行わないことが合理的決断となる。産業への参入を成し遂げた国では40億円（100億円−60億円）分の生産者余剰の増加が発生し，行わなかった国の経済厚生に変化はない。両国の経済条件が同じであれば，どちらの国の経済厚生が改善されるのかは，たまたま産業確立に先んじるか否かという偶然に左右される。

　ここで，α国において産業確立のために40億円の補助金が与えられたとする。この場合，新しい利得表は表 2-4-2 となり，α国はβ国の行動にかかわらず必ず参入を行う。かたやβ国の判断基準には変更はないので，産業確立に成功するのは必ずα国になり，β国は参入しない。すなわち，必ず左下の状況が発生する。α国は80億円という生産者余剰の増分（＝利潤の増分）に課税することで補助金を回収することが可能であるから，差引40億円の総余剰増加を達成できる。一方，参入を行わなかったβ国の総余剰に変化はない。つまり，α国との相対的関係はβ国にマイナスとなる。

　β国は対抗的に同額の補助金を導入することで事態の改善を試みる可能性がある。これによる利得表は表 2-4-3 となるが，両国において必ず参入が発生するという結果

---

[15] さらに詳しい解説については，山本（2005，第4章）や若杉（2001，第9章），伊藤・大山（1985，第4章）を参照のこと。

（利得表の左上）になる。この場合，増大する生産者余剰は各々10億円に過ぎず，補助金を考慮すると，両国の総余剰はともに 30 億円分だけ減少する。つまり，両国が競争的に保護主義的政策を採用すると，かえって経済厚生が悪化し共倒れになる[16]。世界貿易機関（WTO：World Trade Organization）や二国間協議などの場において，各国の保護主義的傾向に歯止めをかけ，自由主義貿易を拡大することが議論されている理論的背景の一つをここに求めることができよう。

表 2-4-1　政府補助がない場合の利得表

		α 国	
		参入する	参入しない
β 国	参入する	−30億円，−30億円	0円，40億円
	参入しない	40億円，　　0円	0円，　　0円

注：左側の数値は α 国での生産者余剰の増分，右側の数値は β 国での増分。

表 2-4-2　α 国が政府補助を行った場合の利得表

		α 国	
		参入する	参入しない
β 国	参入する	10億円，−30億円	0円，40億円
	参入しない	80億円，　　0円	0円，　　0円

注：左側の数値は α 国での生産者余剰の増分，右側の数値は β 国での増分。

表 2-4-3　両国が政府補助を行った場合の利得表

		α 国	
		参入する	参入しない
β 国	参入する	10億円，10億円	0円，80億円
	参入しない	80億円，　　0円	0円，　　0円

注：左側の数値は α 国での生産者余剰の増分，右側の数値は β 国での増分。

---

[16] 第三国の消費者は，α 国と β 国の競争の結果，より安価な財・サービスを消費できるという漁夫の利を獲得し，補助金政策の真の受益者となる。

引用文献：

Beard, T.R., Ford, G.S., Spiwak, L.J., and Stern, M.（2012）"Wireless Competition Under Spectrum Exhaust," *Phoenix Center Policy Paper*, 43, http://www.phoenix-center.org/pcpp/PCPP43Final.pdf

Faulhaber, G.R.（2005）"Bottlenecks and Bandwagons: Access Policy in the New Telecommunications." In Majumbar, S.K., Vogelsang, I., and Cave, M.E.（eds.）*Handbook of Telecommunications Economics*（Vol. 2）, North-Holland, 487-516.

福川伸次（2004）『活力ある産業経済モデルへの挑戦—日本の産業政策，回顧と展望』日経BP出版センター.

Galegher, J., Kraut, E.R., and Edigo, C.（eds.）（1990）*Intellectual Teamwork: Social and Technological Foundations of Cooperative Work*, Psychology Press.

後藤文廣・入江一友（1994）「産業政策の理論的基礎—1990年代の新たな展開に向けて」『通産研究レビュー』(4), 22-53.

伊藤元重・清野一治・奥野正寛・鈴村興太郎（1988）『産業政策の経済分析』東京大学出版会.

伊藤元重・大山道広（1985）『国際貿易（モダン・エコノミックス）』岩波書店.

貝塚啓明（1973）『経済政策の課題』東京大学出版会.

小宮隆太郎（1975）『現代日本経済研究』東京大学出版会.

新野幸次郎（1988）「産業政策の経済学的評価について—戦後日本の産業政策の展開と関連して」『国民経済雑誌』158(3), 59-75.

西村和雄（1995）『ミクロ経済学入門　第2版』岩波書店.

Shy, O.（1996）*Industrial Organization: Theory and Applications*, MIT Press.

Speta, J.（2002）"A Common Carrier Approach to Internet Interconnection," *Federal Communications Law Journal*, 54(2), 225-279.

高橋泰蔵・増田四郎［編］（1984）『体系経済学辞典　第6版』東洋経済新報社.

鶴田俊正・伊藤元重（2001）『日本産業構造論』NTT出版.

通商産業省（1964）『通商白書　総論（1964）』通商産業調査会.

若杉隆平（2001）『国際経済学　第2版（現代経済学入門）』岩波書店.

山本健兒（2005）『産業集積の経済地理学』法政大学出版局.

第3章　情報の価値

1.　はじめに

　市場メカニズムによって効率的な資源配分を達成するためには，「完全情報の条件」を満たす必要があることは第1章3節で論じたとおりであり，それが十分に満たされない場合は非効率的な結果がもたらされる。このように，伝統的な経済学において，情報は，市場メカニズムを左右する重要な環境因子として取り扱われるのが通常であり，その生産や消費の側面は主たる分析対象とはされてこなかった。

　そうした情報について本章では三つの論点を取り扱う。第一の論点は，完全情報という条件が満たされていないことの帰結についてである。現実社会において，理想どおりの完全情報の下で意思決定を行えるケースは稀であり，ほとんどの場合，われわれは一定の不確実性の下での行動を余儀なくされる。不確実性の存在は，われわれの意思決定や市場メカニズムが達成する均衡にどういう影響をもたらすのかを分析する。

　近年，ICTの発展や，インターネットの普及に伴い，情報が独立の「財」として生産・消費されるケースが増加し，それが最終消費財あるいは中間投入財として，経済活動に大きなインパクトを及ぼすようになってきた。情報の生産をもっぱら行う産業セクターの発生（情報の産業化）や，既存産業で情報を中間財として利用する質・量の拡大（産業の情報化），さらには，最終消費において情報財が占める割合の増大（情報消費の増大）が同時に発生している。ところで，情報「財」にはそれ以外の財・サービスとは異なる特徴があり，経済分析や政策論議において非常に興味深い対象となっている。本章で扱う第二の論点は，そうした情報財の特徴に関するものである。

　第三の論点は，情報財の取引をめぐるものである。通常の財・サービスとは異なる特徴を持つため，情報財の取引には独特な仕組みを有する市場を構築する必要がある。

66 第1部 通信と政府の役割

2. 市場メカニズムにおける情報

完全情報条件が満たされていない場合，市場プレイヤーの保有する情報には欠落があるため，下す意思決定は目的に対して最適なものとはならず，もたらされる競争均衡は効率性基準を満たさない可能性が高い。また，不確実な情報に対して企業と消費者は異なった反応を示すことが知られており，そのギャップがビジネスチャンスともなっている。

2.1. 情報の不完全性

情報が完全でない状態には様々なバリエーションがある。対象となっている事象についての情報が一意に定まらず確実でない状況は「不確実な（uncertain）状況」，もしくは，「不確実性（uncertainty）のある状況」と称される。

「不確実性のある状況」と並んで「リスク（risk）がある状況」という用語が用いられる場合もある。両者は同義で使用されることも多いが，発生する可能性がある事象がすべて判明し，それぞれの発生確率が判明している状況をリスクがある状況，発生する可能性がある事象のリストや，それらの発生確率が不明である場合を不確実な状況と区別する場合もある[1]。後者の意味で用いられる場合，期待値の計算はリスクに対してのみ可能であり，ポートフォリオを組むことで，より確実な状況に移行することができる[2]。なお，本書では単純化のため，不確実性とリスクは同義であるとして取り扱う。

また，直面している状況に関する情報をすべてのプレイヤーが共通して保有している状況を完備情報（complete information）もしくは対称情報（symmetric information）の状況，そうではなくプレイヤー相互の保有情報に差がある状況を不完備情報（incomplete information）もしく情報非対称性（asymmetric information）がある状況と呼ぶ[3]。

こうした情報の不完全性がある場合，そうでない場合と比較して，プレイヤーの意思決定が生む帰結は（偶然にも意思決定結果が一致する稀有なケースを除き）効率性

---

[1] 「ナイトの不確実性（Knightian uncertainty）」と呼ばれる概念（Knight, 1921）。
[2] リスクヘッジと呼ばれる行為。
[3] なお，完備情報と不完備情報は主としてゲーム理論において用いられる呼称である。「囚人のジレンマ」や「信頼のゲーム」などは互いが互いの持っている情報を完全に把握しているという意味で完備情報ゲームの一例である。

が劣る。効率性の低下がコストや損失として認識される場合，情報の不完全性を克服する手段に対する需要が生まれる。

情報の不完全性によってもたらされる非効率性を回避する方法はいくつかあり，最も直接的なものは新たな情報の入手とその適切な分配である。必要な情報財の生産が技術的に可能になり，かつ，需要量が生産インセンティブを満たすのに十分な水準になれば，情報の産業化が進み，それを利用することで産業の情報化も推進される。

情報の不完全性が典型的に付随している株式などの資産の場合，効率性ロスを小さくする手段として実際に用いられているものには，異なる資産とのポートフォリオ形成，複数人によるリスクシェアがあり，その他の財については，条件付き契約の締結や保険制度の利用などがある。

2.2. 情報の非対称性：影響と対策

意思決定を行う際に必要な情報が得られない場合，適切な市場の成立そのものが損なわれる。

情報の非対称性が存在する場合の影響について，Akerlof（1970）は，中古車市場を例にとり，情報の非対称性がある場合には，市場そのものが成立しない可能性を示している。良質な車と粗悪な車の双方が売りに出されており，買い手にはその区別がつかない場合，最終的に，良質な車は市場に出回らなくなることが彼のモデルの結論である。良質な車の売り手は，粗悪な車よりも高い売却価格を要求するのに対し，区別のつかない買い手は市場に存在する中古車の平均的品質に応じた購入価格を提示するしかない。そのため，取引に喜んで応じるのは安価な売却価格でも利益の出る粗悪な車のオーナーばかりになるためである。なお，米国の俗語では，良質な中古車をチェリー，粗悪な品質の中古車はレモンと称するため，Akerlof の事例は「レモン市場（The Market for 'Lemons'）」として知られており，論文タイトルともなっている。

同様な事例は保険サービスの提供においても想定できる。保険事業とは，加入者から保険料を集め，死亡や事故，入院などのアクシデントが発生した場合にそれによって生じた損害を補填する目的で保険金を支払うというビジネスであり，大数の法則（Law of large numbers）[4]を利用している。入院保険の場合，保険期間中の入院確率が平均 5%であるとし，損害填補に必要な保険金が 1 億円だと仮定し，事務費用や金利

---

[4] 相互に独立的に発生する事象について，数多くの試行を重ねることにより，ある事象の出現割合が，一定の値に収束していくという定理。

68 第1部 通信と政府の役割

を無視すれば，十分な数の被保険者[5]を集めたうえで，1人当たり500万円（1億円×5%）の保険金を徴収すればビジネスとして成立する。問題は，被保険者の健康状況に関する情報は，本人にとっては明らかであるが，保険会社にとっては不明であるという情報の非対称性が存在している点にある。この場合，保険に進んで加入するのは健康に不安があり入院確率が5%を上回るグループであり，健康面で不安のないグループにとっては割高サービスとなり加入するインセンティブが損なわれている。その結果，保険会社が顧客選抜を行えない場合，保有する被保険者グループの平均入院確率は5%を上回ることになり，ビジネスとしては存続不可能となる。

　これら事例はいずれも，質に関する情報非対称性によって生じる問題であり，本来は選択したい対象（中古車市場におけるチェリー，保険サービスにおける健康優良者）とは逆の性質を持つ相手を取引に引き寄せてしまうという，逆選択（逆淘汰，adverse selection）が生じている状況である。両者とも市場成立が阻止されている状況にあり，資源配分の観点からは大きな効率性損失が生じており，社会全体の観点からのみならず，生産者・消費者それぞれの観点からみても望ましくない。そのため，逆選択の発生を回避するための工夫が様々存在している。

　まず考えられるのは，情報が不足している側が，相手方プレイヤーの質に関する正確な情報を得て，契約相手の適切なスクリーニングを行うことである。中古車の質を第三者機関が鑑定した保証書の提示を要求したり，保険加入にあたって独立医療機関の健康診断受診を義務付けたりするのは，その一例である。骨董品の鑑定士やワインのソムリエも同じ機能を果たす。そういった情報を用いて，取引条件を調整し，あるいは，取引自体の成立を拒否することで，資源配分効率性の改善が可能となる。

　相手方プレイヤーの低品質によって被る損害をすべて本人に賠償させるという法規制を導入することでも同様の効果が期待できる。製品の欠陥に対する責任を生産者に負担させる製造物責任はその具体例である。ただし，製造物責任は生産者側のコスト増要因となるため，市場に提供される製品のバラエティの減少がもたらされる。製品使用方法の適否を問わず，すべて生産者側の責任とされる場合は，利用者のモラル

---

[5] 保険事業に関連するプレイヤーには保険会社以外に「契約者」「被保険者」「保険金受取人」の3種類の主体が必要である。保険会社と契約を締結して保険料（premium）を支払う義務を負うのが「契約者」，保険の対象となるのが「被保険者」，被保険者が対象となる事象を引き起こした際に保険会社が支払う保険金を受け取るのが「保険金受取人」である。この三者は別々である場合も，同一人物が三つの役割を同時に担う場合もある。本章では単純化のために，三者が同一人物によって担当されているケースを想定し，総称として「被保険者」という名称を用いる。

ハザード[6]を引き起こす。

　市場の効率性が回復することで売り手・買い手双方にとって利益となるため，情報をより多く有している側がそれを相手側に伝える方向で問題解決が図られる場合もある。そういった手法をシグナリングと称する。これが有効であるためには，低品質の者が高品質を偽装することが利益にならないよう制度設計を行う必要がある。

　学歴シグナルの例を用いて，制度設計時に求められる条件を検討しよう。教育には，①教育を受けること自体が効用となるという消費財，②教育を受けることにより個人の労働者としての能力が高まるという投資財，③個人の労働適性のシグナリングを行うというメディア，という三つの側面がある。ここでは，③に着目する。単純化のため，求職者が，労働生産性の高いグループⅠと低いグループⅡに二分されると仮定する。雇用企業がグループⅠとグループⅡを峻別できる場合，各グループに対し，労働生産性に応じた賃金（w_1，w_2）を提示する（ただし，$w_1 > w_2$）。雇用企業が両グループを峻別できない情報非対称の下では，両グループの構成員数で加重した平均賃金 w_a を提示する（$w_1 > w_a > w_2$）。さて，学歴を得るためには，学費を支払うほかに，講義に出席し，課題をこなし，試験勉強を行うための一定のコストを支払う必要がある。学歴のシグナリング効果を強調するため，労働生産性が高い人は大学での各種課題に容易に対応できると仮定すれば，グループⅠの教育コスト（c_1）はグループⅡのそれ（c_2）よりも高い。この場合，利得表は表 3-2-1 のようにまとめられる。

　初期時点では両グループとも教育を受けていないとする。この場合，学歴シグナルがないので，雇用企業は両者に賃金 w_a を提示せざるを得ない。グループⅠは学歴をシグナルとして用いてグループⅡと区別されることで高い賃金（w_1）を得る。一方，グループⅡはグループⅠと区別されないことで高い賃金（w_a）を享受する。こうし

表 3-2-1　利得表

	対称情報環境	非対称情報環境
グループⅠに属する者		
教育を受けない場合	w_1	w_a
教育を受ける場合	$w_1 - c_1$	$w_a - c_1$
グループⅡに属する者		
教育を受けない場合	w_2	w_a
教育を受ける場合	$w_2 - c_2$	$w_a - c_2$

---

[6] 本章 2.3 節で解説する。

表 3-2-2　学歴シグナルが機能する条件

		最適戦略	提示される賃金
$w_1-c_1 > w_a$	$w_a-c_2 < w_2$	学歴シグナルが機能する グループⅠ：教育を受ける グループⅡ：教育を受けない	完全情報均衡と一致 グループⅠ：w_1 グループⅡ：w_2
	$w_a-c_2 > w_2$	学歴シグナルが機能しない* グループⅠ：教育を受けない グループⅡ：教育を受けない	一括均衡 (pooling equilibrium) グループⅠ：w_a グループⅡ：w_a
$w_1-c_1 < w_a$		学歴シグナルが機能しない** グループⅠ：教育を受けない グループⅡ：教育を受けない	

注 *：グループⅡも教育を受けるため，グループⅠが教育を受けて自らを差別化する理由が消滅する。
　　**：グループⅠにもⅡにも教育を受ける理由がそもそもない。

た想定の下，学歴がグループⅠに属する者のシグナルとなり完全情報均衡と一致する均衡解をもたらす条件，および，学歴がグループを分けるシグナルとして機能しないため一括均衡となる条件は表 3-2-2 のとおりとなる[7]。

　製品品質に関する情報非対称性を克服するシグナリングの手法としては，企業ブランドの確立や資金回収に長期間を要する巨大投資の実施などもある。いずれも，低品質商品の提供や，品質偽装によって事業者側が負担するコスト水準を上昇させる効果を持ち，かつ外部からの確認が容易なアクションであることが重要である。情報の非対称性による不利益を心配する側に対して，「大規模な事前コミットメントを無駄にするような行為は明らかに合理的ではない」と示すことが，提供している財・サービスに関する品質保証として機能する。

　電子商取引が営まれているサイトでは，特定の市場プレイヤーとの取引履歴に関する評価がコメントやレビュー，レーティングの形で公開されているケースがある。こうした情報は，過去の取引に関するものであり，これから行う取引の品質を保証するものではない。しかしながら，そういったサイトでは，一定の評判水準をクリアしたプレイヤーに一定の取引特典が供与されている場合があり，来るべき取引で虚偽を行うことは，これまで蓄積した高評価を毀損し，当該特典を犠牲にする。その意味で，コメントなどの「評判のメカニズム」を持つサイトで取引を行うことは，長期参加者に事前コミットメントを強いることを意味し，有効な品質保証システムとなる。

　上記以外に，保険市場における逆選択の発生を抑止する手段としては，国民皆保険

---

[7] なお，条件の設定によっては，学歴に対する過大な需要が生じることが，大平・栗山（1995，第4章）で説明されている。

制度も効果的である。保険加入者側の選択の余地をなくすことで，保険事業主体は常に母集団の平均値を念頭に安定的な事業運営が可能となる。ただし，被保険者個々人にとっては意に沿わない保険契約の締結を強制されている可能性がある点に留意する必要がある。

2.3. モラルハザード問題

　市場取引が一時点の交換で完結するのではなく，その後一定期間の継続的関与を必要とするものである場合，不完全情報が先とは異なる非効率性の原因となる。

　一定の期間における事故損害を補償する自動車保険の例について考えよう。前節で論じた逆選択の問題を克服し，事業者が当初想定した平均事故率と同じ事故率を持つ契約者集団の構成に成功したと仮定する。しかしながら，保険に加入することで，加入者の行動には変化が生じる。合理的な運転者の場合，どの程度の慎重さをもって運転を行うのかは，慎重な運転を行うために必要なコストとそれによって得られる便益，もしくは，乱暴な運転を行うことによって発生するコストと，乱暴な運転によって感じられる便益の比較によって決定する。自動車保険に加入することで事故発生時の金銭負担を軽減することは，乱暴な運転のコストを大幅に引き下げる。そのため，保険加入者は契約以前と比べてより乱暴な運転をするようになる傾向が想定でき，結果として集団の平均事故率は当初の事業者の想定水準を上回ることになる。このように，保険に加入することで人々の行動が保険会社にとって望ましくない方向に変化すること，より一般的には，契約当事者間で一方が他方の行動を完全に把握することができずに，当初期待した行動と異なった行動をとるために生じる問題をモラルハザード（道徳的危険，moral hazard）と呼ぶ。

　モラルハザードが発生する原因は，取引相手の行動に関する情報の非対称性により，相手方の行動を契約条件に反映することができない点に求められる。契約以前に期待された行動をとっている者とそうでない者を判別できずに一律に扱わざるを得ないという点で，先の逆選択と同じように，市場自体が成立しないという問題が発生する。そのため，解決策としては，契約締結後の相手方の行動に制約を加える条件を事前に設定するか，もしくは相手方の行動変化を監視するシステムを実装するかの二つが考えられる。

　相手方の行動に制約を加える条件とは，具体的には，期待と反する行動のコストを高めることであり，自動車保険の場合は免責金額を設定することで実現される。免責

72　第1部　通信と政府の役割

金額とは，保険会社が保険金を支払う場合に，その損害額に対する補償のうち被保険者が自己負担する金額である。仮に，5万円の免責金額を設定していた場合には，30万円の損害に対し，保険金は25万円となる。免責金額は乱暴な運転をする場合のコストとして認識される。これにより，乱暴な運転によって保険会社が被る損失の一部を被保険者自身に移転できる。そのため，免責金額を高く設定すれば，より慎重な運転をするインセンティブが与えられるため，保険会社にとっての負担が減り，より安い保険料を設定できる。

　一方，相手方の行動変化の監視は，ICT の発達によって利用可能性が大きく向上した方策である。自動車保険の場合には車両に小さなデバイスを装着し，車の挙動やドライバーの操作を記録し，事業者側に送信し，そのデータに基づいて契約条件を変更する契約形態（PHYD，Pay How Your Drive）が可能になっている。運転行動によって保険料が変化する PHYD のより簡易な形態として，走行距離が短いほど事故発生回数が少なくなることを保険料に反映する PAYD（Pay As You Drive）というタイプも存在する。PAYD の場合，事業者側が収集するのはトリップメータからの情報だけで十分である。こういった種類の新しい保険契約は，移動通信技術を用いて車両から情報を収集するため，テレマティクス保険（telematics insurance）と総称される。

2.4.　不確実性下の消費者行動

　不確実な情報に対して消費者はどのように反応するのか。

　利得 x_i が確率 $P(x_i)$ で発生することがわかっている有価証券を購入するという不確実性のある状況を考えよう。（なお，$\sum_i P(x_i)=1$ 但し，$i=\{1,\ldots,n\}$）

　こういった有価証券を消費者は期待値（$\sum_i P(x_i)x_i$）によっては評価しないことが明らかとなっている。これは，「聖ペテルスブルグのパラドックス」（St. Petersburg paradox）として知られ，図 3-2-1 に示すような二つのゲームに直面した消費者がゲーム α をゲーム β より選好する現象として知られている。

　しかしながら，ゲーム α の期待賞金額は 10 万円であるのに対し，ゲーム β の期待賞金額は式 1 に示すとおり無限大である。すなわち，予想される消費者行動は期待値からは説明できない。

$$E=\frac{1}{2}\times 2+\left(\frac{1}{2}\right)^2\times 4+\left(\frac{1}{2}\right)^3\times 8\cdots+\left(\frac{1}{2}\right)^n\times 2^n+\cdots=1+1+1+\cdots=\infty \qquad （式1）$$

第 3 章　情報の価値　**73**

ゲーム α	ゲーム β
無条件に10万円もらえる。	偏りのないコインを表が出るまで投げ続け，初めて表が出たときに，賞金が与えられる。賞金は，n回目に初めて表が出たら 2^n円。すなわち，1回目に表が出たら2円，1回目は裏が出て2回目に表が出たら4円，2回目まで裏が出ていて3回目に初めて表が出たら8円，3回目まで裏が出ていて4回目に初めて表が出たら16円。

図 3-2-1　聖ペテルスブルグのパラドックス

　この状況を説明するために導入されたのが，消費者は期待効用最大化基準に従って行動しているという考え方である。利得 x_i から得られる効用水準が効用関数 U を用いて $U(x_i)$ と表現されるとすれば，期待効用水準は $\sum_i P(x_i)U(x_i)$ として表現される。

　18 世紀の数学者・自然科学者であるダニエル・ベルヌーイ（Daniel Bernouilli）は，パラドクスに対する解決策として，$U(x_i) = \ln x_i$ という関数型の効用関数を提唱している（ベルヌーイ基準, Bernouilli rule）。この関数型の下では，ゲーム β の期待効用は $\ln 4$ となり，ゲーム α の賞金が 4 万円以上であればゲーム α を選択することが消費者にとって合理的選択となる。

　ゲーム α を選択することが合理的となる賞金の水準は効用関数の形によって異なる。また，リスクに対する態度の相違も効用関数の違いによって説明できる。ここで，消費者が，利得 x_i が確率 $P(x_i)$ で発生する有価証券を購入するケースを想定する。期待利得は $\sum_i P(x_i)x_i$，期待効用水準（U_1）は $\sum_i P(x_i)U(x_i)$ と表現できる。この効用水準を，期待利得と同水準の利益を得た場合の効用水準（U_2），$U\left(\sum_i P(x_i)x_i\right)$，と比較することで，リスクに対する消費者の態度を分類できる。まず，$U_1 > U_2$ の場合，消費者はリスクを選好し，確実性のある選択肢（安全資産）よりも，不確実性のある有価証券（リスク資産）の購入を選択する。この場合，消費者はリスク愛好（risk-loving）の性向を持つと分類される。$U_1 < U_2$ は，リスクのない選択肢が選好されること，つまり，消費者はリスク回避（risk-aversion）の性向を持つことを意味する。また，$U_1 = U_2$ は，期待利得が同じ場合，リスクの有無によって選好が左右されず，両選択肢は当該消費者にとって無差別であることを意味し，リスク中立的（risk-neutral）と形容される。

聖ペテルスブルグのパラドックスの理由は，消費者がリスク回避的な性向を持つことが通常であるからである。ただし，リスク資産に投入する金額の水準や，消費者の属性，周辺環境によっては，消費者がリスク愛好的になる場合もある。カジノ産業や公営ギャンブルの存在とその繁栄は，消費者が時にはリスク愛好的となりうることの何よりの証左である。

リスク回避的な消費者についてさらに分析しよう。同じ期待利得を得られる場合，安全資産の方を選好するということは，リスク資産が安全資産と無差別に選好されるためには，期待利得に対し，リスクの程度を反映した一定の上増し（リスクプレミアム，risk premium）ρ が必要であることを意味する。式 2 はリスクプレミアムが満たすべき条件である。リスクの程度が大きい場合，必要とされるリスクプレミアムも大きくなる。利得に対する限界効用が逓減する通常の効用関数の関数型を $U(x_i) = \sqrt{x_i}$ と仮定した場合，30％の確率で 100 万円，70％の確率で 400 万円の利得が生じるリスク資産（期待利得は 310 万円）に対するリスクプレミアムは図 3-2-2 の AB に相当する 21 万円として算出できる。すなわち，本リスク資産の主観的期待利得は 289 万円に等しい。

$$U\left(\sum_i P(x_i)x_i - \rho\right) = \sum_i P(x_i)U(x_i) \qquad （式2）$$

なお，リスク愛好者，リスク中立者にとってのリスクプレミアムはそれぞれ負およびゼロとなる（図 3-2-3）。

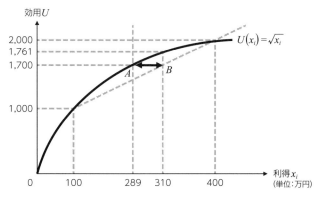

図 3-2-2　リスク回避者にとってのリスクプレミアム

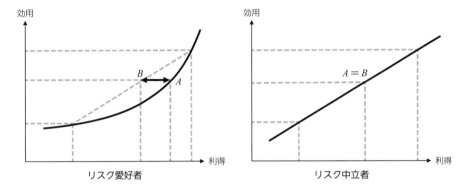

図 3-2-3　リスク愛好者，リスク中立者のケース

　さらに，近年の行動経済学が明らかにしたところによれば，思わぬ利益を得る場合と，思わぬ損失を得る場合，利益と損失の額が同じであれば，後者の方が効用水準に与える影響が大きいことが明らかとなっている（プロスペクト理論, prospect theory）。これは，利益を得る場面では確実に手に入れることができる安全資産をリスク資産よりも優先するが，損失を被る場面ではリスク資産を安全資産よりも優先し，一発逆転に期待する傾向が生じることを示す。このことは，時系列的な意思決定において，利得の判断の基準となる参照点をどこに置くのかによってリスク資産に対する評価が異なり，結果として個人の行動が変化しうることを意味している。

3. 経済財としての情報

　情報の生産をもっぱら担う情報産業についての議論は，わが国では梅棹（1963）にその嚆矢を求めることができる。梅棹は，情報産業を「なんらかの情報を組織的に提供する産業」（p.46）と定義し，新しい分析枠組みの必要性を提唱している。これは，経済財としての情報がそれ以外の財・サービスとは大きく異なる特徴を持つからに他ならない。

3.1. 財の特殊性
　通常の財と比較した場合，情報「財」には少なくも以下の四つの特徴がある。
　第一に，限界費用が極めて小さい（場合によってはゼロ）である点を挙げることが

できる。多くの場合，最初にオリジナル情報を作り上げる際には大きな費用が必要となるが，それを複製する場合には，それほどの追加費用を必要としない。とくに，デジタル情報の場合は，CD やビデオテープなどの物理的な媒体にかかる費用の他にはほとんど限界費用を必要としない。近年では，ブロードバンドインフラの普及により，コンテンツやアプリケーションの端末への配信には物理的な媒体を介することなく，サーバーからの直接ダウンロードもしくはストリーミング形式を利用することが多くなっているが，その場合は限界費用がゼロの状態が実現している[8]。社会全体の観点からすれば，当該情報の利用者が増えても，便益が増える一方で，費やされるコストは増えないため，できるだけ大人数にその情報をシェアした方が効率的である。これは，消費面において非競合性が発現した状況である。この場合，排除費用の大小に応じて，情報財は純粋公共財（pure public goods）もしくはクラブ財（club goods）としての性質を持つ。前者の場合，深刻なフリーライダー問題が発生し，市場メカニズムの下では効率的に情報財を供給することができない。また，後者の場合，非競合財の潜在的便益の発生を限定することになるため，効率性損失が生まれる。

　なお，排除性を持たせるためには，情報を秘匿したり，知的財産権を設定して法的保護を導入するという手法がある。知的財産権の設定は，創作者本人に十分なインセンティブを与えるためには必須の要件であるとされるが，保護の程度が過剰になると，情報財の利用や二次創作も阻害し，社会厚生を害する。

　情報財の第二の特徴として，取引が不可逆性を持つ場合が多いことが挙げられる。通常の財に関しては，一旦取引と逆方向の取引を行うことで，先の取引によって発生した効果をキャンセルして，取引以前の状況に復することが可能である。サービスの場合は，取引をキャンセルしても，取引以前の状況に復することは不可能であるが，キャンセル時点以降は当該サービスの便益を受けることができなくなる。それに対し，たとえば株価や明日の天候に関する情報などの場合には，需要側（消費者側）が当該情報を一旦記憶にとどめた場合，取引の逆転を行ったとしても可逆性は得られない。そのため，情報財については，試用を用いたマーケティングが不可能である。事後の損害賠償が意味を持たなくなる場合があるため，窃用・盗用を事前に防止することが

---

[8]　一部の論者はこの事実をもとに，提供価格がゼロに限りなく近づいていくことを主張するが，元になるオリジナル情報を制作するためのコストを回収する方策がなければビジネスとしては立ち行かない。そのため，限界費用がゼロとなったとしても，関連するすべての価格がゼロになることは経済的にはありえない。

なによりも重要である。

　オリジナルの生産時に不確実性が高いケースがあるのが，第三の特徴である。情報財の生産においては一定の手法は存在するが，それによって生み出されるアウトプットの質は千差万別である。通常の財・サービスでも，オリジナル製品の作成においては，一定のリスクが存在するが，情報財の場合にはその振れ幅が大きい[9]。生産リスクをヘッジするためには，一定数の情報財を組み込んだ生産ポートフォリオを組むといった方策が有効である。ポートフォリオの規模が大きくなれば，リスクの軽減が図られ，安定した事業運営が期待できる。もちろん，日々の最高気温・最低気温の情報のように，生産方法が確立されており，不確実性が全く存在しない情報財も数多い。

　消費局面における不確実性は，第四の特徴である。取引に不可逆性があるため，事前に財の中身を確認することができない。そのため，消費者は入手しようとしている財の品質に関する情報ではなく，2.2 節で論じた「評判のメカニズム」から得られる事業者の過去の実績，もしくは，その財を既に消費（視聴）した他の消費者の評判をもとに，当該情報財が価格に見合うか否かを判断せざるを得ない。これらは，取引対象の情報財の質を正確に反映したものではないため，消費者の意思決定には非効率性の発生が避けられない。

3.2.　情報財の価値

　人が不確実性に直面した場合に期待効用最大化基準に従って行動すると仮定する。発生する可能性がある利得とその発生確率が明らかであるとすれば，期待効用が最大となる行為を選択することができる。さて，意思決定の過程において，ある情報（財）を得たとする。情報を得たのち，事後確率をベイズ定理（Baysian theorem）に従って形成することで，不確実性が減少する。不確実性の減少は以前よりも好ましい選択機会を与えることになり期待効用が高まる。期待効用の増分（より具体的には，それに対応する便益増分）が，利用者にとっての情報財の経済的価値である。

　情報財が中間生産物として企業に利用される場合は，上記の期待効用を期待利得と

---

[9] 例えば，浅井（2006）は，情報産業の一つであるコンテンツ産業，とりわけ映画産業に着目し，2000 年から 2005 年のデータを用い，公開本数のほぼ 10%以下の作品で興行収入の約 80%を得ていること，2005 年では興行収入順位が下がるほど，急速に収入への貢献が小さくなることを指摘している。また，浅井（2013，第 6 章）では音楽コンテンツ産業でのヒット確率について日本レコード協会のデータを用いて記述している。

78 第 1 部　通信と政府の役割

読み替えればよい。情報財入手によって新たに獲得された期待利得の増分，すなわち限界利益が，事業者にとっての情報財の経済的価値である。

　情報量が増えることで，不確実性を減少させる効果が増すため，情報財の価値は増大することが予想される[10]。ただし，情報が増加する結果，重複する内容のものが増えていくのであれば，量の増大に対する限界価値は逓減する（規模の不経済）可能性がある。ただし，重複する情報を得ることで，当該情報の信頼性が高まり，限界価値の逓減が抑えられる効果も想定できる。他方，情報の量ではなく種類が増えることは，行動ターゲティング広告の場合のように，単独の情報では発見できなかった新たな気づきをもたらす可能性があり，その場合は，取り扱い種類の増加に伴う限界価値は逓増する（範囲の経済）可能性がある。どちらの効果が優越するのかは先験的には決定できない。

　加えて，情報の価値は強い文脈依存性（context dependencies）を持ち，それが用いられる環境に応じてその価値は大きく変動するという性質を持つ。そのため，情報財の価値を求めるには，特定の情報財と特定の利用環境を念頭に置いて，その価値を計測するという実証的な試みが求められる。例えば，Koguchi and Jitsuzumi（2015）は，携帯電話会社がサービス提供を通じて得た測位データについて，潜在的利用企業からは，全国 100 万人の 1 年分のデータが 150 万円程度の価値を持つと認識されることを推計している。携帯各社のデータをこの価格水準で販売できるとすれば，それぞれ164〜243 億円の価値に相当する。さらに，加入者の性別・年齢データと組み合わせることで，そこから得られる情報の価値は 1 社当たり 446〜660 億円となる。

　情報やデータの量・種類に加えて，その精度・正確性が改善することによってもその価値は上昇する。近年，家庭電気機器をつないでエネルギー使用状況を「見える化」し，各機器をコントロールしてエネルギーの自動制御を行うホーム・エネルギー・マネジメント・システム（HEMS：Home Energy Management System）の利用が始まっている。HEMS のデータを用いれば，当該家庭の在宅・外出の判定や，起床時間や食事時間など生活パターンなどの世帯属性の推計が可能となるが，得られる情報はあくまでも推計であるため，100％正確な結果を得ることは困難である。一定のシナリオ（「60分間隔で蓄積した過去 1 月分のデータを用いて，各家庭における世帯属性の推計精度60％を達成するサービスが月額 20 万円で利用可能」という仮想シナリオをベースと

---

[10] なお，鬼木他（1997，第 1 章）は，一つひとつの情報は「質的」に相違しているのであり，通常の財・サービスと同じ意味での「量」という概念を用いることは困難であると指摘している。

する）をもとに実証分析をおこなった高口（2015, 第 6 章）は，推計精度が 1%改善することに対する支払意思額を月額 1,500 円と推計している[11]。

　通常のサービスの提供を通じて，事業者側が利用者に関するデータを受動的に蓄積していくという側面も重要である。特に，ネットサービスの場合，利用履歴に現れた嗜好に基づいてレコメンデーションや割引キャンペーンなどが提供されることが多い。そのため，利用者が提供事業者を変更することを考える場合，検討対象となった競合事業者は，履歴データを持たないために同水準のサービスを提供することができず，競争上，不利な立場になる。これは，既存事業者側が情報蓄積によるロックインに成功していることを意味しており，その効果があまりに大きいと競争政策上問題となりうる。楽天および Amazon を対象に対象にした分析では，暫定値ながら，そういった履歴情報の価値は，電子商取引サイト自身のブランド価値と匹敵する水準にあることが明らかとなっている（Jitsuzumi and Koguchi, 2013）。新規参入の可能性を広げるためには，履歴データを競合他社に移転することを利用者自身の主導で認めるデータポータビリティ権の導入などを進める必要がある。

3.3. 独占力の源としてのデータ

　情報財の価値が広く認識されるにつれ，情報を生成するための生産要素としての「データ」の重要性も高まりつつある。近年，頻繁に耳にする「データは新しい石油である。（Data is the new oil.）」というフレーズがある。英国の数学者であるクライヴ・ハンビー（Clive Humby）の 2006 年の発言であるとされ[12]，以下のフレーズが続く。「それ（データ＝石油）には価値があるが，精製しないことには利用することはできない。利益を生む事業を作り上げるためには，それ（石油）はガスやプラスチック，化学製品などに形を変えなくてはならない。データも同じである。利益を得るためには分類し，分析の手を加えなくてはならない。（It's valuable, but if unrefined it cannot really be used. It has to be changed into gas, plastic, chemicals, etc to create a valuable entity that drives profitable activity; so must data be broken down, analyzed for it to have value.）」

　一方で，OECD（2015, Chap.4）は，データは，他の財の生産のために消費される中間財（intermediate goods）である石油とは本質的に異なる以下の三つの特徴を持ち，

---

[11] 他の例として，EU27 ヶ国におけるパーソナルデータの経済価値を計測した The Boston Consulting Group（2012）がある。

[12] https://ana.blogs.com/maestros/2006/11/data_is_the_new.html

80　第 1 部　通信と政府の役割

基盤資源（infrastructural resource）に属すると指摘している。

非競合財（non-rivalrous good）：一旦生産・収集されたデータについて再利用の回数に制限は原則として存在せず，そのための追加費用はかからない。そのため，最も支払意思額の高いものに対して利用権限を与えることを目指す市場メカニズムを活用することは社会厚生最大化の観点からみて最適ではなく，プラスの支払意思額を有する者全員に利用権限を付与することが資源配分の観点からは最も効率的な結果をもたらす。

資本財（capital good）：消費財（consumption goods）としての性質を有する一部のデータを除いて，大部分のデータは他の財・サービスの利用のために使われる生産要素としての性質を持つ。さらに，石油などの中間財とは異なり生産プロセスへの投入では消滅・変質せず，また天然に存在するものではなく，生産・収集のプロセスを経るため，資本財に分類される。また，時間経過等によるデータの有用性毀損が，他の資本財の場合と同様の価値逓減（資本減耗）を引き起こす可能性を持つ。

汎用生産要素（general-purpose input）：データの一次的な利用目的はその生産・収集の際に規定されるが，集約され保管されたデータについては他の目的への流用が可能であり，社会厚生最大化に貢献することが多い[13]。つまり，データ利用が外部経済を持ち，市場の失敗が不可避となる。また，データの多重利用により，新たな価値が発生することは，データの価値が，情報の場合と同じく，文脈依存性を有することでもある。

　非競合性を有する資本財としてのデータを生産過程に投入し，さらに他のデータと組み合わせて，多様な目的に展開することで，多くの財・サービスの生産効率性が改善する。

　さて，データを得るために，IoT 機器を数多く設置したり，財やサービスの利用を行う利用者を多数確保する必要がある場合は，規模・範囲の経済や，ネットワーク効

---

[13] 国，地方公共団体および事業者が保有するデータを，広くインターネット等を通じて公開するオープンデータは，データの汎用性を活用しようという試みである。

果[14]によって先行者の地位を占めることに成功した大規模事業者によるデータ独占，あるいはデータに対するアクセス権を介したエコシステム支配をもたらす。その場合，データ，もしくはデータ発生源へのアクセスをめぐって激しい競争が発生する。競争に勝ち抜き有用なデータを得ることに成功した事業者はそこから有益な情報を生成し，自らの財・サービスの機能を向上させ，さらに市場シェアを増大させる。増大した市場シェアは，さらに大量のデータ集積を可能にするため，先行事業者は新規参入者にとって克服不可能な市場支配力を有することになる。こうした独占力の自己増殖構造は，データ駆動型ネットワーク効果（data-driven network effect）[15]が発現している状況であり，競争政策上の課題として注目されている。

なお，データは収集するだけでは，ほとんどの場合意味をなさない。集積・解析といった分析作業を経てはじめて，その利用価値が生まれる。分析作業においては，一定の要素技術やハードウェアの利用などが必要であり，近年のICTやAIの発展が大きく貢献している。こうした機器や技術を利用して競争優位性を獲得するためには極めて巨額の投資が必要である。さらに，情報の場合と同じく，データは異なる種類のものを組み合わせることで，新しい情報が得られたり，そこから得られる情報の精度が改善されたり，あるいは用途が拡大したりすることがある。また，少量では意味のないデータであっても大量に集積されることで意味が生じ，生産効率改善につながるケースがある[16]。こういった点を考慮すると，巨大事業者の優位性はますます増大し

---

[14] 第4章で解説する。
[15] 公正取引委員会（2017, p.8）の解説によれば，データ駆動型ネットワーク効果は，①ユーザーフィードバックループ（利用者からデータ収集⇒サービスの品質を向上⇒利用者の新規獲得）と，②収益化フィードバックループ（利用者からデータ収集⇒ターゲティング広告の精度向上⇒サービス向上のための投資⇒利用者の新規獲得）の二つのメカニズムから構成される。

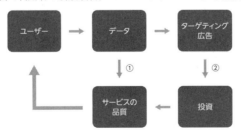

[16] 生産要素の量が増えることで生産効率が改善することは「規模の収穫逓増（increasing returns to scale）」，一方，生産要素の種類が増えることで生産効率が改善することは「範囲の収穫逓増（increasing returns to scope）」と称される。

ている可能性がある。

　一般論として，データを効率的に収集して有益な情報を生成することで，社会経済活動における不確実性の程度を低下させることは，資源配分効率性を増すことにつながるため，データ収集・集積・利活用の過程における障壁は少なくなることが望ましい。独占力を得る過程で，データの不当収集や過度の囲い込みがみられる場合には，競争当局の介入が要請される。

　一方で，データソースへのアクセス権を保有している主体が民間事業者である場合には，当該主体に対するインセンティブの水準にも注意する必要がある。データ利活用環境の開放を進めた結果，データ収集主体のインセンティブが失われ，元になるデータの生産自体に悪影響が出る事態は避ける必要がある。

　さらに，特定のデータを利用することが，それ以外の産業活動にとって極めて重要な意味を持つような場合には，そのデータの保有者に対して，適切な対価で，データへのアクセス開放を義務付ける必要もありうる[17]。

4. 情報財市場

　価値ある情報を社会で有効に活用するためには，その供給と需要が適切に調整される必要がある。それは，市場メカニズムによって達成されることが望ましく，政府による介入は市場の失敗への対抗手段に限られるべきである。

4.1. 市場構築のための環境整備
　第1章3節で示したとおり，市場モデルを機能させるためには，情報財に対する所有権を明確に定義し，さらに，市場を介して結ばれた取引契約が誠実に実行されることを担保するシステムを構築する必要がある。

　情報財は知的財産（IP：Intellectual Property）であり，その所有権にあたるものは，知的財産権（IPR：Intellectual Property Rights）と呼ばれる[18]。これらは政府が，当該情報財の無断複製を禁止し，オリジナルに対する排他的利用権を特定個人に対して与えることによって維持されている。わが国で現在設定されている IPR には，産業上有用

---

[17] このロジックは，第9章2.1節で解説する「不可欠設備法理」と共通する点が多い。

[18] 情報財は消費に関して一定の非競合性を持つため，所有権を設定して権利者以外の利用を制限することは，社会厚生の観点からみて必ずしも合理的ではないことに注意。

な発明の保護に関する「特許」，小説・音楽・プログラムを保護する「著作権」，マークや業務上の信用を保護する「商標」，半導体集積回路の回路配置を守る「回路配置利用権」などがあり，それぞれ特許法，著作権法，商標法，半導体回路配置保護法（正式名称「半導体集積回路の回路配置に関する法律」）に規定されている。加えて，営業秘密やドメイン名等の不正な利用を規制する不正競争防止法などがある。ただし，ある事柄について体系的に記録・蓄積されたデータなど，価値ある情報財の一種でありながら，それ自体には IPR が設定されていないものも存在する。また，一つの情報財に関して，内容の異なる複数の権利が設定され，それぞれが別の権利者に保有されている場合もある。IPR の設定により，当該情報財への所有権が侵害された場合に法的保護を得ることができるため，重要な情報財が IPR の対象から漏れている場合は立法的対処が要請される。

　市場取引を行うためには，所有権の設定は必須である。設定された所有権を市場で取引することで，生産者は新たな情報財生産のためのインセンティブを得る。一方，利用者の側では，支払った価格に応じた効率的利用が促される。ただし，3.1 節で既に記したとおり「保護の程度が過剰になると，情報財の利用や二次創作も阻害し，社会厚生を害する。」IPR をデザインする際の主要な課題は，情報財の創作と利用のバランスを図ることである。

　そのうえで，情報財取引の効率性を自律的に確保し，$MB_S = MB_P = P = MC_P = MC_S$ という効率性条件を達成するためには，①完全情報，②広範性，③完全競争という三つの条件を満足させる必要がある。

　完全情報条件を満たすためには，取引される財の情報を開示する必要があるが，取引に不可逆性がある情報財の場合には実行が不可能である。情報財の価値を伝達するためには，当該生産者が過去に生産した情報財についての「評判のメカニズム」[19]を導入することが一つの解となる。ただし，生産・消費における不確実性のため，提供できるのは代理指標にとどまり，完全な解決策とはならない。さらに，情報財の供給者が，提供した情報がどのような条件の下で，何の目的に利用されるのかを認識していることも求められる。この点は 4.2 節で論じる個人情報の場合は特に重要となる。

　広範性については，データや情報の多重利用によってもたらされる外部経済や，4.2 節で述べるプライバシー侵害による外部不経済の内部化が求められるが，これについ

---

[19] 第 3 章 2.2 節を参照。

ては他の財・サービスに関する知見の応用が可能である。

一方，3.2 節で論じたとおり，情報財の価値が不確実性の減少にあるとすれば，その価値の源泉は財のユニークさにある。完全にユニークな財であれば，市場は供給独占の状況になり，完全競争条件を満足させることはできない。市場取引で効率的配分が可能となる情報財は，ユニークさの水準が低く，複数の供給者・需要者が競合できるものである必要がある。

4.2. 個人情報への配慮[20]

個人情報の取引については，供給者は個人であり，需要者が企業であることが多い。そのため，4.1 節で論じた完全情報の条件を満たすためには，個人が提供する自らの情報がどのような条件で何の用途で利用されるのかを十分に認識していることが必要である。特に，個人がデータ利用企業とダイレクトに取引するのではなく，個人情報を集約するデータアグリゲーターを通じて最終利用企業に提供する形態の場合，最終的に誰のどのような目的に自身のデータが活用されたかを知ることは難しい。さらに，個人は多くの場合，関連する法規制についてのリテラシーが十分とは言えない。また，情報の購入者である事業者側が提示する契約条件やプライバシーポリシーを完全に理解することは難しい。

そもそも，個人が自身のプライバシー選好を十分に理解しているとは限らず，合理的に意思決定をしていないことが問題解決を困難にする。多くの人がプライバシーの懸念を公言しながら，ネットサービスの利用において不用意に個人情報を開示している事実がそれを物語っている。これはプライバシーに関する表明選好（SP：Stated Preference）と顕示選好（RP：Revealed Preference）との間に大きな乖離があることを示すもので[21]，プライバシー・パラドックス（privacy paradox）と呼ばれる（Radin, 2001; Schwartz, 2000; Norberg *et al.*, 2007 など）。

こうした状況に対処するため，資源配分効率性を満たす均衡点の実現を目指し，個人情報の取り扱いを支援する専門システムであるパーソナルデータストア（PDS：

---

[20] 本論点に関する詳しい議論や実証分析結果については，高口（2015）および高崎（2018）などを参照されたい。

[21] 表明選好とはアンケートやインタビュー調査などで特定の財・サービスの価値を直接質問した際に消費者が表明する選好である。それに対し，顕示選好とは実際の消費経済活動の中に見出される消費者の選好である。

第 3 章　情報の価値　**85**

表 3-4-1　PDS と情報銀行

PDS (Personal Data Store)	他者保有データの集約を含め，個人が自らの意思で自らのデータを蓄積・管理するための仕組み（システム）であって，第三者への提供に係る制御機能（移管を含む）を有するもの。
情報銀行 （情報利用信用銀行）	個人とのデータ活用に関する契約等に基づき，PDS等のシステムを活用して個人のデータを管理するとともに，個人の指示またはあらかじめ指定した条件に基づき個人に代わり妥当性を判断のうえ，データを第三者（他の事業者）に提供する事業。

出典：総務省（2018, 図表1-2-1-1）を基に筆者作成

Personal Data Store）や情報銀行が提案されている（表 3-4-1）。これらは，個人の関与を実質的に高め，本人の「納得感」を確保しながら個人情報の利活用を実現するアプローチであり，個人情報の管理をデータ利用企業から独立して行うというフレームワークの下で合理的な利活用を目標としている。

　また，ボーダレスに活動を展開する事業者が個人情報の取り扱いに関与していることから，個人の利益確保のためには国際的な連携が不可避であり，諸外国においても，利用者情報の適切な取り扱いに係るルールの整備や議論が行われている。たとえば，EU では，域内の個人データ保護を規定する目的で，2016 年 4 月に一般データ保護規則（GDPR：General Data Protection Regulation）を制定し，2018 年 5 月 25 日から施行している。利用者のプライバシーを保護しながら，円滑な個人データ活用を可能にするためには，国境を越えた制度間連携が必須である[22]。

4.3.　ミスインフォメーション，ディスインフォメーション

　情報財の取引拡大は，経済社会活動において，情報を明示的に利活用する局面の増加を意味する。大量の情報が飛び交うブロードバンドインターネットが日常の社会経済活動の基盤となって久しい。そのため，情報を取り扱うシステムが正常に機能することが，今日の市場メカニズムが機能するための重要な条件ともなっている。また，インターネットは表現の自由や，政治活動，選挙運動においても重要なツールとなっている。

---

[22] 日本と EU の連携については，個人情報保護委員会が個人情報保護法第 24 条に基づく指定を EU に対し行う一方，欧州委員会が GDPR 第 45 条に基づく十分性認定を日本に対して行う方針について合意したこと（2018 年 7 月）を踏まえ，2019 年 1 月 23 日より相互の円滑な個人データ移転を図る枠組みが発効している（https://www.ppc.go.jp/enforcement/cooperation/cooperation/310123/）。

86 第1部 通信と政府の役割

そのため，インターネットの情報空間を汚染する行動の影響は，経済活動のみなら
ず，社会活動全般にとって極めて重大な脅威となっている。この点について，近年話
題となっているのが，誤った情報であるミスインフォメーション（misinformation）や，
真実を隠蔽したり他人を欺くために故意に発信される虚偽情報であるディスイン
フォメーション（disinformation）である。後者についてはフェイクニュース（fake news）
という言い方で代替されることも多い。個人や集団が抱える特徴を誹謗・中傷し，暴
力や差別を煽るヘイトスピーチ（hate speech）も深刻な問題である。

これについては，ネット上の情報の真偽や適切性を判断するボランティアグループ
が立ち上がったり，ソーシャルネットワークを運営する事業者自身に適切な編集を要
請する仕組みが検討されたりしている。ただし，問題は，情報の真偽・適切性を判定
するには大きなコストが必要であるため，あらゆるニュースを対象とすることは不可
能であり，かつ，客観的な判定を下すことが容易ではない場合がありうることである。

さらに，ヘイトスピーチをネットから取り下げることは，新たな差別や政府の暴走
を帰結する可能性があることも主張されており，取り下げではなく，反対意見の掲載
を促進することで対抗すべきという主張もなされている（Strossen, 2018）。

引用文献：

Akerlof, G.A.（1970）"The Market for 'Lemons': Quality Uncertainty and the Market Mechanism,"
　　Quarterly Journal of Economics, 84（3）, 488-500.

浅井澄子（2006）「コンテンツの成功要因―映画のケース―」『社会情報学研究』大妻女子大
　　学紀要社会情報系, 15, 1-13.

浅井澄子（2013）『コンテンツの多様性―多様な情報に接しているのか―』白桃書房.

Jitsuzumi, T. and Koguchi, T.（2013）"The Value of Personal Information in the E-commerce Market,"
　　24th European Regional ITS Conference, Florence 2013 88452, International
　　Telecommunications Society（ITS）.

Knight, F.H.（1921）*Risk, Uncertainty and Profit*, Houghton Mifflin Company.

高口鉄平（2015）『パーソナルデータの経済分析』勁草書房.

Koguchi, T., and Jitsuzumi, T.（2015）"Economic Value of Location-based Big Data: Estimating the
　　Size of Japan's B2B Market," *Communications & Strategies*, 91（1st Quarter）, 59-74.

公正取引委員会（2017）『データと競争政策に関する検討会報告書』https://www.jftc.go.jp/cprc/
　　conference/index_files/170606data01.pdf

Norberg, P.A., Horne, D.R., and Horne, D.A.（2007）"The Privacy Paradox: Personal Information
　　Disclosure Intentions versus Behaviors," *The Journal of Consumer Affairs*, 41（1）, 100-126.

鬼木甫・西村和雄・山崎昭（1997）『情報経済学入門─情報社会の経済理論─』富士通経営研修所.

大平号声・栗山規矩（1995）『情報経済論入門』福村出版.

Organization for Economic Co-operation and Development（2015）*Data-Driven Innovation: Big Data for Growth and Well-Being*, OECD Publishing, Paris, https://dx.doi.org/10.1787/978926 4229358-en

Radin, T.（2001）"The Privacy Paradox: E-Commerce and Personal Information on the Internet," *Business and Professional Ethics Journal*, 20(3-4), 145-170.

Schwartz, J.（2000）"'Opting In': A Privacy Paradox," *The Washington Post*, 03 Sep 2000, H.1.

総務省（2018）『平成 30 年版情報通信白書』http://www.soumu.go.jp/johotsusintokei/whitepaper/ja/h30/index.html

Strossen, N.（2018）*Hate: Why We Should Resist It with Free Speech, Not Censorship*, Oxford University Press.

高崎晴夫（2018）『プライバシーの経済学』勁草書房.

The Boston Consulting Group（2012）"The Value of Our Digital Identity," LIBERTY GLOBAL Policy Series, https://2zn23x1nwzzj494slw48aylw-wpengine.netdna-ssl.com/wp-content/uploads/2017/06/The-Value-of-Our-Digital-Identity.pdf

梅棹忠夫（1963）「情報産業論」『中央公論』78(3), 46-58.

第 2 部　通信サービスの経済特性

第4章 ネットワーク効果

1. はじめに

　情報通信に対する需要は，単純な経済モデルが想定する需要とは大きく異なる特徴を持つ。通常の財・サービスの場合，当該財を消費することによって得られる満足度は，他の利用者の行動とは無関係である。ある消費者がファミリーレストランでハンバーグ定食を食べたときに得られる効用は，隣席の人が食べているハンバーグ定食によっては左右されない。それに対し，情報通信の場合は話が異なる。自分以外の利用者が1人もいない電話サービスや，コンテンツが全く存在しないネットワークを利用する価値はない。また，つながる相手が少ないSNSサービスと，多いSNSサービスとでは，後者の方が消費者にとっての価値は高い[1]。

　「通信サービスは相手方が存在して初めて価値を生む」あるいは「コンテンツの乏しいネットサービスの価値は低い」ことに起因するネットワーク効果（network effect）は，新規参入事業者に対し極めて高い参入障壁となり，既存事業者の独占状況（一人勝ち）を維持・拡大する。さらに，劣った技術を延命させ，優れた技術が市場に普及することを妨げる場合もある。また，消費者の意思決定が市場メカニズムを介さずに他の消費者に影響を与えるという意味で「消費における外部性（consumption externality）」（この場合，特に「ネットワーク外部性（network externality）」と称される）を生む結果，市場均衡は社会的な最適点から乖離する。

　ところで，携帯電話市場においては，同事業者の端末に電話をかける場合の料金を，他社端末や固定電話にかける場合の料金よりも安価に設定するという戦略が採用さ

---

[1] 実は，こういった性質を有するのは電話サービスだけではない。ファッションや音楽の消費は，それが流行にのっていればいるほど，言い換えれば，他人が同じ財・サービスを消費していればいるほど，本人にとっての価値は大きくなる。

れている[2]。携帯電話事業者間のネットワークは相互に接続されているため，どの事業者のネットワークでも通信可能先の数には差がないが，加入者が多いネットワークの利用者は通信料金の低さというメリットをより多くの機会に享受できる。その結果，月々の平均的な通信料金支払い額の水準は当該ネットワークの加入者数と反比例する。すなわち，ネットワーク効果と同様に，加入者数が多いほどネットワーク利用の価値が高くなる。Laffont and Tirole（1999）は，これを「料金仲介型ネットワーク外部性（tariff-mediated network externality）」と名付けている[3]。

2. ネットワーク効果と外部性

2.1. ネットワーク効果とは

通信事業者やプロバイダは自分だけではサービスを完結できない。自身に加え，サービス利用者本人とその相手側利用者もしくはコンテンツやアプリケーションを提供する事業者（コンテンツ事業者）の存在が不可欠である。この事実こそがネットワーク効果の源泉である。したがって，ネットワーク効果とは以下のように定義することができる。

> ネットワーク財などが特徴的に有している「財の利用価値が，その財の利用
> 者数，もしくは，その財を通じて利用可能な補完財のバリエーションの幅に
> 依存する」という効果

自分が最初の利用者になるような携帯電話サービスを想像しよう。そのサービスを利用することにより，どういった便益が得られるだろうか？　合理的に考えれば，自分1人しか加入者（利用者）がいない通信ネットワークへの加入は，通話しようにも相手方が存在しないし，また誰からも電話がかかってくる可能性もないため，たとえ無料だとしても加入の意味がない[4]。消費者が加入したい通信ネットワークには，自

---

[2] 相互接続した他社ネットワークを利用する場合に支払わねばならないアクセス料金の設定水準によっては，こういった料金設定が事業者にとって不可避である場合もあるが，ここでは，消費者にとっての側面のみに着目する。

[3] 「料金仲介型ネットワーク外部性」については本章では議論しない。

[4] 「最初に電話サービスに加入した人間」としての優越感，最新テクノロジーである電話機そのものを所有することに由来する満足感はここでは考慮しない。純粋に通信サービスの利用から得

分以外の誰かが加入している必要がある。電話をかけることができる相手，将来電話をかける可能性がある相手が増えることは，利用者の利便性向上を意味する。つまり，加入者の数は，一定限度までは多ければ多いほど望ましい。利用可能なタイトルが全くないオンラインゲームサービスへの加入を想定しても同じような議論が可能である。タイトル数がゼロのサービスには加入のメリットが皆無であり，利用可能なゲーム（＝補完財）の種類は多ければ多いほど望ましい。

　携帯電話サービスの例では利用者数の増大が直接メリットをもたらす。この場合を「直接ネットワーク効果（direct network effect）」と呼ぶ。一方，オンラインゲームサービスの場合，価値の源泉は補完財の増加である。ただし，補完財を提供するゲームメーカーは当該サービスの利用者が多ければ，より多種類のゲームタイトルを供給する可能性がある。その意味で，利用者の増大は，補完財の供給増を引き起こすことを介して，間接的に財の価値の源泉となる。これを「間接ネットワーク効果（indirect network effect）」と呼ぶ。なお，この二つの効果は排他的なものではなく，例えば対戦型ゲームに特化したオンラインサービスの場合，利用者数の増大は，対戦相手の増加によるメリット（直接ネットワーク効果）と，提供ゲームタイトル数の増大（間接ネットワーク効果）をもたらす。

　以下では，主に直接ネットワーク効果を念頭に置いて議論を行う。「間接ネットワーク効果」の基本的なメカニズムは直接ネットワーク効果と同様である。ただし，財・サービスの本来の特徴とその利用者の多寡に加え，補完財との組み合わせの多様性が利用価値を左右する点が異なる。間接ネットワーク効果を含む包括的な議論については，Church and Gandal（2005）や依田（2001）に平易な解説がある[5]。

2.2. 正の効果と負の効果，予測の自己実現性

　ネットワーク効果は必ずしもプラスの価値をもたらすとは限らない。利用者増大によって得られる追加的便益（限界便益）は逓減する可能性が高く，そのため利用者の水準がある点を超えると便益がマイナスともなりうる。携帯電話サービスの場合，当

られる便益のみを議論の対象としている。

[5] 依田（2001）は，間接ネットワークに発生するネットワーク外部性（「間接ネットワーク外部性」）の結果，「特定のハードにのみ使用できるソフトが充実しているために，そのハードの市場優位が『ロックイン（Lock-in）』してしまう。また，企業は様々な価格差別化戦略や抱き合わせ販売によって既得基盤を築き，後は規模の経済や学習効果を通じた価格競争力を活かしライバルを駆逐しようとする。」（p.112）という現象が生じることを指摘している。

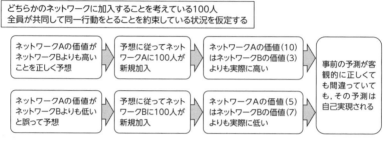

図 4-2-1　ネットワーク効果による予測の自己実現

初のうちは加入者数の増加が便益となるが、ある一定数を超えると利用メリットとはほとんど無関係になる。さらに、利用者数が過大になると、通信回線が混雑し、満足な利用ができなくなる。地震などの大規模災害の直後や、年末のカウントダウン時にネットワークがつながりにくくなるのはこうした「マイナスのネットワーク効果」が原因である。

実は、プラスまたはマイナスのネットワーク効果と同様の現象は、ネットワーク分野以外でも観察され、既に経済学の分析対象となってきた。プラスの効果は「バンドワゴン効果（bandwagon effect）」もしくは「消費における規模の経済性」と呼ばれ、流行現象などを説明するロジックである。「大勢に乗り遅れたくない」という心理が需要増をもたらすメカニズムとされる。一方、マイナスの効果は「スノッブ効果（snob effect）」と呼ばれるもので、「他人とは違う独自性が欲しい」という心理が働き、利用者が増えると逆に需要が減少し、限定商品や希少サービスへの需要が高まる[6]。

このようなネットワーク効果は自己実現的な性質を持つ。あるネットワークについて、ある一団の利用者グループが加入すれば十分に価値があると予想される場合、当

---

[6] 「バンドワゴン」はパレードの先頭を行く楽隊車を指し、「バンドワゴンに乗る」とは、時流に乗る、多勢に与するという意味である。一方、「スノッブ」とは「お高くとまった人」「紳士気取りの俗物」のことである。

該グループが集合的に加入すれば，そのネットワークは実際に予想どおりの価値を生む。他方，当該ネットワークの加入には価値がないと予想し，加入を見合わせるのであれば，そのネットワークは加入者を獲得できないために現実に無価値なネットワークになってしまう。ネットワーク効果の下では，事前の予想の客観的な正否は無関係であり，一定の条件の下であれば，たとえ誤った予測であっても自己実現的な結果が得られる（図4-2-1）。

2.3. ネットワーク効果による外部性

ある消費者がその通信ネットワークに加入するか否かの意思決定に，別の消費者が影響を与えるという事態は，通常の財・サービスの場合には想定されない。ある消費者がネットワークに加入することによって他人の利便性が向上するというネットワーク効果は，ある消費者の意思決定が市場メカニズムを介さずに他の消費者に影響を与えるという意味においてミクロ経済理論で言うところの「消費における外部性」を生み出す。「ネットワーク外部性」と称されてきたものもこれと同じである。

プラスのネットワーク外部性が存在する場合，ネットワークに加入するという1人の消費者の意思決定の結果として得られる社会的便益は，当該消費者自身が享受する私的便益よりも大きい。その結果，構築される通信ネットワークの規模（N_1）は，社会的な最適規模（N_2）よりも小さい（図4-2-2）。この場合，社会全体の経済厚生を最大化する観点からは何らかのネットワーク普及支援措置の導入（例えば，ネットワーク加入料金P_0の支払いに対する定額補助金Sの支払い）が要請される余地がある。

電話を受ける場合を考えてみよう。電話を介したコミュニケーションの楽しみは，どちらから先に電話をかけたかには無関係である。電話によるコミュニケーションを始めるか否かは発信側の意思決定であり，しかも受信者は何ら料金を支払うことなく無料でそれを楽しむことができるので[7]，ここには外部経済（「受信の外部性[8]」）が発生している。

発信者の便益と受信者の便益を合わせた総便益が支払い料金額を超える通信は，（料金が効率的水準であるとすれば）社会的厚生最大化のためには実現されるべき通

---

[7] こういった形の料金負担方法を発信者課金（CPP：Calling Party Pays）と呼ぶ。この他にも受信者のみが負担する受信者課金（RPP：Receiving Party Pays）や，受信者と発信者の双方で分担する両端課金（BPP：Both Party Pays）がある。
[8] 受信の外部性に関してはSquire（1973）が理論的な分析を行っている。

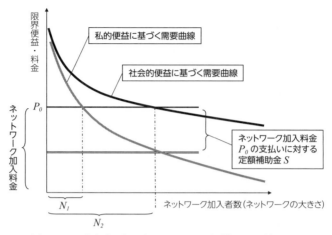

図 4-2-2　外部経済のネットワーク規模への影響

信である。しかしながら，発信者課金制度の下では，いくら社会的には望ましくとも，発信者が享受する便益の大きさが支払い料金額を下回る通信は，発信者の視点からは実現させる意味がない。つまり，社会的には望ましい通信であっても市場参加者の自発的イニシアティブだけでは実現しないという「外部経済による過小均衡」が起きる。この場合もネットワーク普及促進策の発動が要請される余地がある。

加入者の数が増えることは，音信不通であった旧友からの連絡を思いがけず受けるといったメリットを享受するチャンスを増加させる一方で，迷惑電話やスパムメールによりデメリット（不効用）を感じる機会も増加させる。こうした損害について補償を行うような仕組みは存在しないため，迷惑電話などによる不効用発生は「外部不経済」の性質を持つ。つまり，マイナスのネットワーク外部性が発生しているため，私的均衡として構築されるネットワークの規模は社会的観点からは過大となり（「外部不経済による過大均衡」），先ほどとは逆に，ネットワーク利用税の導入といった抑制策の発動が正当化されうる。

2.4. ネットワーク外部性の内部化

外部性は市場参加者の創意工夫によってある程度は内部化することが可能であり，完全に内部化が達成された場合は，ネットワークの社会的最適規模は政策的介入なしに達成される。

第 4 章　ネットワーク効果　**97**

　ある消費者のネットワークへの追加加入によって既存利用者がプラスの便益を受けるというネットワーク外部性については，新規加入料金を既利用者の負担によって割り引くことで内部化できる。ブロードバンドサービスや携帯電話サービス，対戦型スマホゲームなどにおいて頻繁に採用されている新規加入者向け割引キャンペーンは，サービス提供事業者による内部化として解釈することもできる。

　受信の外部性については，発信者と受信者の役割を定期的に交代することにより，内部化が可能となる余地もある。通信事業者が受信者にも料金を請求する両端課金（BPP：Both Party Pays）を採用することも外部性の内部化に役立つ。

　ただし，BPP を採用するとしても，発信者と受信者のどちらからどれだけ徴収すべきなのかという問題が残る[9]。通信料金水準（受信者側料金と発信者側料金の合計）を一定とした場合，発信者側料金の低下は，受信者側料金の上昇をもたらすため，発信者数には増加圧力が，受信者数に関しては減少圧力がかかる。しかしながら，受信者数の減少はネットワーク外部性（間接ネットワーク効果）を通じて発信者数に減少圧力を加えるため，最終的に発信者数が以前より増加する（あるいは減少する）かは，通信需要をめぐる様々要因に依存し，必ずしも明白ではない。このように，受信者側料金と発信者側料金のバランスが通信ネットワークの利用者数およびサービス利用量に複雑な影響を及ぼすことになるため，利潤最大化を目指す通信事業者には慎重な考慮が求められる。

　2 種類の利用者（発信者と受信者）間の相互作用の存在により，両者に課す料金のバランスが資源配分の効率性を左右するというこの問題は，経済理論的には「市場の二面性」あるいは「両面市場（two-sided market）」の問題として知られており，近年になって急速に分析が進みつつある[10]。ある生産者が 2 種類の利用者グループに対し同一あるいは異なる財・サービスの提供を行っており，さらに利用者グループ相互間に間接ネットワーク効果が働いているというケースが主として議論される。この場合，

---

[9] 携帯電話サービスの国際ローミングの場合には，現実に BPP が適用されている。ローミング（roaming）とは，契約している通信事業者のサービスを，その事業者のサービス範囲外でも，提携している他の事業者の設備を利用して受けられるようにすることであり，国際ローミングを利用することで，海外旅行中も国内と同じ携帯端末を利用できる。この場合，国内にいる発信者は受信者本国までの通信料金（国内電話料金）を支払い，海外にいる受信者が国内から滞在国までの着信料（国際電話料金）を支払う。そのため，受信者側が電話に応答する確率，および通話を継続しようとする確率は，国内にいる場合と比較して低いことが予想される。

[10] 両面市場については第 11 章 3.3 節において詳しく論じる。

生産者が各利用者グループに対して限界費用に等しい（あるいは限界費用と比例的な）料金を課すことは必ずしも利潤最大化をもたらさず，一方のグループにより多くの負担を負わせることが最適となる場合がある。例えば，片方のグループに課す料金を無料にしたり，さらには補助金（＝マイナスの料金）を与えたりして，利用増を促進し，補助金分を含む生産コストをすべてもう一方のグループから回収するという料金戦略が正当化される。

　ところで，ネットワークで提供されるのは情報財であり，そこから得られる私的便益は実際に利用を開始するまでは未確定である。そのため，受信者課金の下では，受信者は得られる便益が確定する以前に，通信料金を支払うか否かを決定する必要がある。課金水準が便益に比して高すぎると予想される場合，受信者は連絡に応じない。受信者が応答しない場合，通信事業者は受信者からの収入を失うばかりか，発信者からの収入も得られない。そのため，通信事業者は，発信者側の事情を一定とした場合，受信者から得られる収入（受信者課金の水準×受信者の応答確率）の最大化を目指す。合理的な消費者が受信にあたって支払う用意のある金額の上限は，かかってきた通話から得ることのできる便益の期待値に等しい。迷惑電話やスパムメールなどを受ける可能性が高い受信者の場合は，（他の事情が同じであれば）受信から得られる平均的な便益が低いため，より安価な受信者課金水準を提示する必要がある。あるいは，迷惑電話などの可能性を低くする措置を検討しなくてはならない。例えば，NTT 東日本・西日本が 1997 年 10 月より提供しているナンバー・ディスプレイ（発信者番号通知）サービスの利用が有効である。見知らぬ番号からの着信や，番号非表示の着信を拒否することによって迷惑電話などを受ける可能性を大きく減らせる。あるいは，携帯端末に登録した番号以外からの着信を拒否するという機能を利用する方法もある。ただし，当該機能の利用は，例えば，音信不通であった旧友からの連絡を受けることで予想外の便益を享受する可能性を損なう。

2.5. メトカーフの法則

　通信サービスの利用から得られる便益が，通信可能相手先の数に通信毎の単位便益を乗じたものと等しく，かつ，すべての人にとって 1 回の通信から得られる単位便益が同じであると仮定しよう。その場合，自分以外に N 人が加入するネットワークにおいて，自身の便益の合計は N であり，当該ネットワーク加入者が全体として享受している便益の総合計，すなわちネットワークの社会的価値は，$(N+1) \times N = N^2 + N$ とな

る。N が大きくなれば，社会的価値は N^2 にほぼ等しくなる。これが「メトカーフの法則（Metcalfe's law）」である[11]。ネットワークの利用者数が 2 倍になれば，個々の利用者の利益はおおよそ 2 倍に，社会に与える総便益はおおよそ 4 倍になる。

　しかしながら，現実はメトカーフの法則とは合致しない可能性が高い。そもそも，通信を行うことから得られる価値は通信相手や通信内容によって大きく変動する。恋人や友人を遊びに誘うためのメッセージを送る場合と，大学の先生にゼミを休んだ言い訳をするメッセージを送る場合とを想像するだけでそのことは明らかである。単位便益が同じという仮定は成立しがたい。

　確かに，ネットワークの規模が増大することで通信可能先が増え，社会的便益の水準は増大する可能性が高い。しかしながら，その増大のペースが規模の二乗に比例するためには，新しく加入した者が，既存加入者の一人ひとりに与える追加的便益が一定であることが必要である。自分の友人の半数しか加入していないネットワークにもう 1 人の友人が追加的に加わる場合と，既に知り合いがすべて加入したネットワークに会ったこともない他人が追加的に加わる場合とでは得られる追加便益に大きな差がある。新しい加入者が大嫌いな相手である場合，追加的な便益はゼロ（あるいは場合によっては負）ともなりうる。結局，実際の通信ネットワークの社会的価値は，利用者数の二乗に比例するよりは遥かに緩やかに向上すると考えるのが現実的である。

3. 閾値加入者数とネットワーク規模[12]

3.1. 閾値加入者数

　通信ネットワークの利用には一定の料金を支払う必要がある。消費者が当該ネットワーク加入から得られると予想する便益が，支払いを求められる料金額以上のものであれば，その消費者は加入という選択を行い，便益が料金額に満たない場合は非加入という選択をする。

　通信ネットワークから得られる便益の大きさは，そのネットワークがどの程度の既加入者の集団を抱えているのかに左右されるというのが，2 節で説明したネットワー

---

[11] LAN（Local Area Network）規格として一般的なイーサネット（Ethernet）の開発者であり，後に 3Com を創業したロバート・M．メトカーフ（Robert M. Metcalfe）が 1995 年に提唱。

[12] 本節では，外部性の問題は脇に置いて，ネットワーク効果が消費者のネットワーク加入をめぐる意思決定に与える影響に焦点を絞る。

ク効果の意味するところである。したがって、一定の料金水準を前提とした場合、個々の消費者には、既加入者がそれ以上存在すれば当該ネットワークに加入するのが合理的であり、それ以下であれば非加入が合理的であるという、一定の加入者数の水準が存在する。これを「閾値加入者数（TSV : Threshold Subscriber Volume）」と名付ける。

　TSV の大きさは、個々の消費者の需要の強さと負相関の関係にある。サービスを利用したくてたまらない消費者であれば、既加入者数が比較的少ないネットワークにも大きな魅力を感じるが、サービスに全く興味がない消費者は自分以外の全員が加入済のネットワークに対しても魅力を感じない。さらに、TSV は加入料金の変数であり、加入料金が高くなれば TSV も大きくなり、加入料金が値下げされれば TSV も小さくなる。

　一定の加入料金の下で、TSV の小さな消費者（すなわち需要の旺盛な消費者）から順に TSV の値を並べることによって描かれる TSV 曲線の例を図 4-3-1 に示す。最も需要が旺盛な消費者であっても、加入にあたっては通信相手の存在（直接ネットワーク効果の場合）、もしくは最低限の補完財バリエーションを支える加入者数（間接ネットワーク効果の場合）、を必要とするので TSV 曲線の切片は正（より正確には非負）になる。ネットワークに加入するのは、需要が大きなものから小さいものへの順になるので、「TSV の小ささ」あるいは「需要の旺盛さ」がその集団の中で何番目であるかを示している横軸の目盛は、その目盛に対応する消費者がネットワークに加入した際に成立するネットワークの加入者数あるいはネットワーク規模を示す。加入料金が高くなれば TSV 曲線は上方にシフトし、加入料金が低くなれば下方にシフトする。

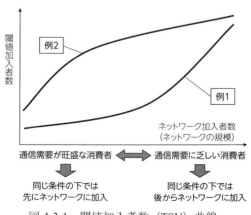

図 4-3-1　閾値加入者数（TSV）曲線

3.2. ネットワーク規模の決定

自分の TSV が，自分が加入することによって成立するネットワークの（予想）規模よりも大きい状況を考えよう。この場合，当該消費者にとってネットワークに加入すること（あるいは加入し続けること）は合理的な選択ではなく，間違って加入してしまった場合は即座にネットワークを脱退することが効用最大化の観点からは望ましい。逆に，自分の TSV が，ネットワークの（予想）規模よりも小さい場合は，そのネットワークに加入すること（あるいは脱退しないこと）が最適な選択となる。

つまり，「TSV＞ネットワーク規模」であればネットワークから脱退者が発生することでネットワークの大きさが縮小し，逆に「TSV＜ネットワーク規模」であれば新規加入によりネットワーク規模が拡大する。ネットワーク規模が一定となる均衡状態においては，TSV とネットワーク規模が等しい[13]。縦軸と横軸の値が同じとなる点をつなげた直線である 45 度線と TSV 曲線の交点 A と B はそういった条件を満たす均衡点であり，N_a や N_b はネットワークの均衡規模である（図 4-3-2）。

得られた均衡（N_a と N_b）においては，加入者が加入に先立って期待していたネットワーク規模の中で最大のもの，つまり，最後に加入した消費者（限界的加入者）の

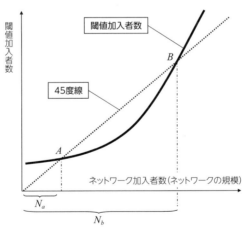

図 4-3-2　TSV と複数均衡

---

[13] TSV とネットワーク規模が等しい場合，その消費者にとってネットワークに加入することと加入しないままでいることは同等の価値を持つ。本章では，経済学における通常の取り扱いに従い，「TSV＝ネットワーク規模」の条件の下では，消費者は加入を選択すると仮定する。

102 第2部 通信サービスの経済特性

TSV が実際に成立したネットワーク規模に一致している。これは，限界的加入者にとっては加入前に予想したネットワーク価値が実現しているという意味で，2.1 節で説明したネットワーク効果の自己実現性の表れである。林（1992）は，この状況を「期待均衡（expectation equilibrium）」あるいは「合理的期待均衡」と名付け，自身以外の消費者の行動を所与として行動している個々の消費者の行動が全体として一定の均衡状況を達成しているという意味から，ゲーム理論で言う「ナッシュ均衡（Nash equilibrium）」[14]としての性質を有することを指摘している。

3.3. 安定均衡と不安定均衡

このように，ネットワーク効果の下では，複数の均衡点とそれに対応する複数のネットワークの均衡規模が存在しうる。しかしながら，図 4-3-2 において，均衡点 A と均衡点 B の性質はその安定性において大きく異なる。各消費者の意思決定についての情報が消費者全体によって完全に共有されている場合を考えよう。

規模 N_a のネットワークから何らかの理由で 1 人脱退者が生じたと仮定する。その場合，ネットワークの規模は N_a 人マイナス 1 人（N_a −1人）であるが，N_a −1番目に需要が旺盛な消費者にとってその状況は満足すべきものではない。なぜなら，N_a −1 番目の消費者にとっては「TSV＞ネットワーク規模」であるから，そのネットワークに加入し続けることは合理的ではない。そのため，ネットワークの規模は N_a 人マイナス 2 人（N_a −2 人）となる。しかしながら，N_a −2 番目に需要が旺盛な消費者にとっても状況は同じであり，つまるところそのネットワークからはすべての加入者が逃げ出してしまい，規模ゼロのネットワークに行き着いてしまう。

逆に，規模 N_a のネットワークが存在している場合の N_a +1番目の消費者の状況を考えよう。N_a +1番目の消費者は自分がそのネットワークに新しく加入することで，N_a +1人という大きさのネットワークを実現できるが，それは自分の TSV よりも大きい。したがって，N_a +1番目の消費者にとって規模 N_a のネットワークを加入しないまま手をこまねいていることは不合理であり，即座に新規加入の手続きをとる。N_a +2

---

[14] ゲーム理論における非協力ゲームの解の一種であり，数学者であるジョン・フォーブス・ナッシュ・ジュニア（John Forbes Nash, Jr.）にちなんで名付けられた。西村（1995）では「各経済主体が他の経済主体の特定の行動を予測し，その予想が正しいと仮定したうえで自分の利益を最大化するような行動をとる。その結果予想の組と結果としての行動が一致した場合，それをナッシュ均衡と呼ぶ。」（p.454）と定義されている。

番目の消費者にとっても同じであり，このことによりネットワークの規模は隣の均衡点 B まで，つまり N_b 人まで拡大する。このように，均衡点 A は常にその点から遠ざかろうという力に囲まれているという意味で「不安定均衡」である。

　一方，均衡点 B の性質はどうだろうか。先ほどと同じように何らかの原因で 1 人脱退者が生じ，ネットワークの規模が N_b −1 人になったと仮定しよう。N_b −1 番目に需要が旺盛な消費者にとって現状は満足すべき状況である。なぜなら自分自身の TSV より，現実のネットワーク規模が依然として大きいからである。したがって，ネットワークを脱退しようという気持ちは生じない。逆に，ネットワークから脱退した N_b 番目の消費者は，自分の TSV が，自分が加入することで成立するネットワークの予想規模と等しいため，ネットワークに再加入することを選択する。そのため，ネットワーク規模は再び均衡点 N_b 人に等しくなる。

　他方，何らかの原因で N_b +1 番目の消費者がネットワークに加入してしまったとしよう。N_b +1 番目の消費者にとっては，自らの TSV がネットワーク規模よりも大きいため，現状は満足のいく状況ではない。その結果，N_b +1 番目に需要が旺盛な消費者はネットワークを脱退し，ネットワークの規模は再び N_b 人に戻る。このように，均衡点 B は常にその点に集中しようという力に囲まれているという意味で「安定均衡」である。

　つまり，45 度線の左から右に TSV 曲線が交差している場合は不安定均衡となり，下から上に交差している場合は安定均衡となる。すなわち，図 4-3-2 において仮定した TSV 曲線の下において安定的に成立しうるネットワークとは，規模ゼロ人のネットワークと規模 N_b 人のネットワークの 2 種類ということになる。

　TSV 曲線が 45 度線に接する場合は，接点が必ず不安定均衡としての性質を持つ。TSV 曲線が左上から接する場合は，その近傍において「TSV ＞ネットワーク規模」が成立しているから，均衡は常に縮小方向の力を受ける。逆に，右下から接する場合は，その近傍において「TSV ＜ネットワーク規模」が成立しているから，均衡は拡大方向の力を受ける（図 4-3-3）。

　なお，2.3 節で指摘したとおり，外部性が存在する場合，安定均衡であるネットワーク規模は，社会的にみて最適ではないことに注意が必要である。

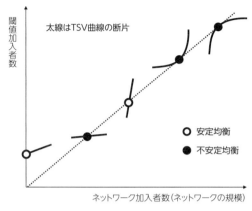

図 4-3-3 安定均衡と不安定均衡

4. ネットワークの均衡点

4.1. 均衡点の数と安定性

　TSV曲線に求められる条件は，縦軸との切片（正確には，最も需要が旺盛な利用者に対応するTSVの値）が正であり，傾きが非負であるという二つだけである。したがって，TSV曲線の形は様々なものが考えられ（図 4-3-1），それに応じて与えられる均衡点の数は異なる。例えば，分析範囲において，図 4-4-1 の場合には均衡点が存在せず，図 4-4-2 の場合は均衡点が一つだけである。一方，図 4-4-3 においては三つの均衡点が存在する。前節で説明したとおり，均衡が安定均衡であるか不安定均衡であるかは TSV 曲線と 45 度線の交差の仕方に依存する。図 4-4-2 および図 4-4-3 の場合，均衡 A および均衡 C は不安定均衡であり，均衡 B が安定均衡の性質を持つ。

　TSV 曲線の切片が必ずプラスの領域にあり，45 度線が必ず原点を通ることから（均衡点が存在する場合）二つの線が最初に交わる均衡点の近傍においては，「① 45 度線の左から右へ TSV 曲線が横切る形」，あるいは「② 45 度線に対し TSV 曲線が左方から接する形」のいずれかになる。そのため，前節で説明したとおり，最小の均衡点は必ず不安定均衡となる。

　最初の不安定均衡が①の形で成立した場合，その次に大きなネットワーク均衡に関しては（もし存在するならば），「③ 45 度線の下から上へ TSV 曲線が横切る形」，あるいは「④ 45 度線に対し TSV 曲線が下方から接する形」のいずれかになる。均衡③

第4章 ネットワーク効果　　105

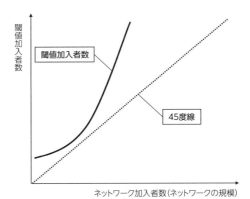

図 4-4-1　均衡点が存在しないケース

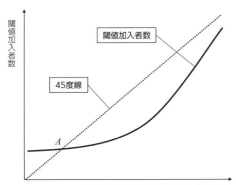

図 4-4-2　均衡点が一つだけ存在するケース

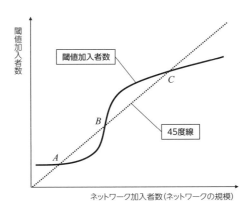

図 4-4-3　均衡点が三つ存在するケース

106 第2部 通信サービスの経済特性

が安定均衡となり，均衡④が常に拡大圧力にさらされる不安定均衡になる。

　最初の不安定均衡が②の形であれば，次に大きなネットワーク均衡は（もし存在するならば）必ず上記①あるいは②の形の不安定均衡となる。

4.2. クリティカル・マス

　図4-3-2のように均衡点が二つだけ存在するケースを考えよう。最小の均衡点Aは上記①の性質を持つ不安定均衡であるが，この点に対応するネットワーク規模N_aはクリティカル・マス（CM：Critical Mass，臨界加入者集合）と呼ばれ，通信事業者にとって特別の意味を持つ。

　市場に新しく参入した事業者にとっては，参入当初にクリティカル・マスN_aを超える加入者数Xを獲得することができなければ（$N_a > X$），一旦は加入してくれた消費者はその状況に対して満足感を抱き続けることができないために（＝支払った加入料金に見合う効用が得られないために），ネットワークからどんどん脱退し，折角構築したネットワークは最終的には規模ゼロの無に帰してしまう。それに対して，N_aと等しい，あるいはN_aを超える加入者数を得た場合（$N_a \leq X$）は，$X+1$番目からN_b番目までの消費者にとって，当該ネットワークに加入しないままでいることは不合理であり，その結果，ネットワークの規模は次の均衡点Bに対応する大きさN_bまで自律的に拡張する。

　図4-4-2のような場合も，同じように考えることができる。この場合のクリティカル・マスも点Aに対応するネットワーク加入者数である。ただし，図4-3-2の場合とは異なり，一旦クリティカル・マスを超える加入者の獲得に成功した事業者は消費者全員を利用者として獲得できる。

　図4-4-3においては，クリティカル・マスに相当する均衡点が二つ（AとC）存在する。点Aに対応する加入者数を突破した場合，ネットワーク規模は点Bまで自動的に拡大し，その後，さらなるキャンペーンにより加入者数が点Cを突破すれば，当該事業者による全消費者の獲得が達成される。

4.3. クリティカル・マスによる均衡の性質

　ネットワーク効果の下では，クリティカル・マスを超える初期加入者を獲得できないサービスが社会的に無意味なサービスであるとは限らない。あるいは，普及に成功したサービスが，普及しなかったサービスよりも優れているとも限らない。

ある新規参入事業者が提供するネットワークに加入するか否かは，個々の消費者が
ネットワーク加入から得られると「予想する」便益が，負担すべき加入料金を上回る
か否かによって決定される。予想便益は，ネットワーク効果によってネットワーク規
模と正比例の関係にある。つまり，サービス開始に先立ち，個々の消費者が将来のネッ
トワーク規模をどう予想しているのかが加入料金の水準と並んで大きな意味を持つ。

そのため，何らかの理由で一部の消費者の予想が過度に悲観的なものとなった場合，
正確な情報に基づく客観的な観点からみればクリティカル・マスを超えて成長したで
あろうサービスが日の目を見ずに消滅するというケースが発生する。ネットワーク効
果に起因する「ネットワーク規模の小ささによる便益の少なさ」が，当該サービスが
有する本来的には良好な品質を覆い隠すためである。逆に，過度に楽観的な見方が蔓
延すれば，本来であれば普及すべきではない劣悪なサービスが安定的な市場シェアを
獲得する。これは，規模の大きさに基づくメリットが本来の技術的劣悪さを覆い隠し
て余りある場合である。

こういった資源配分の非効率が発生する一つの原因として，消費者同士がお互いの
真の意向を伝達・共有するための取引費用が高いことが挙げられる。消費者同士が大
きな取引費用をかけずに互いの潜在的通信需要に関する正確な情報を共有すること
ができれば，上記のような非効率性の発生は防止できる。インターネット上で展開さ
れる各種掲示板（BBS）において新サービスに対する事前の意見交換を行うといった
試みは，そういった観点から肯定的に評価できる[15]。

新たに市場投入されたサービスの品質などに関する情報が消費者に十分に理解さ
れていない可能性も非効率性発生の原因である。事業者による新ネットワークに関す
る情報提供や，消費者への情報リテラシー教育の実施が対策として考えられる。社会
の大勢とは異なる選択をしてしまった消費者は，正しい選択をしたにもかかわらず，
当該ネットワークの唯一の利用者となってしまう危険性があり，そういったリスクを
避けるためには常に平均的な嗜好に従うことが求められる。新サービスの価値を正確
に認識している者が少数であった場合は，多数派の誤った判断に従う方が，小さな
ネットワーク上で孤立する危険を避けられる。その意味で，専門家や有識者，あるい

---

[15] ネットワーク効果と同様，サービス利用者数が多くなればその分メリットが拡大するケースと
して，生産に規模の経済が働く場合がある。この際，実際に規模の経済が新商品生産に発揮でき
るか否かは，当該商品に対する潜在的顧客数に依存する。そのため，本文と同じく，取引費用に
よる非効率性が発生する。

108　第2部　通信サービスの経済特性

はいわゆるカリスマユーザーが数多くの一般消費者に対して有する影響力は，ネットワーク効果の下では，より重要な意味を持つ。

　消費者の将来予想がネットワークビジネスの成功・不成功を左右することは，通信事業者側に新たなマーケティング戦略を展開する可能性を与える。この点については次章でさらに詳しく説明する。

5.　市場加入需要曲線

　通信サービスを利用するためには，消費者は加入サービスと通信サービスの二つを組み合わせ，それぞれに対し別々の利用料金を支払う必要がある。

　まず，消費者は，通信事業者が設置した通信ネットワークに「加入（subscribe）」する。加入にあたっては，利用開始のための工事や諸手続きのための初期費用を支払い，さらに，利用期間を通じて一定の月額費用（月額基本料）を支払う。これにより，利用者は他者からの電話を受け，110 番や 119 番などの緊急電話をかけることができる。

　緊急電話以外のサービスを自分が発信者となって利用するためには，別料金を支払う。支払いパターンとしては，従量料金（metered rate）や定額料金（fixed rate），あるいは多部料金（multi-part tariff）といった様々なものがある。通信時間（通話分数）や相手先までの距離，時間帯，曜日などにより，異なった単価が適用される場合もある。

　本節および次章2節において議論する需要曲線は上記の2種類のサービスのそれぞれに対応する。前者に対応するものを「加入需要曲線」と呼び，後者に対応するものを「通信需要曲線」と称する。以下では，議論を単純化するため，前者については月々一定額を加入料金として支払い，後者については通信時間に比例した料金を支払う形態が採用されていると仮定する。

5.1.　需要曲線の導出 1

　ネットワーク効果が存在するサービスには複数の均衡点が存在する可能性があり，そのうち最小の均衡点がクリティカル・マスの性質を持つとすれば，図 4-2-2 に示したような私的需要曲線[16]はどのような手順で導き出すことができるだろうか。

　ネットワーク効果やクリティカル・マスの性質を考えれば，すべての料金水準に対

---

[16] 外部性を考慮しない私的便益のみに基づく需要曲線。

して「規模ゼロのネットワーク」が安定均衡として存在するが，以下では，ある加入料金の水準の下で安定的に存在することが可能な最大規模のネットワークの大きさを「需要量」として定義する。さらに，ここでは図 4-3-2 のような TSV 曲線を有する市場について検討する。この場合，需要量は N_b である。

既に説明したとおり，図 4-3-2 は，加入料金が一定であるという仮定の下で描かれている。では，加入料金が増額されれば，どうなるだろうか。繰り返しになるが，消費者はネットワークに加入することによって得られる便益と加入料金を比較して加入するか否かを決定する。ネットワーク効果の結果，ネットワークの規模が大きくなれば加入によって得られる便益も増大するため，TSV の水準は料金上昇とともに大きくなる。もちろん，料金変化に対する TSV の変化率は消費者個々人によって異なるので，変更前の加入料金の下で α 番目に小さい TSV（つまり α 番目に旺盛な需要）を持っていた消費者が，異なる料金水準の下で同じ α 番目であるという保証はない。しかしながら，料金変更後に再び TSV が小さい順で消費者を並べ直すことにより，料金変化が当該市場の TSV 水準に及ぼす影響は図 4-5-1 のように表現できる。ここでは，加入料金の三つの水準（$P_0 < P_1 < P_2$）に対応する TSV 曲線（TSV_0, TSV_1, TSV_2）が描かれ，対応する需要量（N_{b0}, N_{b1}, N_{b2}）が横軸に示されている。

加入料金の水準を縦軸に，対応するネットワーク規模を横軸にとれば，図 4-5-2 において実線で示されているような需要曲線（D）を描くことができる（ちなみに，図 4-5-1 と図 4-5-2 のグラフの横軸はともにネットワーク規模を示し，尺度は同一）。

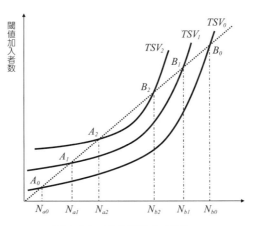

図 4-5-1　料金変化と TSV

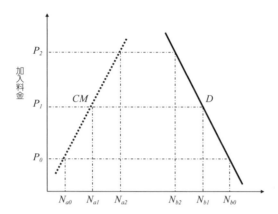

図 4-5-2 私的需要曲線とクリティカル・マス曲線

　これらのグラフには同時に各料金に対応したクリティカル・マスの大きさ（N_{a0}，N_{a1}，N_{a2}）も表されているため，同様の手順に従えば，クリティカル・マス曲線（CM）も得ることができる。需要曲線が価格に対してマイナスの傾きを持つのに対して，クリティカル・マス曲線はプラスの傾きを持つ。新規参入事業者が採算を考えて高い料金を設定すればするほど，初期キャンペーンで突破しなければならない加入者数は大きくなる。

5.2. 需要曲線の導出 2

　料金が P_2 を超えてさらに高くなったらどうなるか。前節の理論から容易に類推可能なとおり，加入料金の高騰に伴い，需要量（ネットワーク規模）とクリティカル・マスは接近し，最終的に両曲線は交差する。この場合，クリティカル・マスと需要量は一致するが，先に説明したとおり，この均衡規模は安定的ではない。つまり，安定的に存在可能な均衡量としての「需要量」はゼロになる。
　両曲線が交差する水準以上に料金が高騰する場合，TSV 曲線は図 4-4-1 のように 45 度線にはもはや交わらず，需要量はゼロになってしまう。逆に，料金水準が低くなると，需要量は大きくなるが，クリティカル・マスは小さくなる。加入料金が無料に設定された場合，加入することが負の効用を生まない限り，消費者は当該ネットワークに加入する意欲を持つため，TSV 曲線は横軸に一致し（つまり，切片ゼロ，傾きゼロの直線となり），クリティカル・マスの大きさはゼロになる。結局，私的需要曲線の

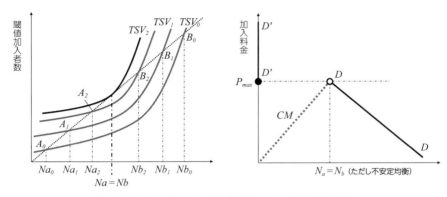

図 4-5-3　ネットワーク効果の下での私的需要曲線

　全体像は図 4-5-3 のように表現できる。需要量とクリティカル・マスが一致する価格を P_{max} とすれば，需要曲線は D´D´ と DD という分割された 2 本の線によって表現される。一方，クリティカル・マス曲線については原点と P_{max} に対応する需要量を結ぶ線となる。

　通常の財・サービスの場合であれば，料金が高くなるに従って需要量が徐々に減少し，最後の消費者が需要をやめることにより需要量が消滅してゼロになってしまう。それに対して，ネットワーク効果を持つサービスの場合，加入料金が P_{max} に達した瞬間，それまで一定の規模で成立していたネットワークがいきなりすべての利用者を失うという劇的な変化を遂げる。興味深いことに，この変化は非可逆的である。他方，非常に高い水準から料金が徐々に下落してきた場合，P_{max} よりも低くなった時点で，即座に一定の大きさのネットワークが成立するわけではない。何らかの力で消費者をネットワークに誘引して，その価格水準に対応するクリティカル・マスを超えない限り，ネットワークに対する需要量は加入料金の水準にかかわらずゼロにとどまる。

　つまり，ネットワーク需要は一定の料金水準に対し必ず一定の値として出現するとは限らない。需要量を「安定的に存在することが**可能な**最大規模のネットワークの大きさ」と定義したのはこのためである。図 4-5-3 を解釈する場合には，料金変化の方向（上昇か，下落か）や，考察の開始時点の状況（対象が，既に一定のネットワークを成立させている通信事業者なのか，それともこれから市場に新たに参入しようとしている事業者なのか）に十分に注意を払う必要がある。

5.3. 数値例

林（1992）は，個々の消費者のネットワーク加入需要について簡単な前提を置いたうえで，本章とは異なったアプローチから同様の加入需要関数を具体的に導出している。暗黙裡に想定されている TSV 曲線は次の式 1 のような形状をしている。w_i は，消費者 i のネットワーク加入意欲の大きさを示す変数であり，最小値 0 から最大値 1 までの間に一様に分布していることが仮定されている。つまり，TSV 曲線を描いたグラフの横軸で原点に最も近い位置に $w_i = 1$ の消費者が，最も右端に $w_i = 0$ の消費者が存在する。c はネットワーク加入料金である。市場規模は 1 に基準化されている。

$$TSV = c/w_i \qquad (式1)$$

容易にわかるように，TSV 曲線，および導出される加入需要曲線（およびクリティカル・マス曲線）は図 4-5-4 となる。ちなみに加入需要曲線は式 2 として，クリティカル・マス曲線は式 3 として表現できる。本モデルの場合，加入料金の水準が 0.25 以上になれば，正の規模を持つネットワークの成立は望めない。

$$\begin{cases} D = \left(1 + \sqrt{1-4c}\right)/2 & (0 \leq c \leq 0.25 \text{ の場合}) \\ D = 0 & (c > 0.25 \text{ の場合}) \end{cases} \qquad (式2)$$

$$CM = \left(1 - \sqrt{1-4c}\right)/2 \quad (0 \leq c \leq 0.25 \text{ の場合}) \qquad (式3)$$

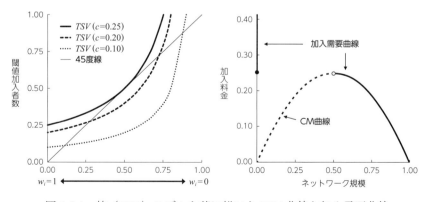

図 4-5-4 林（1992）モデルを基に描いた TSV 曲線と加入需要曲線

引用文献：

Church, J. and Gandal, N.（2005）"Platform Competition in Telecommunications." In Majumdar, S.K., Vogelsang, I., and Cave, M.E.（eds.）*Handbook of Telecommunications Economics*（Vol. 2）, North-Holland, 117-153.

林敏彦（1992）「ネットワーク経済の構造」林敏彦・松浦克己［編著］『テレコミュニケーションの経済学』東洋経済新報社, 123-143.

依田高典（2001）『ネットワーク・エコノミクス』日本評論社.

Laffont, J.J. and Tirole, J.（1999）*Competition in Telecommunications,* MIT press.（上野有子［訳］（2002）『テレコム産業における競争』エコノミスト社）

西村和雄（1995）『ミクロ経済学入門　第2版』岩波書店.

Squire, L.（1973）"Some Aspects of Optimal Pricing for Telecommunications," *Bell Journal of Economics & Management Science*, 4（2）, 515-525.

第5章　ネットワーク効果の影響

1.　はじめに

　第4章では，ネットワーク効果という特徴を有する通信サービスに対する需要の特徴について説明し，加入需要曲線を導いた。ただし，通信利用は加入だけでは完結せず，通信サービスの利用を伴う。ネットワークへの加入に際しては，通信サービスによって得られる便益を考慮することが通常であるため，加入の意思決定は，通信の意思決定と密接な関係がある。本章では，まず，ネットワーク効果の下で描かれた加入需要と，通信需要の関係について議論を深める。

　次に，議論を供給側に移し，ネットワーク効果が企業行動にどういった影響を及ぼすのかを分析する。ここで重要となるのが，クリティカル・マスの概念である。最小の均衡ネットワーク規模に対応するクリティカル・マスは，新たに参入しようとする事業者にとって参入障壁となる一方で，魅力的な新サービスの提供者にとっては跳躍台（スプリング・ボード）の役割を果たす。他方，既存事業者にとって，クリティカル・マスは自分の地位を守る堅固な城壁になる。

　ネットワーク外部性もまた重要な要素である。ある消費者がネットワークに加入することによって自分以外の加入者に正（あるいは，負）の影響を及ぼすということは通信事業者にとってどういう意味を持つのか，また，そういった状況に対して事業者はどういった戦略を展開しうるのかについて議論を進める。

2.　通信需要と加入需要

2.1.　個別通信需要と加入需要

　需要曲線は，通常，料金以外の様々な要素（所得水準や嗜好，家族構成など）を一定とすることによって描くことができる。ネットワークの規模がある水準に固定され

ていること（あるいは利用者がそのように認識・予想していること）を前提として，当該ネットワークに加入している特定の消費者が，どのくらいの量（時間・頻度）の通信を行うかを，通信料金を縦軸に，通信利用量を横軸にしたグラフ上に記述したものが個別通信需要曲線である（図 5-2-1）。一定量の通信サービスを利用することで消費者がどの程度のメリットを享受するかに関しては，消費者余剰として表現できる[1]。なお，議論の単純化のため，本節および次節の議論では，通信料金の変化が，加入需要に影響を及ぼし，翻ってさらに通信需要に影響するというフィードバックについては存在しないものとして議論を進める[2]。

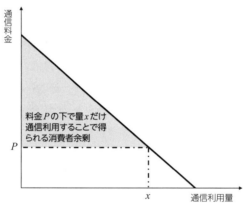

図 5-2-1　個別通信需要曲線

---

[1] 消費者余剰は，縦軸と価格水準，そして需要曲線によって囲まれる部分の面積として計測される。一つひとつの消費単位に対応する需要曲線の高さは，財・サービスの追加消費から得られる限界便益を意味するとともに，消費者が当該財・サービスの追加的な消費に対して支払うことのできる上限価格（留保価格：reservation price）を示す。したがって，留保価格と実際に支払いを求められる料金水準との差額は追加的消費から得られる「限界純便益」に他ならない。当該消費者にとって，留保価格（＝限界便益）＞実際価格であれば当該サービスの追加消費によってメリットを得，留保価格＜実際価格であれば追加消費によってデメリットを被る。実際価格と留保価格が等しい水準であれば，消費者にとって当該財・サービスを購入することと購入しないことが無差別となる。通信需要と加入サービスへの留保価格の関係は，Mitchell（1978）が簡潔に要約している。消費者が準線形効用関数を持つ場合，消費者余剰は財・サービスの購入による効用水準の増加分を金額表示したものに厳密に等しい。詳しくは，奥野（2008, pp.136-138）を参照されたい。また，消費者余剰による分析は，「基数的効用」および「貨幣の限界効用一定」という強い前提条件を設ける必要があるため，一定の制約があることが西村（1995, pp.93-99, 187-188）で指摘されている。
[2] 本章 2.3 節において，このフィードバックメカニズムの存在を加味した議論を試みる。

通信サービスを利用する前提として必要な加入サービスの購入費用（加入料金）が、消費者個人において実現している消費者余剰の水準を上回ると、当該消費者にとっては利用を取り止めることが合理的となる。加入サービスのみによって得られる便益を無視できるとすれば、この消費者余剰の大きさこそ、通信サービス利用の前提となる「加入サービス」への留保価格である[3]。

加入サービスに対する留保価格の水準は個別通信需要曲線の形状に応じて異なるが、留保価格の高い消費者ほど加入サービスを利用することに対する需要が強い。通信料金の水準をある一定値に固定し、さらに直面するネットワークの規模を所与としたうえで、加入サービスの需要が高い方から低い方に留保価格を並べたものが市場の加入需要曲線[4]に他ならない（図 5-2-2）。ただし、この手法によって得られる加入需要曲線は、ネットワークの規模をある水準に固定するという前提条件の下で得られた「仮想」の加入需要曲線であって、われわれが実際に観察できる「現実」の加入需要曲線ではないことに注意しなくてはならない。

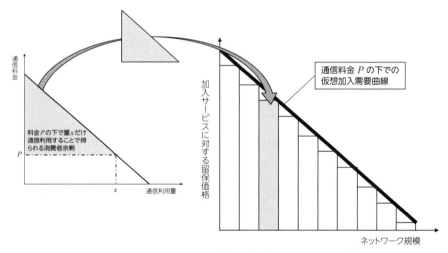

図 5-2-2　個別通信需要曲線と「仮想」加入需要曲線

---

[3] 前章 5.3 節の数値例においては、一定のネットワーク規模を前提とする個々の消費者の留保価格の水準は、一定の加入料金を前提とする TSV の水準とは逆数の関係にある。
[4] 前章および本章で議論する加入需要曲線についてはすべて市場全体に関して議論を展開している。そのため、本章の「加入需要曲線」はすべて「市場加入需要」であり、個々の消費者の意思決定に着目した「個別加入需要曲線」ではないことに注意。

2.2. 現実の加入需要[5]

　料金水準が一定の下，何らかの理由で加入者の通信需要が今よりも旺盛になれば，同じ通信料金の水準に対して通信利用量が増大するため需要曲線は右方向にシフトする。正のネットワーク効果（より正確にはネットワーク外部性）が働く環境であれば，加入者数が増大した場合も個別通信需要曲線は同じく右方向にシフトする。通信可能な相手方の数が増大するため，通信利用量の増大が見込めるからである（図5-2-3）。

　通信利用量が増えることでもたらされる消費者余剰の拡大は，加入サービスに対する留保価格を上昇させるから，仮想加入需要曲線は右にシフトする。

　通信料金その他の条件に何も変化がないとしても，消費者が成立を予想するネットワークの規模が大きくなれば，消費者個々人の通信利用量は増大し，先と同様に，仮想加入需要曲線は右にシフトする。その結果，同一の加入料金に対する加入需要量・消費者余剰が増加し，ネットワーク規模は，消費者の事前予想どおり，実際に拡大する。これは前章2.2節で描写した「予測の自己実現」と同じ現象である。

　ところで，「仮想」の加入需要曲線が「仮想」である理由は，当該曲線上のすべての点が実現可能な「現実」の需要量を示すものではないからである。「仮想」の加入需要曲線で現実に成立する可能性のある料金水準と需要量（ネットワーク規模）の組み合わせは，当該曲線を導出するにあたって前提とした「一定のネットワーク規模」を現実に実現する「特定の料金水準」に対応する1点しかない。仮に，当該水準を上

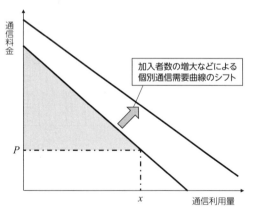

図 5-2-3　個別通信需要曲線とネットワーク効果

---

[5] 本節および次節の説明はLeibenstein（1950）およびSquire（1973）に拠っている。

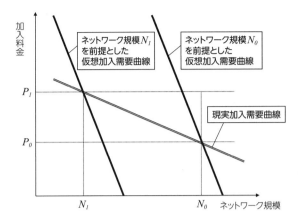

図 5-2-4 「仮想」と「現実」の加入需要曲線

回る水準で料金が決定された場合，ネットワークへの加入を取り止める消費者が現れ，その結果，もともとの「仮想」曲線を描くにあたって前提とされた「ネットワーク規模」は実現されない。ネットワーク規模が小さくなれば，（ネットワーク効果によって）個々の消費者が加入によって得られる便益が小さくなる。加入によって得られる便益が縮小すれば，留保価格も低下するため，新しい「仮想」需要曲線はもともとの「仮想」需要曲線が下方にシフトした地点に描かれる。

「仮想」需要曲線自体は，前提とする「一定のネットワーク規模＝対応する料金水準」毎に無数に描くことができるから，各曲線上の実現可能点を結ぶことで「現実」需要曲線を得ることができる（図 5-2-4）。図からも明らかなように，現実の加入需要曲線と比べて仮想加入需要曲線は，より大きな傾き，つまり，より小さな価格弾力性を持つ。

現実加入需要曲線からは，加入サービス市場における消費者余剰の計測ができない。通常の需要曲線の場合，均衡消費量が変化しても，個々の消費者の留保価格自体には変化はない。つまり，すべての消費者が当該サービスに対して有する不変の留保価格の情報がそこには表現されており，需要関数と料金水準に囲まれた面積を計算することで，市場全体の「消費者のお得感」の合計額である消費者余剰を計算できる。それに対し，加入需要曲線については状況が異なる。消費者の有する留保価格は実現されたネットワークの規模に応じて変化するため，一定ではない。そのため，現実加入需要曲線は，限界的（marginal）な加入者の留保価格を示すが，それ以外の限界的加入

者以外（infra-marginal）の加入者の留保価格については正しい値を示さない。

消費者余剰を計測するためには，一定のネットワーク規模を前提とした各利用者の留保価格を正しく知る必要がある。「一定のネットワーク規模を前提とする」とは，すべての消費者が自分以外の他の消費者の意思決定を所与として考えるということであり，自身の加入・非加入の決定が，前提としているネットワーク規模に一切の影響を与えないという意味である[6]。すなわち，現実の加入需要曲線ではなく，仮想の加入需要曲線を用いて計測を行わなければならない。そのため，図 5-2-4 で前提としている正のネットワーク効果の下で現実の加入需要曲線を用いて推定した値は過少水準となる。

2.3. 個別通信需要と市場通信需要

同じことが通信需要についても成立する。前節までの通信需要は「ネットワーク規模がある一定水準にあることを利用者が認識している，あるいは予想している」という前提条件の下で議論されてきた。ここまでの議論から明らかなとおり，通信需要と加入需要は密接な関係を持つ。通信料金が低廉化すれば，個々の消費者にとっての消費者余剰が増大し，仮想加入需要曲線が右にシフトし，以前より大きなネットワーク規模が実現する。その結果，通信需要算出の前提条件が変化して，通信需要曲線は右にシフトする。つまり，前節までの通信需要は，加入需要から通信需要へのフィードバック効果を捨象して議論していたことになる。当該フィードバックの存在を前提として議論するのであれば，前節までの通信需要は，「仮想通信需要」と呼ばなければならない。

仮想の個別通信需要曲線と現実の個別通信需要曲線の関係は，図 5-2-4 をめぐる議論がそのまま適用できる。一定のネットワーク規模を所与として通信需要を考えるという「仮想需要」の考え方は，個々の消費者が他人の反応を所与として行動することを前提としている。その意味で，個々の消費者を対象に，「直面している通信料金が低下したら通信行動をどのように変化させますか？」という問いを設けて計測される価格弾力性の水準は，「仮想」需要曲線に対応するものに他ならない。

通信サービスに関する市場需要は，一定の加入料金水準を前提として，様々な通信料金水準に対してネットワークへの加入を選択した消費者毎に導かれた現実の個別

---

[6] 現実には，そうした個人個人の意思決定の集積がネットワーク規模を決定するので，この想定条件はあくまでも仮定的なものである。

通信需要曲線を右方向に加算することによって計測される。通信料金水準が高い場合，加入サービスへの留保価格は低くなるため，同じ加入料金に対応する加入者数は少ない。加えて個々の加入者の通信需要量は，高額な通信料金に対応して少量にとどまる。一方，通信料金が低水準であれば，ネットワークへの加入者数も，個々の加入者の通信需要量も，ともに高水準になる。そのため，現実の市場通信需要曲線は，現実の個別通信需要曲線よりも緩やかな傾き＝大きな価格弾力性を持つ。

3. スタートアップ問題

3.1. 新規参入事業者の対応

ネットワーク効果が新規参入事業者の行動に及ぼす影響について分析しよう。

まず，前章の図 4-3-2 を思い起こそう。参入当初のキャンペーンでクリティカル・マス N_a を超える加入者数を獲得することができなかった新規参入事業者は，キャンペーン終了後には折角加入した消費者数を維持することができず，市場参入は失敗に帰す。他方，N_a と等しい，あるいは N_a を超える加入者数を得ることに成功した新規参入事業者は，キャンペーンの終了後もネットワークの維持・拡大に成功し，市場において一定の地歩を築くことができる。

キャンペーンのために費やした費用は参入成功後に得られる事業利益から回収する。新規参入に失敗すれば，当該費用は，サービス提供に先立って準備しておくことが必要な設備費用（正確には，取得費用から，それら設備を転売して回収できる分を減じた埋没費用［サンクコスト：sunk cost］）とともに，事業者にとって負の資産となる。クリティカル・マスの大きさや，キャンペーンがどの程度の新規加入者の獲得につながるのかは事前には明確でない。そのため，事業者にとってはどの程度のキャンペーン費用を投入するのかは，参入の成否や将来需要の規模に関する予測を伴う難しい判断が求められる。

ネットワーク効果が存在しない事業分野であれば，小規模のキャンペーンで少数の顧客を得て，小規模の事業を大きく育てていくという「小さく産んで大きく育てる」型の事業戦略が成立しうる。それに対し，ネットワーク効果の下では，市場において一定規模以上のシェアが得られなければビジネスとして全く成立しないため，新規参入のリスクは大きい。

さて，参入を目指すネットワーク市場が全くの新規市場で，先行事業者がいない場

合，新規参入事業者が採用すべき戦略はクリティカル・マスの最小化を目指すものに尽きる。

前章で論じたように，加入料金を引き下げることが，それを実現する一つ目の方法である。もちろん，このことにより加入者1人当たりの売上高は減少する。しかしながら，クリティカル・マスを超えること自体は容易になり，最終的に形成されるネットワークの規模も大きくなる。ネットワークの規模が大きくなればそれだけ大量の通信利用が発生し，収入も拡大するので，初期に投じたキャンペーン費用を回収することが容易になり，事業戦略として成立する可能性は十分にある。クリティカル・マスを超えて安定均衡に至った時点で加入料金の水準を値上げして，費やした資金を回収するという戦略を採用することも検討の余地がある。TSV曲線の形状からみて，加入料金を値上げしても，加入者数が激減する可能性が少ない場合，そういった戦略は魅力的なオプションである。

第二の方法としては，サービス品質を高度化して，個々の消費者が持っているTSVの水準を小さくするという策がある。通信サービスの場合は，音声品質を向上させたり，画像転送機能を加えたり，あるいはテレビ電話を可能にしたりすることがその例である。使い勝手がよく，臨場感が高く，濃密な双方向コミュニケーションを実現する高品質サービスを利用したいという個々の消費者の意欲が高まれば，同じ加入料金に対するTSVが以前より小さくなる。TSV曲線が下方にシフトすれば，加入料金低下の場合と同じように，クリティカル・マスの水準が小さくなり，安定均衡の規模は拡大する。品質高度化のための追加投資が，より大きくなったネットワーク規模から得られる追加収入に見合うものであるならば，本方策も検討の余地がある[7]。

第三の方法としては，第二の方法の亜種とも言えるが，ネットワーク効果とは無関係なサービスと組み合わせることが考えられる。スマートフォンが，ネットワーク端末のみならず，高品質の音楽プレイヤー，内蔵GPS機能を活かした携帯型のカーナビ，あるいはゲーム端末として機能することはその文脈から解釈できる。追加サービスが消費者にプラスに評価される場合，ある一定の加入料金の下で個々の消費者が必要とするTSVの大きさは小さくなる。必要な追加投資が，ネットワークからの追加収入に見合うなら，本方策も有望である。

---

[7] 追加投資が固定費用ではなく，加入数に応じた変動費用としての性質を持つ場合，企業の利潤最大化行動を通じて加入料金が上昇する可能性がある。その場合，クリティカル・マスは大きくなり，安定均衡の水準は縮小する。

3.2. 先行している事業者の活用

　既にクリティカル・マスを超えるネットワーク規模を安定的に維持している既存事業者が存在する場合は，さらにもう一つの戦略が検討できる。それは新規参入事業者が既存事業者との間で協定を締結して，お互いの通信ネットワークをつなぐという相互接続戦略である。ネットワーク接続を行うことで，新規参入事業者の顧客と既存事業者の顧客は相互に通信を行うことが可能になる。

　TSV は消費者が加入にあたって最低限要求する通信相手先の数を意味するが，それがすべて新規参入事業者自身の顧客から構成される必要はない。ネットワーク接続を行っており，新規ネットワークの加入者と既存ネットワークの加入者の合計が TSV の水準以上であれば，その消費者にとって新規参入事業者（あるいは既存事業者）のネットワークに加入することは合理的な選択となる。実際，既存事業者が市場の主要部分を押さえており，新規の顧客獲得があまり見込めないような状況で，新しい通信事業者が参入を成功させようとすれば，この接続戦略の採用は不可欠である。

　逆に，新規参入の成功を阻みたい既存事業者にとっては，ネットワーク接続の申し入れを拒否すること，あるいは接続にあたって禁止的な条件を課すことが，有効な戦略となる。例えば，米国の電話サービス市場を事実上独占していた AT&T 社は，1894 年に電話技術の基本特許が失効し，「特許による独占」が不可能となって以降，競争会社の発展を阻止するための戦略として，一時期，「接続拒否」戦術を採用したことがある。競争事業者は小規模なものが多かったので，AT&T 社が自らの加入者との通信を拒否することは極めて有効な戦略であった。しかしながら，その戦略はあまりにも有効でありすぎたために，米国司法省による反トラスト訴訟[8]を招き，1913 年 12 月 19 日に AT&T 社副社長ネイサン・キングスベリ（Nathan Kingsbury）が司法長官の後任に予定されていたジェームズ・C. マクレイノルド（James C. McReynolds）宛に差し出した書簡（「キングスベリ誓約（Kingsbury Commitment）」と称される）によって，放棄されるに至った[9]。

　米国市場におけるこの経験に学び，1985 年に通信市場を自由化したわが国において

---

[8] 米国の独占禁止法である反トラスト法（antitrust law）を根拠とする訴訟。なお反トラスト法という単一の法があるわけではなく，複数の法律の総称である。反トラスト法に含まれる主要な法律は，シャーマン法（Sherman Act，1890 年成立），クレイトン法（Clayton Act，1914 年成立），連邦取引委員会法（Federal Trade Commission Act，1914 年成立）の三つである。

[9] このあたりの米国市場の状況については，福家（2007, 第 2 章）に簡単な解説がある。

124 第2部 通信サービスの経済特性

も，新規参入を促進する見地から，既存事業者と新規参入事業者との間のネットワーク接続交渉を円滑に行うための様々な手立てが講じられている[10]。

　ところで，依田（2007, pp.74-79）は，情報の非対称性などが存在しない条件の下で，クールノー・モデルに従って競争を行う複占市場のモデル分析を行い，ネットワーク効果の下では，企業には常に接続のインセンティブが存在するので，政府の介入がなくても，社会厚生上望ましい産業構造が達成されうることを示している。その場合，政府によるサポートは事業者に対する正確な情報提供という場面に限定されることになろう。

3.3. クリティカル・マスの大きさ

　そもそも通信サービスにおけるクリティカル・マスは，どの程度の市場シェアを意味するのだろうか。

　宮嶋（1993）は，先進国の電話普及に関して，早期発展型（1985年頃の電話普及率が人口100人当たり90台前後である米国，スウェーデン，スイス）と後期型（同普及率が60台前後であるフランス，旧西ドイツ，日本）の二つのグループに分けた分析を行っている。その結果，電話サービスにおけるクリティカル・マスは普及率10%前後に存在し，早期発展型グループに関しては1930年代に，後期型グループでは1960年代にその閾値を突破して電話普及が急速に進んだと報告している（図5-3-1，表5-3-1）[11]。

　しかしながら，加入需要の大きさには料金水準や所得水準，あるいは代替的なサービスの価格などが影響を及ぼすため，クリティカル・マスの一般的規模に関して，限られた例から断定的な判断を下すことは困難である。例えば，ある国においてごく少数の電話加入者しか存在しなかったとしても，需要の大半が法人あるいは富裕層による国際通信であるような場合，クリティカル・マスの計測を国内市場に限定すべきではない。携帯電話に関してはさらに問題が大きい。わが国の携帯電話サービスの普及

---

[10] 詳しくは第9章で論じる。

[11] 普及率10%という結果はわが国の耐久消費財の普及においても観察されていることから，林・田川（1994）は10%という数値には何らかの普遍性がある可能性を指摘している。Jang *et al.*（2005）はOECDおよび台湾における携帯電話の普及過程を分析し，普及率10%程度がクリティカル・マスの平均的な水準であると主張する。彼らの主張が正しいならば，ネットワーク効果の下での新規参入促進策は，新規参入事業者が10%の普及率を獲得するまで継続する必要が一般的に存在することになる。

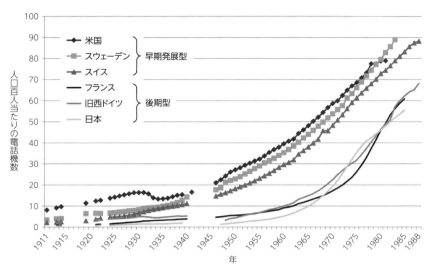

出典：宮嶋（1993, pp.151-153）のデータを基に筆者作成

図 5-3-1　先進各国の電話普及状況

表 5-3-1　各国のクリティカル・マス普及率

早期発展型		後期型	
米国	16.0%	日本	7.7%
スウェーデン	14.3%	旧西ドイツ	13.2%
スイス	11.2%	フランス	11.1%

出典：宮嶋（1993, p.127）の表より抽出

速度が急上昇したのは普及率がおおよそ3%を超えた1990年代後半であるが，携帯電話は導入当初より固定電話との通信が可能であったため，携帯電話の初期加入者は膨大な固定電話加入者を自身の TSV の一部として期待することができた。加えて，問題となっている財・サービスの品質や価格が変化する場合，TSV の水準が変化するため，クリティカル・マスも増減する。結局，わが国の携帯電話サービスのクリティカル・マスを計測するには，1994年の端末売り切り制の導入，ショートメッセージや電子メールなどのテキストベースの新サービスの導入，i モードを嚆矢とするブラウジング機能の追加などによるサービス品質向上，事業者間競争による急速な価格低下，さらには固定電話との相対的な料金水準の変化といった諸要因を考慮するという複雑な手順を踏まなければならない。

4. 既存事業者への影響

4.1. 事業経営の非効率性

　市場において一定の地位を既に築いている事業者にとってネットワーク効果はどういった影響をもたらすだろうか。

　競争の相手は同種の財・サービスを提供している競合事業者だけとは限らない。市場の参入障壁が十分に低ければ，潜在的新規参入事業者も立派な競争相手となる。独占状況を享受している事業者の場合，現状に気を許して何らかの非効率性を放置すれば，最適水準を超える価格をつけて財・サービスを提供する状況に陥る。その場合，市場の外部から新規参入を呼び込み，折角の独占市場を喪失してしまいかねない。この意味で，独占事業者であっても，潜在的新規参入事業者と競争関係にある。このため，市場への参入障壁が十分に低ければ，独占事業者であっても，不断の経営合理化により，常に効率的な生産活動を維持する強いインセンティブを持つ。

　ネットワーク効果によって生まれるクリティカル・マスは新規参入事業者に一定の参入障壁として働く。参入障壁が十分に高ければ，既存事業者が経営合理化をそれほど徹底的に行わなくても，新規参入事業者の脅威に実際にさらされずに済む。逆に言えば，十分なネットワーク効果の下での独占的事業者は，非効率的な生産を行っている可能性がある。

　既存事業者同士が激しい価格競争を繰り広げているようにみえても同じである。競争の結果，確かに，既存事業者の利潤は独占的な水準よりは圧縮される。しかしながら，得られている利潤率は，最新の効率的技術を採用している新規参入事業者の圧力から保護されている分だけ最適水準を上回り，非効率を生んでいる可能性が高い。

　技術革新による効率性改善について別の観点から考えよう。新規参入事業者が既存企業の採用している旧技術よりも効率性に勝る新技術で市場参入を図ったとしても，旧技術が「多数の加入者に利用されていること」[12]に由来する十分な優位性を持っている場合，加入者は新技術に乗り換えるメリットを見出せない。この場合，市場にお

---

[12] このことを「大きなインストールドベース（installed base）を有する」とも称する。インストールドベースあるいはインストールドユーザーベース（installed user base）とは，ある一時点においてその技術を利用している利用者（あるいは当該技術が実装された機器）の集合を意味する。そのため，一旦購入されたものの故障や紛失などの理由で既に利用されなくなった販売数を含む累積販売数よりも小さい数値となる。

いて一定の地歩を固めている既存事業者にとっては，技術開発のための投資を低水準にとどめて技術革新を遅らせることが合理的な経営判断となりうる。その結果，既存ネットワークの利用者は，より効率的な技術を利用した安価なサービスを利用する機会を奪われてしまう。

　こういった非効率性の問題を解決するためには事業経営に競争圧力を十分に作用させることが一つの方策である。例えば，クリティカル・マスを超える加入者を抱える新規参入事業者を政策的に生み出すことが直接的な解決策である。ただし，新規参入事業者の出現は既存事業者の利用者数を減少させるため，ネットワーク効果のメカニズムによって既存事業者に残存する利用者の便益が低下することは避けられない。競争が進み，既存事業者の合理化が進んでサービス品質・価格が改善してはじめて，残存利用者の便益が回復・増加する。したがって，政策担当者は，新規参入促進策のコストに加えて，既存事業者ユーザーの一時的な便益減少をも費用として認識し，新規参入支援を通じた効率性改善による便益の増分と比較したうえで，政策介入の適否を検討する必要がある。

4.2. 過剰慣性と過剰転移

　ネットワーク効果が作用する市場においては，新技術は技術的に優れているからといって旧技術に直ちに取って代わるものではない。

　今まで多数の利用者によって利用されてきた技術（旧技術）は，数多く利用されること自体で価値を生んでいる。ネットワーク効果の下では，「インストールドベースの大きさ」が，旧技術の「今後の利用継続」を正当化し，その結果，新技術の採用を遅らせるという「慣性効果」を持つ。これは，「過剰慣性（excess inertia）」と呼ばれる状況である。総余剰を最大化する観点からは，社会全体で即座に優れた新技術から乗り換えて最大のネットワーク効果を享受しながら，生産効率性を最大レベルに保持することが望ましい。しかしながら，各利用者が分権的に意思決定を行う結果，過剰慣性による非効率性が生まれる[13]。

　逆に，質の劣る技術であっても，何らかのキャンペーンによりクリティカル・マスを超える利用者を集めることで，高品質な技術に代わって採用される事態を生み出す

---

[13] この現象は第9章5.3節で論じるスイッチングコストによりロックインが生じるケースと類似している。ただし，スイッチングコストの原因が利用者自身の過去の消費行動であるのに対し，「過剰慣性」の原因は他の利用者の意思決定である。

こともできる。これは,「過剰慣性」とは逆の意味で非効率な状況であり,「過剰転移（excess momentum）」と呼ばれ,前章2.2節で説明した「予測の自己実現」による非効率性の発生である。

　過剰慣性や過剰転移による非効率性の発生を予防する措置としては,公権力により,採用すべき技術基準を決定し,その遵守を強制するという方策がある。しかしながら,ビジネス活動や将来の技術動向に関する政府の情報収集能力の制約を考えれば,政府が定めた技術基準が本当に最適なものである保証はない。加えて,採用技術の変更を義務付けられる事業者や消費者の移行コストの負担の問題がある。強制基準の採用にあたり,政策担当者は,解決されるはずの効率性ロスと,採用に伴うコスト負担などとの比較検討を慎重に行い,政策介入の適否を判断する必要がある。

4.3. ユニバーサルサービスの価値

　ネットワーク効果が十分に強力であれば,ユニバーサルサービスの名の下で実施される「不採算地域」へのサービス提供から,費用を上回るプラスの収入が得られる。

　ネットワーク効果の下では,新規利用者の増加が,既存利用者がネットワーク利用から得られる効用を増加させる。これは,新規利用者が既存利用者に外部経済を及ぼしていることを意味する。既存利用者が,増加した効用に応じた追加的な料金支払いを承諾するのであれば,事業者はその追加収入を新規利用者獲得に費やす[14]。携帯電話やスマホゲームの利用者獲得キャンペーンでみられる大幅値引きはこうした観点から合理的な戦略であり,経済理論的には「外部経済の内部化」として解釈できる。内部化が想定どおりに機能すれば,より最適に近い規模のネットワークを実現できるため,事業者の行為は社会全体の経済効率性の観点からも正当化できる。ちなみに,経済効率性の観点からみた料金減額措置の最適水準は,加入者1人当たり図4-2-2に示すSに等しい水準であり,その場合,利用者獲得キャンペーンはピグー（Pigou）流の補助金政策と同じ意味を持つ。

---

[14] 正確には,利用者獲得キャンペーンの限界費用が,新規利用者の増加に対して既存利用者が支払う追加料金に等しくなるように,事業者はキャンペーンの実施水準を調整する。

第 5 章　ネットワーク効果の影響　*129*

5.　ネットワーク間競争

5.1.　The winner takes all.

　新しく立ち上げようという産業においてネットワーク効果が大きく意味を持つようなケースを考えよう。前章 2.1 節で説明したとおり，ネットワーク効果の下では，消費者の予想は自己実現性を持つ。そのため，潜在的利用者にとって重要なのは，財・サービスの内容とともに，各ネットワーク規模の予想水準である。

　勃興途上の新規産業において，特定事業者が将来保有することになるネットワーク規模を消費者が予想するための有力な判断材料の一つは，現在のネットワークの大きさである。ネットワーク効果の下では，ネットワーク規模の拡大過程において，「大きいものはより大きく」というポジティブフィードバックが発生する。現時点において他と比較して大きなネットワークを有する事業者は，将来にわたってより多くの新規利用者を引き付ける可能性が高い。他方，現時点において小さなネットワークしか持たない事業者は，将来においても新規利用者にアピールする力が弱いであろうという印象を与えるため，小規模事業者は新規利用者を呼び込めないばかりか，規模拡大によってますます魅力的となる競合ネットワークに利用者を奪われてしまう。

　その結果，「最強の事業者が市場のすべてを獲得する。（The winner takes all.）」という状況が予想されるため，競争相手よりも少しでも大きな規模を達成しようとして激しい競争が発生する。新規参入事業者は，現在の競争で勝利することによって最終的には市場を独占し超過利潤を得るという希望のもと，現時点のキャンペーンには多額の費用を費やすことを余儀なくされる。そのため，競争は結局のところ事業者の財務体力の争いになる。

5.2.　複数ネットワークの共存

　財・サービスの差別化が可能である場合は，異なる状況が発生する余地がある。林（1992）が理論モデルを用いて分析したように，特定の消費者グループの強い支持を得ていれば，小規模事業者が大規模事業者とともに市場にとどまることが可能になる（複数ネットワークの共存均衡）。さらに，ネットワークの共存がもたらす社会的厚生について以下の結論を得ている。

　　　　「複数のネットワークが共存し，ネットワークのバラエティが社会的厚

130　第 2 部　通信サービスの経済特性

　　　生を高める可能性があるのは，異なるネットワークに対する選好が個人
　　　ごとに異なっている場合にかぎられる」（林, 1992, p.139）

　だとすれば，社会厚生の観点からは，新規参入の事業者が目指すべき方向性は，他
事業者との直接対決を意味する低価格戦略ではなく，競争相手との共存（もしくは市
場分割）を目指す差別化戦略である。
　消費者の欲求は通信事業者側のマーケティング努力によって喚起可能である。その
観点からは，新規参入事業者が特定の顧客グループに対して集中的なマーケティング
を行い，ロイヤルティの高い利用者層を育てることも重要である。
　一方，消費者の視点から見た場合，市場自体の規模が急速に拡大しつつある場合，
どの事業者が最終的に生き残るのかを現在の規模だけに基づいて正確に予想するこ
とは困難である。技術変化が急速である場合はさらに難しい。そのため，通信事業者
にとっては，新製品・新サービスの導入予告や自社の将来プランを公表することなど
により，自社の将来に対する消費者の予測に影響を与えるという側面もロイヤルティ
獲得のためには重要である。

5.3.　事業者の具体的な戦略

　ネットワーク効果の下での企業戦略の例に関し，Church and Gandal（2005）を参考
に解説する。

（1）　浸透価格戦略（penetration pricing）
　　　　低価格で市場に参入し，販売数の増大をできるだけ短期間で図り，十
　　　分な大きさの初期加入者集合の確立を狙う戦略であり，新規加入キャン
　　　ペーンなどの形で展開される。値下げの原資は将来の企業利潤があてら
　　　れるため，ネットワークが確立した後にネットワーク加入料などの値上
　　　げが予定される。通常の財・サービスの場合，一旦低価格が定着すると，
　　　価格引き上げを実施するのは困難であるが，ネットワーク効果の下では，
　　　規模拡大によりネットワーク自体の価値が上昇しているため，値上げは
　　　比較的容易である。浸透価格の設定は，将来のネットワーク外部性の一
　　　部を内部化し，価格低減の形で加入者に事前に還元する行為である。

（2）　広告・マーケティング戦略（advertising & marketing）

　　　現在の加入者数や新規加入率などにおいて他社に先んじていると
いった自社情報を提供することにより，提供するネットワークの将来規
模に対する消費者の予想に影響を与える。ただし，与える情報について
は信頼するに足るものであることが必要であり，さもなければ詐欺とし
て重大な反競争的行為（かつ犯罪行為）となる。

（3）　保険提供戦略（insurance）

　　　あるネットワークに加入して，その後にその決定が誤りであった場合
に消費者が被る被害を限定できれば，加入コストが低下し，より多くの
加入者を呼び込むことができる。例えば，加入料金や端末購入料金など
を無料にする一方で月々の通信料に上乗せをして費用を回収したりす
る方法がある。これは，わが国の携帯電話事業において広く採用されて
きた手法である。この場合，間違った予測に基づいてネットワークに加
入してしまった利用者は，退出の決断を早期に行えば，契約相手先を変
更しても費用負担を抑制できるため，被害額を局限できる。

（4）　セカンドソーシング戦略（second sourcing）

　　　ネットワーク産業におけるセカンドソーシング[15]は，自社の提供する
サービスと技術適合性のあるネットワークの構築を他社に許諾するこ
とを意味する。適合性のあるネットワークの加入者はお互いに通信可能
であるため，加入者数の合計がクリティカル・マスを超えればよいので，
単独企業でマーケティングを行う場合よりも消費者が抱く将来見通し
は楽観的なものとなる。ネットワーク成立後に複数の企業が存在し，企
業間に一定の競争が機能するため，浸透価格戦略のように将来時点で料
金が値上げされる可能性も少ない。

（5）　オープンスタンダード戦略（open standards）

　　　セカンドソーシングの究極とも言える形態がオープンスタンダードで

---

[15] 自社開発した製品に関し，他社による生産を許諾することを意味し，半導体産業においてよく
観察される。

132 第2部 通信サービスの経済特性

あり，この場合，自社ネットワークと適合性のあるネットワークの構築は全くの自由となり，激しい競争環境が成立する。自然独占の条件が満たされている場合，複数企業の参入によって生産効率性が低下するというデメリットは避けられないが，競争を通じて低料金で高品質かつ多様なサービスが実現する。

(6) シグナリング戦略（signaling）

　将来においてもネットワークを維持し続けるという意思を信頼できる形で伝えることで，消費者の将来予測を左右できる。類似した他サービスを提供してきた実績や他市場において同様のサービスを継続している実績などがその役割を果たす。大規模なネットワークの構築に成功しない限り無駄となるような埋没費用を投下することも企業への信頼感を大きくする。消費者にとってみれば，巨大設備の構築は，当該事業者が本気で市場参入を行い，長期にわたって市場にとどまり続けようとする意志の証であり，それを裏付ける将来のビジネスプランを企業が保持していることを強く期待させる。

(7) 新サービス予告戦略（service preannouncement）

　他事業者よりも高品質（あるいは低料金）なサービスを提供するという予告を信頼できる形で消費者に示すことにより，実際のサービス投入以前の段階から，他のネットワークに消費者が流れることを阻止できる。ただし，当該予告が虚偽のものであった場合には，重大な反競争的行為（かつ犯罪行為）となる。

(8) 補完財・サービスへの投資戦略（investments in complements）

　サービスの価値を補完する財・サービスに投資することにより，当初予定していたネットワーク効果以外の価値を加入者に与えることが可能であれば，より多くの初期加入者を引き付けられる。そのことにより，将来のネットワーク規模への予測に対しても好影響を与えられる。自社ネットワークのみから利用できる独自サービスの充実や，専用端末機の機能充実・価格低廉化などがその具体的施策である。

第 5 章　ネットワーク効果の影響　***133***

引用文献：

Church, J. and Gandal, N.（2005）"Platform Competition in Telecommunications." In Majumdar, S.K., Vogelsang, I., and Cave, M.E.（eds.）*Handbook of Telecommunications Economics*（Vol. 2）, North-Holland, 117-153.

福家秀紀（2007）『ブロードバンド時代の情報通信政策』NTT 出版.

林紘一郎・田川義博（1994）『ユニバーサル・サービス―マルチメディア時代の「公正」理念』中公新書.

林敏彦（1992）「ネットワーク経済の構造」林敏彦・松浦克己［編］『テレコミュニケーションの経済学』東洋経済新報社, 123-143.

依田高典（2007）『ブロードバンド・エコノミクス―情報通信産業の新しい競争政策』日本経済新聞出版社.

Jang, S.L., Dai, S.C., and Sung, S.（2005）"The Pattern and Externality Effect of Diffusion of Mobile Telecommunications: The Case of the OECD and Taiwan," *Information Economics and Policy*, 17（2）, 133-148.

Leibenstein, H.（1950）"Bandwagon, Snob, and Veblen Effects in the Theory of Consumer's Demand," *Quarterly Journal of Economics*, 64, 183-207.

Mitchell, B.M.（1978）"Optimal Pricing of Local Telephone Service," *American Economic Review*, 68（4）, 517-537.

宮嶋勝［編著］（1993）『電気通信政策の解剖―社会工学的アプローチから』東京工業大学社会工学科宮嶋研究室.

西村和雄（1995）『ミクロ経済学入門　第 2 版』岩波書店.

奥野正寛［編著］（2008）『ミクロ経済学』東京大学出版会.

Squire, L.（1973）"Some Aspects of Optimal Pricing for Telecommunications," *Bell Journal of Economics & Management Science*, 4（2）, 515-525.

第6章　通信サービスの生産

1.　はじめに

　通信サービスの展開に際して，事業者は巨額の先行投資を行い，営業区域全体をカバーしうる巨大なネットワーク設備を一体として管理・運営する必要がある。言うまでもないことだが，あらゆる事業を開始するに際して，事前投資というものは多かれ少なかれ不可欠である。しかしながら，通信事業をはじめとするネットワーク産業（鉄道事業，電力事業，水道事業，ガス事業も含まれる）の場合，求められる事前投資が極めて巨額であるため，費用構造に極めて大きなインパクトを及ぼす点で特殊である。巨大なネットワーク設備の存在は，通信事業者の設備の機械化・ソフトウェア化ともあいまって，生産水準が変化しても費用の水準は固定的でほとんど変化しないという特徴を通信事業者にもたらした。

　この費用構造は通信産業の構造に対してどういった影響をもたらすのであろうか。これが本章の論点である。

2.　通信ネットワーク

2.1.　充足の経済，設備の不可分性

　すべて自前の設備で通信サービスを提供しようとする事業者にとっては，売り上げの伸びと軌を一にして生産設備を少しずつ増強していくことは，適切な事業戦略とは言えない。通信事業者は実際のサービスの提供に先立って，各利用者の端末機器を通信ネットワークに接続し，いつでもサービス提供が可能な状況を営業地域の全域において確立しておく必要があるためである。

　構築するネットワーク設備の規模は，潜在的加入者の通信利用量を適切に処理することが可能なものでなくてはならない。対象地区の一部にだけ先行してネットワーク

136 第2部 通信サービスの経済特性

を準備し，残りの地区には，将来，需要が実際に生じた時点で必要な設備を設置するということでは，当該地区でのサービスの提供は開始できない。通信事業に必要なネットワーク設備の建設には，通常，多大な費用・時間を要するため，先行的に設備整備を行っておかないと，発生する需要にタイムリーに対処できないからである。消費者は，そのようにして構築された通信ネットワークへ事前加入することで，その後にサービスを利用する機会を手に入れる。通信会社にわれわれが支払う月々の基本料金は主として「ネットワーク加入」サービス[1]を受ける対価である。

　一旦整備されたネットワークには，将来の需要拡大を見据えた一定の余剰容量が存在する。そのため，事業を開始すれば，利用規模が一定の規模を超えて拡大するまでは事前投資した生産設備に追加することなくサービスを提供できる。サービス提供量の増加に応じた追加費用負担が生じないこういった状況は「充足の経済（economies of fill）」とも呼ばれ，資本の有効活用を実現する。

　また，ネットワークの一部が故障しやすかったり，あるいは他の部分よりも品質の劣る機器であったりした場合，それ以外の部分がいかに高品質であったとしても，ネットワーク全体の品質が低下する。つまり，ネットワークの本格的な展開を一部地域に限り，他の地域は簡易設備で間に合わせることは賢明な選択ではない。

　このように，通信サービスの展開に際して，事業者は巨額の先行投資を行い，営業区域全体をカバーしうる巨大なネットワーク設備を一体として管理・運営する必要がある。これを，設備の「不可分性（indivisibility）」と呼ぶ。

2.2. ネットワークの構造

　ネットワークは，その構造によっていくつかのパターンに分けることができる（図6-2-1）。自分以外の機器から発せられたシグナルを他の機器に媒介する機能を専門的に担う交換機やルーターといった機器を使わずに，利用者の端末同士を直接結び付けるネットワークとして，メッシュ型とリング型がある。また，専用の交換機やルーターを用いるものとしては，スター型や階層型のネットワークがある。

　メッシュ型は，どの端末も同じ立場で機能させ，相互間の通信頻度・量が多い場合にはダイレクトな接続で，そうでない場合は第三者の端末を経由して相互のコミュニケーションを確立する。一つの端末が複数のラインに直結しているので，ケーブル設

---

[1] 電話サービスの場合は，電話を受けることができること，110番や119番などの緊急電話が利用できることなどが，「ネットワーク加入」サービスの内容である。

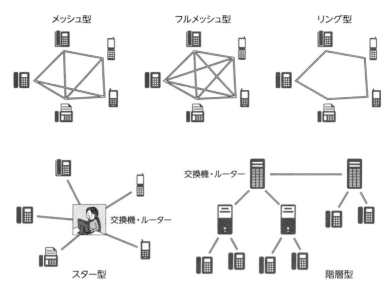

図 6-2-1　ネットワーク構造のパターン

備は大量に必要になるものの，ネットワークに障害が発生した場合の迂回経路の設定は（個々の端末に通信中継の機能を果たさせることにより）容易に実現できる。全部の端末を直結する構成のメッシュ型ネットワークをフルメッシュ型と呼ぶ。

　リング型は，すべての端末が公平に環状につながる形式で，端末同士をつなぐケーブル設備は最小で済むが，その分，ダイレクトなリンクは少なくなり，端末同士のコミュニケーションの品質は，通信を中継する他の端末の性能に大いに依存する。ネットワークのどこか1箇所で障害が起きた程度では，ネットワーク内で逆周りに信号を伝送することにより，ネットワーク全体としての機能は全く失われずに済む。ただし，2箇所以上で障害が発生するとネットワークの統合性は維持できない。このネットワークでは，他の型と比較して，ケーブル敷設工事の費用を抑制できるという長所もある。NTT東西の支店・営業所の間を接続している物理的ネットワークはこのリング型を基本として構築されている（米田，2006, pp.114-116）。

　交換機能を果たす専用の機器を用いるネットワークがスター型と階層型である。階層型はスター型ネットワークが交換機を介して複数個結合することによって構築される。端末機能と交換機能を分離することにより，端末機器のコストを安価に抑えることが可能である。ネットワークの規模変化や機能強化の際には通信事業者の側で交

換機やルーターに必要な改修などの措置をとるだけで対処可能であり，メッシュ型やリング型に比べて作業が容易である。基本的なネットワークが完成していれば，追加的な加入希望者が現れた場合に必要となる追加的投資は極めて小さい。障害が発生した場合は，その発生位置によってネットワーク機能への影響の度合いが異なる。例えば，中核となるルーターに何らかの障害が発生した場合には，ネットワーク全体に大きな被害が発生しうる。

3. ネットワークの構築

3.1. 構築コスト

　ネットワーク構造とコストの関係について考えよう。三友（1998）は，端末・交換機を結ぶラインを1本10万円，加入者交換機を1台100万円と仮定し，一定数の利用者（端末）に対してネットワーク加入サービスを提供する場合における利用者1人当たりの平均構築費用を比較している。フルメッシュ型，スター型，およびリング型で推計を行った結果が図 6-3-1 である。さらに，加入者交換機の最大収容端末数を10台，加入者交換機同士をつなぐ中継交換機（収容可能な加入者交換機数を3台と仮定する）を1台50万円と仮定し，階層型ネットワークについて同様の計算を行ったものが図 6-3-2 である。

　スター型のネットワークでは，加入者が増えるにつれて平均費用が減少するのに対

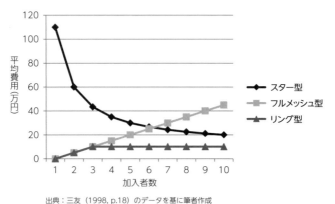

出典：三友（1998, p.18）のデータを基に筆者作成

図 6-3-1　ネットワーク構造と平均費用

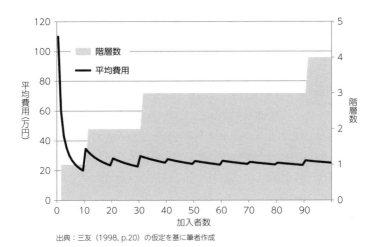

図 6-3-2　階層型ネットワークの平均費用

し，フルメッシュ型の平均費用は比例的に増大する。また，リング型ネットワークの場合は，3 人以上のネットワークにおいて平均費用は一定となる。階層型ネットワークについてもスター型と類似の費用特性を持つ。ただし，リング型ネットワークの場合，各端末機器に一定の交換機能を分担させる必要があり，スター型や階層型と比較した場合，端末機器のコストが嵩む。実際の通信ビジネスにおいては，一定規模以上の利用者に対してサービスを提供する場合，スター型あるいはその発展形である階層型ネットワークが採用されている。

3.2. 大規模構築のメリット

通信需要は時間を通じて一定ではなく，1 日のうちでもピーク時とオフピーク時（平常時）がある。この場合，小規模なネットワークしか持たない通信事業者の場合と比較して，大規模なネットワークを保有する事業者は，複数の地域・市場のピーク時の違いを平準化することで，より効率的にネットワークを構築・運営できる。

このことを Sharkey（1982b, Chap.9）の例で説明しよう（図 6-3-3）。A，B，C の 3 地点を結ぶ通信サービスを考える。A はオフィス街であり，B と C は住宅地区である。日中は企業の営業活動により AB 間と AC 間の通信サービス利用が多いが，住宅地区間（BC 間）の通信利用は少ない（状況 a）。逆に，夜間は，AB 間と AC 間の通信利

用は小さく，BC間の利用は大きい（状況b）。この場合，各地区の間の通信が別々の事業者によって提供される場合は，社会全体の需要を満たすためには，状況cに示すだけの容量を持ったネットワークが構築される必要がある。

それに対し，大規模事業者がすべての通信サービスを一手に提供する場合は，例えば，B→C間の通信をB→A→C間に迂回することが可能であるから，状況dに示す容量を用意すれば足りる。日中と夜間のそれぞれの時間帯で1単位の通信需要を賄うに足る回線設備を建設する費用を1単位とすれば，需要と費用の関係は表6-3-1のように表される。大規模化に伴う需要量の増大よりも費用の増大スピードが遅いため，平均費用は大規模事業者の独占的提供の下で最低水準になる。

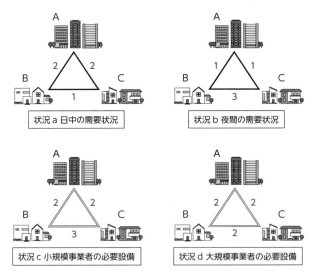

図6-3-3　大規模ネットワークの利益

表6-3-1　大規模ネットワークの費用効率

事業者	需要量	設備費用	平均費用
AB間あるいはAC間のみでサービスを提供する小規模事業者	日中2単位＋夜間1単位＝3単位	2単位	0.67
BC間のみでサービスを提供する小規模事業者	日中1単位＋夜間3単位＝4単位	3単位	0.75
ABC3地点間でサービスを提供する大規模事業者	日中5単位＋夜間5単位＝10単位	6単位	0.60

第 6 章　通信サービスの生産　*141*

3.3.　ネットワークの混雑

　利用者数が一定であっても，通信の頻度や 1 人当たりの利用時間が増えれば，ネットワーク提供者は通信処理能力を増大する必要に迫られる。処理能力を超えた通信ニーズが発生するとネットワーク全体の機能に支障が生じるため（輻輳），そうなる以前の段階で一定の通信制限が実施される。大規模災害発生直後の被災地に電話をかけた場合や人気のあるコンサートチケットを購入するために電話をかけた場合などに，「お客様のおかけになった電話番号は，大変混みあって，かかりにくくなっております」といった音声案内が流れ，相手先と連絡がとれないのは，そういった制限措置が実施されているからである。

　インターネット接続サービス，特にブロードバンドにおいて利用されているベストエフォート品質[2]のサービス提供においては，混雑下においても，通信を試みること自体が制限される事態は生じない。その代わり，混雑が生じると利用者全員の通信速度が低下し，ホームページの表示などの処理にいつも以上の時間がかかる。また，インターネット電話やライブ配信のように，即時性・同時性が重要なアプリケーションの場合は，サービスの円滑な利用が事実上不可能になる。

　このため，通信事業者はピーク利用時に備えた余裕のあるネットワークをあらかじめ準備しておく必要がある。加えて，情報化の進展によるネットワーク利用の増大が長期的・継続的に見込まれる今日では，ネットワーク機能増強のために継続的な設備投資を行うことが経営上不可欠である。

　しかしながら，事業者側の努力にもかかわらず，ネットビデオの人気が高まった結果，輻輳が懸念される状況が恒常的に発生しつつある。そういった事態に対応して，必要とされる追加的設備投資を通信事業者がどのような料金体系を用いて回収すべきか，あるいは（設備投資をしなくても済むように）消費者に一定の利用制限を課すべきか，といったことが「ネットワーク中立性」（第 12 章 4 節）として議論されている。

　機能増強の費用が莫大なものであれば，通信 1 単位当たりの平均費用が増大する可能性がある。しかしながら，幸いにして，光ファイバ化の進展や多重化技術の進歩，ソフトウェアの機能強化，部材製造技術の革新などにより，処理情報単位当たりのコストが大幅に低下しつつあるため，当面の間は，機能増強のための投資は大幅な平均

---

[2] 第 10 章 3.4 節を参照のこと。

142　第2部　通信サービスの経済特性

費用押し上げの要因とはならないと考えられている。

3.4.　費用構造の特徴

　企業が生産活動において負担すべき費用は，人件費，原材料費など財・サービスの生産量が増加するとともに支出額が増えていく「変動費用」と，生産設備の安定的な利用を可能にするための設備維持・管理費など，実際の生産量とは無関係な一定額を継続的に支出する必要がある「固定費用」の二つに分類できる[3]。

　ネットワーク加入者数が一定，すなわちネットワークの規模が一定であるという前提の下でサービスを提供する際の費用について考えよう。伝統的な通信事業は巨大なネットワーク設備を必要とする資本集約型のビジネスであるため，固定費用の性質を持つ設備関連費用が総費用に占める割合はかなり高い。加えて，技術開発の結果，従来は変動費用として分類されてきた費用要素についても固定費化が急速に低下しつつある[4]。

---

[3] 初学者は，ストックとしての固定資産額をフローである固定費用と誤って同一視しがちである。前者は，工場の建設総費用や敷地の取得額など，固定設備を獲得するために投下した資金総額を意味する。それに対し，後者は，当該設備を継続利用する際に持続的に発生する費用を意味し，維持・修繕費用，投下資金に係る利子，および減価償却費用などから構成される。
　一般に，「固定費用」は，その対概念である「変動費用」とともに，生産量の変化に対応して企業が試みる生産プロセス調整の余地を反映して具体的内容が決定される。生産プロセスの調整余地の大小は，分析者の時間的フレームワークの長短に比例するから，想定している期間の長さに応じて，対象となる構成要素が変化する。例えば，アルバイトの人件費は1日といった非常に短い期間においては「固定費用」であるが，1週間や1ヶ月を超える期間では「変動費用」として取り扱うのが適切である。それに対し，長期雇用慣行の下での正社員の人件費は，数年を超える長い時間枠組みにおいてはじめて「変動費用」としての性質を持つ。リース市場が発展している場合，機械設備に係る費用は，比較的短い期間の下でも「変動費用」としての色彩を持ちうる。企業の調整余地が皆無である期間（「超短期」）を対象とした議論では，すべての費用が「固定費用」であり，調整余地が十分に大きい期間（「長期」）の議論ではすべての費用が「変動費用」となる。変動費用と固定費用が並存するのは中間的な長さの期間（「短期」）である。
　ネットワーク設備の維持・管理費は，サービス生産量に応じた調整余地が他の費用項目と比較して極めて小さいため「固定費用」としての性質が濃い。もちろん，「長期」においては，これらの維持・管理費も「変動費用」となる。
[4] 通信サービスの生産量はトラフィック（traffic）と呼ばれ，回線が利用された時間の総量であるトラフィックは，アーラン（ERL：erlang）という単位で計測される。1本の通信回線を1時間占有した場合の通信量が1アーランである。そのため，通信サービスに係る変動費用は通信量に応じて増減するという意味でTSコスト（traffic sensitive cost），固定費用はNTSコスト（non-traffic sensitive cost）と呼ばれてきた。

第 6 章 通信サービスの生産　　*143*

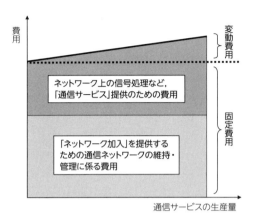

図 6-3-4　通信サービスの生産に関する費用

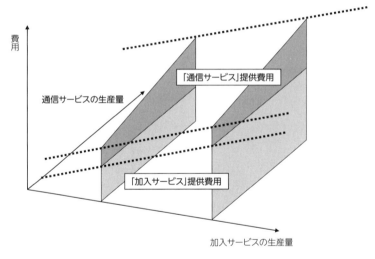

図 6-3-5　通信サービスおよび加入サービスの生産に関する費用

　需要量がネットワークの設計容量の範囲内であるため追加の設備投資が必要ないのであれば，通信サービスの生産量と費用の関係はおおよそ図 6-3-4 のようになっている。通信事業者が必要とするネットワーク設備の規模は一定であるため，設備の維持・管理のための費用は一定水準である。また，通信の利用頻度や利用時間が増加しても，その取り扱い業務を行うために必要な人件費や原材料費，光熱費などの変動は少ない。

ネットワーク加入者数が一定であるという前提条件を外した場合，ネットワーク設備それ自体が加入者数に応じて変動する。加入者数が増加すれば加入サービスを提供するための費用は増大する。一方，1単位の通信サービスを提供するための費用は加入者数とは無関係であると仮定すれば，通信サービスと加入サービスの双方を考慮した費用構造は図 6-3-5 のように描くことができる。

4. 規模の経済[5]

4.1. 平均費用逓減

「サービス開始にあたっては不可分性を持った巨額の先行投資が必要であるが，一旦，サービス提供を開始すれば，生産水準の変化と比較して，費用水準は固定的でほとんど変動しない」という状況の下では，総費用（固定費用＋変動費用）の伸びは生産量の伸びよりも小さい。したがって，生産物1単位当たりの費用（平均費用）は生産水準の上昇に伴い下落する（図 6-4-1）。つまり，事業者は通信サービスを大量に生産すればするほど，平均費用をどんどん安くできる。これを「大量生産の利益」あるいは「規模の経済 (economies of scale, scale economies)」と呼ぶ。

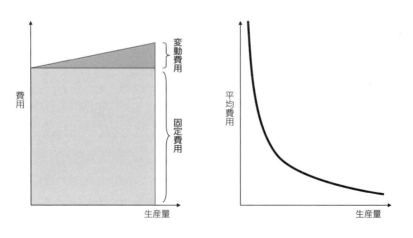

図 6-4-1　総費用と平均費用

---

[5] 本節以降の記述は主として通信サービスに対する需要を念頭に置いている。

生産量をxとし，それに対応する総費用を$TC(x)$として表現することにしよう。平均費用は$TC(x)/x$として描写される。規模の経済が成立するということは，λを1より大きい実数として，以下の不等式（式1）で表現される。式1の右辺はxだけ生産した場合の平均費用，左辺はλx（$>x$）だけ生産した場合の平均費用である。

$$\frac{TC(\lambda x)}{\lambda x} < \frac{TC(x)}{x} \qquad\qquad\qquad （式1）$$

　生産量xは正の数であるから，式1は以下のように変形できる（式2）。

$$TC(\lambda x) < \lambda \times TC(x) \qquad\qquad\qquad （式2）$$

　左辺は，λx（$>x$）だけの量を1回で（あるいは1社がまとめて）生産するための総費用，右辺はxだけの量をλ回にわたって（あるいはλ社が分担して）生産した場合の総費用である。式2は生産面における独占事業者の効率性を表現している。

　規模の経済性はあらゆる生産量において成立するとは限らず，成立範囲には上限と下限がある場合もある。そのため，より一般的な状況は式3によって描写できる。式3は生産量0からy（>0）という一定の範囲において「平均費用逓減（decreasing average cost）」が観察され，規模の経済が存在していることを表現している[6]。

$$\frac{TC(y')}{y'} < \frac{TC(y'')}{y''} \quad ただし，\ \ 0 < y'' < y' \leq y \qquad\qquad （式3）$$

　複数の種類の財・サービスを提供している事業の場合は，財・サービスのある特定の組み合わせ（$x_1, x_2, x_3, ..., x_n$）を基準として式4のように定義される。これを「放射平均費用逓減（decreasing ray average cost）」と呼ぶ。放射（ray）という言葉が付加されている理由は，この「平均費用逓減」が，n次元の超空間において，原点から（$x_1, x_2, x_3, ..., x_n$）を通って伸びる放射線（ray）上で計測されるからである。このた

---

[6] ここで議論しているのは，個々の企業が生産量を増加する際にその平均費用が減少する状況である。産業規模が拡大し，新たに企業が参入し，金銭的・技術的外部効果を通じて個々の企業の総費用曲線自体を下方にシフトさせるような性質を持つ産業（費用逓減産業：decreasing cost industry）をめぐる議論とはその対象が異なる。費用逓減産業については，西村（1995, p.180）を参照されたい。

146 第2部　通信サービスの経済特性

め，複数財を生産している産業においては，基準となる財の組み合わせ（つまり，原点から伸びる放射線の方向）毎に，「平均費用逓減」が成立するか否か，あるいは「平均費用逓減」の条件がどういった生産量の範囲で成立するか，が異なる場合がある。

$$TC(\lambda x_1, \lambda x_2, \lambda x_3, ..., \lambda x_n) < \lambda TC(x_1, x_2, x_3, ..., x_n) \qquad\qquad (式4)$$

4.2.　規模の経済・不経済

　平均費用の水準が企業間競争に対して有する意味について考えよう。企業は平均費用以上の価格を設定することができれば，財・サービスの販売収入は総費用を上回り，その結果，プラスの利潤を得ることができる。一方，平均費用以下の価格を設定すれば，販売収入が総費用に届かず損失を被る。企業がある産業にとどまってビジネスを継続するためには，長期的視点[7]からみて非負の利潤を生み出す必要がある。長期的に損失を被っている場合は，当該産業から退出することが企業経営者にとっては合理的な判断となる。

　ここで，平均費用水準に等しい価格を設定した場合，収入は総費用に等しく，企業収支は均等し，利潤はゼロになる。ただし，本章で議論している費用はすべて経済学的な意味の費用，すなわち機会費用（opportunity cost）[8]であることに注意する必要がある。生産手段の所有者である家計が完全競争環境の下で受け取るべき水準の利潤（正常利潤：normal profit）は既に費用の中に計上されている。すなわち，経済的な利潤がゼロであっても，生産要素所有者が得る収入（所得や地代，利子）は適正な水準にある[9]。

　平均費用の水準は生産量によって異なるし，同じ生産量であっても，生産方法や生産要素の入手先の差などに応じて企業毎に別の水準となることが通常である。より低

---

[7] 過去に発生した，および，将来発生するであろう利潤や損失を，すべて判断時点の現在価値で評価する視点。

[8] 機会費用とは，ある経済活動を行う代償として諦めなければならないもののことであり，一つの選択肢を選ぶことによって失われる他の行動機会から得られたはずの収益の中で最大のものに等しい水準の費用として定義される。例えば，自己所有の土地に工場を建設する場合，地代支払いは発生せず会計上も費用計上はされない。一方，経済学的には，当該土地を他の用途に賃貸した際の地代収入相当額（のうちで最大の水準）を費用として考慮する必要がある。

[9] 会計上はこういった正常利潤の認識は行われない。そのため，ここで述べている意味での「ゼロ利潤」とは，「『会計上の利潤』から正常利潤を差し引いた残額がゼロだということ，すなわち，『会計上の利潤』が正常利潤に等しいということに他ならない。」（奥野，2008, p.143 脚注）

水準の平均費用に直面している企業は，他の企業よりも一段と低い価格に耐えることができるから，自社以外の企業がすべて損失を被るような価格帯においても正の利潤を生み，長期的に事業を継続できる。すなわち，企業にとって，長期間にわたり耐えることができる最低水準の価格は平均費用の水準に等しく，平均費用の水準が低ければ低いほど，その企業の価格競争力は強い。

　規模の経済の下では，財・サービスを大量に生産している企業ほど平均費用は低水準となる。これは，大量に通信サービスを提供している事業者，あるいは市場シェアが大きい事業者ほど，より強い価格競争力を持つことに他ならない。市場シェアが大きい事業者と小さい事業者が価格競争を行った場合，必ず前者が勝利し，その結果，その市場シェアの格差は拡大する。市場シェアの差が開けば，式 3 の条件の下では，平均費用の格差，つまり価格競争力の格差も拡大する。相対的な価格競争力がさらに強大になれば，当該事業者はより積極的に価格競争を行い，市場シェアをさらに拡大できる。こうしたプロセスの結果として，最大のシェアを有する事業者以外はすべて価格競争の敗者として退出を余儀なくされ，当該産業には市場シェアを100％独占する巨大事業者だけが残る。

　ただし，式 3 で表現するように，「平均費用逓減」がすべての生産量においてグローバルに成立するとは限らない。生産量が増大を続ければ，やがて必要な投入要素の量が莫大になり，投入要素市場の需給が逼迫する。その結果，投入要素の価格である賃金や利子率が高騰し，限界費用の水準が上昇する。あるいは，企業規模があまりに大きくなれば企業のマネージャーの管理能力の限界から随所で非効率性が発生してしまい，余分の費用がかかる。そのため，市場規模が比較的小さい段階では平均費用逓減という条件の下で独占状況が成立してきた産業においても，市場規模が一定水準を超えれば，限界費用が上昇する結果，平均費用の逓減は止まり，やがては上昇に転じることが一般的である。つまり，平均費用曲線が全体としては U 字型をしていること，換言すれば，一定の生産量 y_m までは平均費用は逓減し，それを超えると逓増するのが通例であると考えられている（式5）。

$$\begin{cases} TC(y_1)/y_1 > TC(y_2)/y_2 \\ TC(y_3)/y_3 < TC(y_4)/y_4 \end{cases} \quad ただし，\ 0 < y_1 < y_2 \leq y_m \leq y_3 < y_4 \qquad (式5)$$

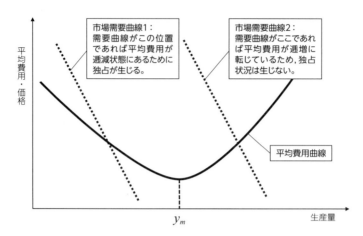

図 6-4-2　平均費用曲線と市場需要曲線の関係

　平均費用が逓増する場合，生産規模の大きな事業者の方がより高水準の平均費用に直面するため，小規模の事業者よりも価格競争力が劣る。つまり，「規模の不経済 (diseconomies of scale, scale diseconomies)」が存在する。容易にわかるように，規模の不経済の下では，独占企業が生じる固有の傾向はなく，むしろ，規模 y_m の事業者が複数存在する状況がもたらされる[10]。なお，生産量 y_m は最小最適生産規模 (minimum optimal scale of production) と呼ばれる。U字型の平均費用曲線の下では，平均費用逓減あるいは規模の経済をベースとした独占が成立するか否かは，当該市場の需要曲線との相対的位置関係による（図 6-4-2）。

4.3. 環境変化の影響

　需要曲線と平均費用曲線の位置は，産業や市場の発展・衰退，需要の変化や高度化，あるいは技術進歩とともに変化する。このことは，産業組織に対して大きな影響をもたらす。

　例えば，市場拡大の結果，平均費用曲線が逓減する部分で交わっていた需要曲線が，最小最適生産規模を超えた逓増部分と交わるようになれば，これまでの独占企業はその独占を維持できない可能性がある。あるいは，技術進歩により固定的な生産設備が

---

[10] この結論は，企業数が実数である場合には常に正しい。現実には，企業数は非負の整数でなくてはならないので，規模が y_m とは異なる事業者が存立する場合もある。

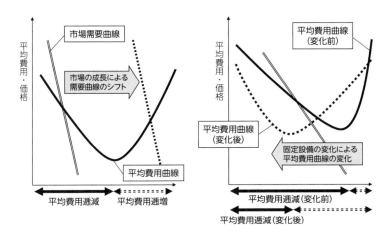

図 6-4-3　平均費用逓減と環境変化

コンパクトなものとなった結果，固定的な費用が縮小すれば，平均費用曲線の右下がりの部分が小さくなり（すなわち，水平あるいは右上がりの状況に変化するため），需要曲線は変化しなくても，平均費用曲線との交点はもはや費用逓減の条件を満たさなくなるかもしれない（図 6-4-3）。そのほかにも，第 8 章 2.3 節で説明する仮想サービス事業者の事例に示されるように，自然独占性の根幹となる事業分野と，そうでない事業分野が別々のビジネスとして提供されることになった結果，後者については伝統的規制が想定してきたような経済的性質をもはや有しないという事態も考えられる。

したがって，ある事業者が平均費用逓減に基づく独占を享受しうるかどうかについては，一時点の状況のみに基づいて判断することは適切ではなく，将来の環境変化を予測しつつ，あるいは環境変化が起こったと判断される度に，判定作業を繰り返す必要がある。

情報化社会の進展に伴う通信サービスに対する需要の拡大と，「ムーアの法則（Moore's law）」[11]に描かれるような ICT の急速な進歩が上記のような変化をもたらしているとすれば，今日の通信市場はもはや伝統的に考えられてきたように規模の経

---

[11] Intel の共同創業者であるゴードン・E．ムーア（Gordon E. Moore）が提唱した「集積回路上のトランジスタ数は 18 ヶ月毎に倍になる」という経験則。コストに対するコンピュータの能力が格段に進化する状況を描写・予測するものとして引用される。

済が働く産業ではなく，多数の企業が競争しうる環境を持った産業に変貌していることになる。その場合，近年の規制緩和・競争環境整備は，小さな政府を標榜する政治的イニシアティブのみならず，市場規模の拡大や技術進歩といった経済環境の変化からの要請にも応えるものであったと評価できる。

5. 範囲の経済

5.1. 範囲の経済

通信事業は「初期投資が巨大で，固定費用に比較して変動費用の割合がごく少ない」という特徴に加え，「複数のサービスを『共通設備』であるネットワークによって提供している」という特徴も有している。共通設備を維持・管理するための費用は各サービスで分担することになるから，共通設備上で実現されるサービスの種類が増えるほど，各サービスの利用者が負担すべき費用は抑制できる。つまり，企業は提供するサービス品目を増加することにより平均費用を低下させ，価格競争力を高めることができる。これを「範囲の経済（economies of scope）」と呼ぶ[12]。

2財のケースにおける範囲の経済を，費用関数で表現すると式6のようになる。

$$TC(x_1, x_2) < TC(x_1, 0) + TC(0, x_2) \qquad (式6)$$

これは，第一財を x_1，第二財を x_2 だけ一つの企業（あるいは設備）で同時に生産する方が，それぞれの財を別々の企業で生産するよりも総費用が安くなることを意味している。同じ状況を三次元のグラフに描いたものが図 6-5-1 である。

式6の右辺第2項を移行して，第一財の生産量で両辺を除せば，同時生産を行っている企業の方が，そうでない企業よりも第一財の平均費用が低くなり，より強い価格競争力を有することがわかる（式7）[13]。

$$\frac{TC(x_1, x_2) - TC(0, x_2)}{x_1} < \frac{TC(x_1, 0)}{x_1} \qquad (式7)$$

---

[12] 範囲の経済を導く十分条件として「弱い費用補完性（weak cost complementarities）」があり，$\partial^2 TC(x_1, x_2)/\partial x_1 \partial x_2 \leq 0$ として表現される（Baumol *et al.*, 1982, pp.74-75）。
[13] 第二財に着目しても同じ結果が得られる。

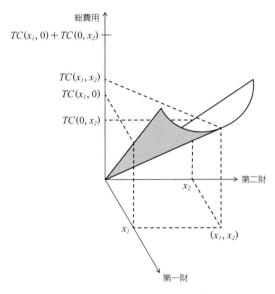

図 6-5-1　範囲の経済の下での費用曲線

　こういった「範囲の経済」が成立している場合，一つひとつの財に特化している専門企業は，多種類の財を統合的に生産している企業に価格面で打ち勝つことができず，市場からの退出を余儀なくされる。その結果，市場には，すべての財を統合的に生産する企業（多くの場合，大企業）のみが存在するようになる。

　式7の左辺の分子は，第二財のみを生産している企業が追加的に第一財の生産に乗り出した場合に新たに必要となる費用であり，（第一財を x_1 だけ生産することに関する）「増分費用（incremental cost）」と呼ばれる。それに対し，右辺の分子は，第一財を単独で生産する場合の費用であり，（第一財を x_1 だけ生産することに関する）「単独採算費用（stand-alone cost）」と称される。したがって，式7に示される範囲の経済の成立条件は，「平均増分費用＜平均単独採算費用」を意味する。

　こうした範囲の経済の条件が生じる典型的な原因は，先に述べたとおり，複数の財・サービスの生産に使用できる共通設備が存在することである。通信事業者の持つネットワーク設備はその代表例であるが，それ以外にも鉄道の線路ネットワークや電力事業の送電ネットワーク，製鉄事業における高炉設備などもそれに含まれる。鉄道の場合，特急サービスと鈍行サービスを同一の線路ネットワーク設備上で提供する統

152   第2部　通信サービスの経済特性

合生産型事業者と，自身のネットワークをそれぞれ単独で構築する特急サービス専業
事業者や鈍行サービス専業事業者を思い描けば，範囲の経済の成立可能性は直感的に
理解できよう。

5.2.　費用構造の備えるべき性質

　範囲の経済が成立したとしても，そのことですべての財を統合的に生産する大企業
の地位が「安定的」になるとは限らない。

　Zajac（1978, Chap.7）が「"game-theoretic" instability（ゲーム理論的不安定性）」と呼
んでいる状況について考えよう。三つの財・サービス（財i，財j，および財k）が提
供されており，それぞれの財に対する需要量が固定されている状況を仮定する。各財
の単独採算費用 TC_1 を 30，いずれか2種類の財を同時に提供する場合の結合生産費用
（joint production cost）TC_2 を 48，3種類の財をすべて同時に提供する場合の結合生産
費用 TC_3 を 75 としよう。この場合，式8および式9が成立するため，範囲の経済が
成立している。単一財のみを生産する企業（一財企業）よりも二つの財を同時生産す
る企業（二財企業）の方が，また，それよりも3種類の財をすべて同時に提供する企
業（三財企業）の方が，より強い価格競争力を持ち，市場で生き残る可能性が高い。

$$\underbrace{TC_2}_{48} < \underbrace{2 \times TC_1}_{60} \tag{式8}$$

$$\underbrace{TC_3}_{75} < \underbrace{TC_2 + TC_1}_{78} < \underbrace{3 \times TC_1}_{90} \tag{式9}$$

　しかしながら，この状況の下で，三財企業の独占的地位は安定的ではない。財iと
財jのみの生産に特化した二財企業が三財企業に価格競争を挑んだとしよう。二財企
業に対して価格面で対抗するためには，三財企業は財iと財jから二財企業の生産費
用である TC_2（= 48）を超える収入を得ることが許されない。そのため，三財企業が
収支均衡以上の状況を達成するためには残された財kから，$TC_3 - TC_2$（= 27）を超
える収入を得る必要がある。したがって，三財企業が収支均等を目指すとすれば，財
i，財j，および財kの価格水準はそれぞれ24，24，27となる[14]。しかしながら，この
とき三財企業は財kと財iの提供で51の収入を上げねばならず，財kと財iを結合生

---

[14]　なお，財iおよび財jの価格は合計が48であれば，他の組み合わせも可能であるが，本節の結
論に変化はない。興味ある読者は他の価格水準の組み合わせについても検討されたい。

産費用 48 で提供する二財企業に対して価格競争力の面で太刀打ちできない。もちろん，三財企業が財 i に対して 21 という価格を設定して対抗することは可能であるが，その場合，財 j の価格は 27 でなくてはならず，今度は財 j と財 k を提供する二財企業に対抗できない。このように，先の費用条件の下では，三財企業による市場独占は，費用最小化という点では最も望ましいが，安定的な均衡とは言えない。

三財企業が安定的な独占を達成するためには，例えば 2 種類の財の結合生産費用 TC_2 が 55 であればよい。この場合，三財企業に価格競争力で対抗しうる企業は存在できず，独占状況は安定的に維持できる。例えば，三財企業はすべての財の価格を 26 に設定することで安定的な独占利潤を獲得できる。

安定均衡をもたらす費用条件の下では，提供する財の種類が増加することに対する増分費用は，30→25→20 となり逓減の傾向を示す。他方，不安定な状況における増分費用は 30→18→27 である。一般的に，範囲の経済を背景とする独占状況が安定的に成立するためには，提供するサービスの種類が増加する度に増分費用が逓減することが必要である[15]。

6. 通信事業の構造

6.1. 規模の経済と範囲の経済

巨大固定資本に起因する規模の経済（平均費用逓減）と，共通設備の存在がもたらす範囲の経済は，一定の条件の下で，ともに巨大な独占企業の成立をもたらす。

ただし，規模の経済と範囲の経済はそれぞれ独立の性質であり，「規模の経済はあるが，範囲の経済はない」場合や，「規模の経済はないが，範囲の経済はある」場合がある。例えば，費用関数が式 10（あるいは図 6-6-1）のように表現される場合，$x_1 > 0, x_2 > 0$ の条件の下では式 4 を満たすため，放射平均費用逓減の下にあり，規模の経済が発揮できる。他方，式 6 は満たさないため，範囲の経済は成立しない。

$$TC(x_1, x_2) = x_1 + x_2 + (x_1 \times x_2)^{1/3} \qquad\qquad (式 10)$$

---

[15] 証明については Sharkey（1982a）を参照のこと。

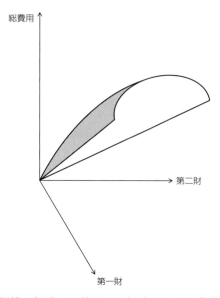

図 6-6-1　規模の経済かつ範囲の不経済の下での費用曲面

　また，単一の財・サービスを生産している場合，平均費用が逓増しており規模の経済がない場合においても，独占事業者による市場支配が成立しうる（次節参照）。すなわち，単一の財・サービスを生産している場合，規模の経済の存在は独占成立の十分条件ではあるが，必要条件ではない。複数の財・サービスを生産している場合には，個別の財・サービスに関して規模の経済が成立していなくても，範囲の経済が十分に強ければ，市場独占の可能性が生じる（Baumol $et\ al.$, 1982, p.74）。結局，独占企業の成立がもたらされるか否かを正しく判定するためには，規模の経済や範囲の経済を超えた，より上位のコンセプトが必要である。それは「費用関数の劣加法性（subadditivity）」と呼ばれ，任意の生産量を $(x_1^1, x_2^1, ..., x_n^1)$ および $(x_1^2, x_2^2, ..., x_n^2)$ として，式 11 の形で表現される[16]。

$$TC(x_1^1 + x_1^2, x_2^1 + x_2^2, ..., x_n^1 + x_n^2) \leq TC(x_1^1, x_2^1, ..., x_n^1) + TC(x_1^2, x_2^2, ..., x_n^2) \qquad (式 11)$$

---

[16] 劣加法性と，「規模の経済」および「範囲の経済」の理論的な相互関係については，Sharkey（1982b, Chap.4）に詳しい。

この式が意味するところは，n 種類の財・サービスに関する一定の生産量（$X = (x_1^1 + x_1^2, x_2^1 + x_2^2, ..., x_n^1 + x_n^2)$）をどのように分割生産しても，統合的に生産した場合の方が，総費用が小さくなるということである。

あらゆる生産量に対して式 11 が成立している場合，当該費用関数はグローバル（大局的）に劣加法的であり，特定の生産量 X に対してのみ成立する場合，費用関数は生産量 X においてローカル（局所的）に劣加法的である。費用関数の劣加法性がグローバルである場合はもとより，ローカルにとどまる場合であっても生産量 X が市場規模に等しい場合には，生産を独占することで最も低い平均費用を実現できる。最低の平均費用は最強の価格競争力をもたらし，結果として独占状況が生じるのは先に説明したとおりである。

6.2. 独占の安定性

費用関数の劣加法性が存在する下で帰結される独占事業者の地位は必ずしも安定的ではない。さらには，長期的に成立しうる「ある種の均衡状況」も効率性からみて決して望ましい状況とは言えない。

単一の財・サービスを生産している状況の下で，図 6-6-2 を用いて説明しよう。なお，X_m より小さい生産量の全範囲において式 11 が成立していると仮定する。

図から明らかなとおり，X_o から X_m の間では規模の不経済が成立しているが，こうした場合でも単一企業による生産独占が最も効率的でありうる。この点について Waterson（1988）の例により説明しよう。生産量 Q に対応する総費用が $C(Q) = Q^2 + 1$

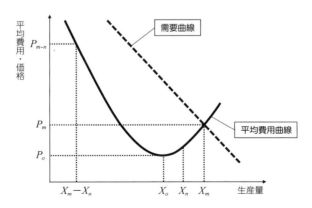

図 6-6-2　規模の不経済の下での不安定な独占

156　第 2 部　通信サービスの経済特性

で表される場合，平均費用は，$AC(Q) = Q + 1/Q$ となる。平均費用を生産量で微分すると，$dAC(Q)/dQ = 1 - 1/Q^2 = (Q-1)(Q+1)/Q^2$ となるから，生産量が 0 から 1 の間では平均費用逓減が，生産量が 1 以上の場合に逓増が観察される。つまり，1 以上の生産量では，規模の不経済が成立し，生産量増大とともに企業は価格競争力を喪失する。市場規模が $Q = 1.2$ の水準で固定的であると仮定しよう。単一の事業者が当該需要を独占的に満たそうとする場合，総費用は $C(1.2) = 2.44$ となる。これに対し，二つの事業者がそれぞれ q と $1.2 - q$ だけの生産を行うとしている状況を考えよう。二つの事業者の総費用は，$C(q) + C(1.2 - q) = q^2 + 1 + (1.2 - q)^2 + 1 = 2(q - 0.6)^2 + 2.72$ となる。ここで，各社がそれぞれ 0.6 だけ生産すれば生産費用は最低値 2.72 を達成する。つまり，二つの事業者が市場需要を満たす場合より，単一の事業者が独占する方がより低い費用で提供できる[17]。

　第 8 章 5 節で説明するコンテスタブル市場の条件に挙げられているような，全企業が同質的な費用関数・需要関数を持ち，しかも市場への参入退出が完全に自由で費用がかからない状況を想定する。さらに，市場全体に X_m の財を提供するためには，単一の企業に生産を集約し，平均費用 P_m（すなわち総費用は $X_m \times P_m$）で生産させることが最適であると仮定しよう。この場合，市場への参入が自由であるならば，部分的な需要（X_o 以上，X_m 未満）のみをターゲットとした新規参入事業者が現れ，既存事業者の付けうる最低価格（P_m）を下回る価格を設定することで市場シェアを獲得し，独占状況を崩すことができる。仮に，新規参入事業者が，最も利潤が大きくなる生産量として X_n を選択し，P_m よりわずかに低い価格で提供することに決めた場合，既存事業者は $X_m - X_n$ だけの部分市場に押し込められる。既存事業者は，所与の費用条件の下では P_{m-n} までしか価格を下げることができないため，価格競争の結果，市場からの退出を余儀なくされてしまう。その結果，新規参入事業者が市場における唯一の勝者となり再び独占状況が成立するが，市場の完全独占（X_m までの供給）を意図する限り，第二，第三の新規参入事業者からの競争に直面し，最終的には市場からの退出を強いられてしまう。

　新規参入の脅威に直面した既存事業者が市場需要のすべてに対応することを放棄して生産量を X_o（$< X_m$）に制限すれば，今度は逆に新規参入事業者を $X_m - X_n$ だけの部分市場に押し込んで，市場退出に追い込むことができる。この場合，最終的には独

---

[17] より一般的な計算例については植草（2000, pp.49-50）を参照のこと。

占事業者の地位は長期的・安定的に保たれるが，常に過剰需要が生じており社会的には非効率な状況となる。過剰需要が存在するのであれば，独占事業者は価格水準を上昇させることで，より大きな独占利潤を得ることができるはずである。しかし，コンテスタブル市場においては，価格の上昇は部分市場を狙う新規参入を呼び込み，独占事業者の市場からの退出（および独占利潤の喪失）をもたらす。そのため，価格を上昇させることは独占事業者にとって合理的ではない。同時に，当該財・サービスをより強く需要する（つまり，より高い料金を支払っても構わないと考える）消費者に対して財・サービスを提供できていない。こういった場合，現実社会では，販売窓口において当該財・サービスを求める消費者が長蛇の列をなすという状況が出現する。

6.3. 自然独占

通常，独占状況が生じるためには，何らかの障壁が機能し，他の企業がその産業に参入することを有効に妨げている必要がある。そういった障壁の例としては，生産技術の独占を可能にする特許制度や単独事業者への事業免許の付与，特定企業による生産資源の独占的保有や，略奪的価格設定などの反競争的行為がある。こういった障壁は，特定の行為をある一つの企業のみに可能にすることを通じて，独占的地位を保証する。

それに対し，費用関数の劣加法性（式 11）の下では，費用曲面の形状そのものが（人為的でないという意味で）**自然な**参入障壁となっている。その費用曲面，あるいはその背景にある生産技術はすべての企業にとって利用可能であり，特定の企業のみを優遇するものではないことに注意する必要がある。この条件の下で成立する独占状況は，特に「自然独占（natural monopoly）」と呼ばれる。

費用関数の劣加法性が成立する状況においては，独占企業が市場需要を満たすことで，生産費用を最小化し，最適な資源配分を実現することが可能になる。すなわち，自然独占は社会的にみて望ましい状況をもたらしうる。そのため，先に示したとおり，達成される独占状況が長期的に不安定である場合は，市場競争を抑制して独占事業者を保護していくことが政府の役割として求められる[18]。

ただし，独占を保証された事業者にとって技術革新のインセンティブは小さい。それに対し，激烈な競争の下にある事業者は他社を上回る競争優位性を手に入れるため

---

[18] 詳しくは第 7 章で説明する。

158 第2部　通信サービスの経済特性

に技術革新を積極的に推し進め，新商品・サービスの導入や品質改善といったプロダクトイノベーションや，生産プロセスの改善といったプロセスイノベーションを実現していくインセンティブを強く持っている。そのため，静学的な意味における資源配分効率性を追求するために自然独占の成立を援助し，その維持を支援することは，競争を通じた技術革新によって社会的厚生を長期的に改善していく機会を失わせる可能性が高い。自然独占に対する政府の対処方針は，短期的利益と長期的利益のトレードオフを考慮して慎重に決定される必要がある。

　ところで，費用関数の劣加法性の有無を判定することは実際には大変難しい。直接的な検証のためには，単一企業によって生産する場合の費用と，複数の企業によって分割生産するあらゆるパターンの生産費用を実証的に推計し，相互に比較することが必要であるが，様々な分析上の困難により，これまで満足のいく結論が得られた例は少ない。例えば，米国の通信市場を独占的に支配していた AT&T 社を対象にした分析では，Evans and Heckman（1984）は費用関数が劣加法的ではないと結論したが，Charnes *et al.*（1988）や Röller（1990a, 1990b）は逆の結論を導いている。NTT に関する分析では，浅井・根本（1998）は自然独占性を否定している。結局のところ，通信産業の自然独占性の有無については，ケース毎に異なる結果が得られており，一般原則と呼ばれるような回答は存在しない。

引用文献：

浅井澄子・根本二郎（1998）「地域通信市場の自然独占性の検証」『日本経済研究』37, 1-18.

Baumol, W.J., Panzar, J., and Willig, R.D.（1982）*Contestable Market and the Theory of Industrial Structure,* Harcourt Brace Jovanovich, Inc.

Charnes, A., Cooper, W.W., and Sueyoshi, T.（1988）"A Goal Programming/Constrained Regression Review of the Bell System Breakup," *Management Science*, 34（1）, 1-26.

Evans, D.S. and Heckman, J.J.（1984）"A Test for Subadditivity of the Cost Function with an Application to the Bell System," *American Economic Review*, 74（4）, 615-623.

三友仁志［編著］（1998）『マルチメディア経済』文眞堂.

西村和雄（1995）『ミクロ経済学入門　第2版』岩波書店.

奥野正寛［編著］（2008）『ミクロ経済学』東京大学出版会.

Röller, L.-H.（1990a）"Proper Quadratic Cost Functions with an Application to the Bell System," *The Review of Economics and Statistics*, 72（2）, 202-210.

Röller, L.-H.（1990b）"Modelling Cost Structure: The Bell System Revisited," *Applied Economics*,

22 (12), 1661-1674.

Sharkey, W.W.（1982a）"Suggestions for a Game-Theoretic Approach to Public Utility Pricing and Cost Allocation," *Bell Journal of Economics*, 13 (1), 57-68.

Sharkey, W.W.（1982b）*The Theory of Natural Monopoly,* Cambridge University Press.

植草益（2000）『公的規制の経済学』NTT 出版.

Waterson, M.（1988）*Regulation of the Firm and Natural Monopoly,* Basil Blackwell, Oxford.

米田正明（2006）『電話はなぜつながるのか―知っておきたい NTT 電話，IP 電話，携帯電話の基礎知識』日経 BP 社.

Zajac, E.E.（1978）*Fairness or Efficiency: An Introduction to Public Utility Pricing,* Ballinger Publishing Company.（藤井弥太郎［監訳］（1987）『公正と効率―公益事業料金概論』慶應通信）

第 3 部　通信市場と規制

第 7 章　参入規制と料金規制

1.　はじめに

　通信サービスの費用関数は劣加法性を有するものと伝統的に考えられてきた。その場合，市場を最も効率的に運営するためには，サービス提供を行う事業者を何らかの手続きにより 1 社だけ選定し，市場を安定的に独占させることが望ましい。一方で，市場を独占した企業が自由に事業展開を行うならば，コンテスタブル市場において想定される条件[1]を満たさない限り，非効率な資源配分がもたらされるというのが経済理論の帰結である。

　そのため，多くの国では，電気通信サービスの提供は国の直接的な責任の下で「国営事業」あるいは「公的企業体による事業」として独占的に実行され，効率的な事業運営を達成するべく様々な工夫が施されてきた。民間企業がサービスの提供を行う場合でも，その参入行動および価格設定行動などを法的制約によって厳しくコントロールすることで，事業展開に一定の枠をはめることが通常であった。

　本章では，このような規制に関し，その理論的な背景・意味を明らかにする。

2.　独占企業の料金設定

2.1.　独占企業の行動

　ミクロ経済学のフレームワークにおいては，企業という経済主体の目的は「利潤最大化」であると想定されている。このことは完全競争市場においても，独占市場においても変わらない。第 1 章 2.3 節で説明したとおり，財・サービスの市場価格を P，生産量を X，逆需要関数を $P = P(X)$，総費用を $TC(X)$ とすれば，企業の利潤 π は式 1

---

[1] 第 8 章 5 節で詳しく説明する。

によって表現され，最適な生産量では，式 2 の左辺である限界収入（MR）と右辺である限界費用（MC）が一致する。

$$\pi = P(X)X - TC(X) \tag{式1}$$

$$(1/\varepsilon + 1)P = MC(X) \tag{式2}$$

　価格が低下したときに需要量が減少するようなギッフェン財の場合を除き，需要曲線の傾き（dP/dX）は負となり，需要の価格弾力性 ε は必ずマイナスとなる。そのため，$(1/\varepsilon+1)P$ は，需要の価格弾力性がマイナス無限大（$\varepsilon = -\infty$）となるケースを除き，必ず P よりも小さくなる。

　ちなみに，$\varepsilon = -\infty$ であるということは，企業が価格を少しでも上げれば需要はゼロとなり，価格を少しでも下げれば需要が無限大に急増する状況を意味する。これは，当該企業の規模が市場需要と比較して極めて些少であり，しかも他に無数の競争企業が存在していること，すなわち完全競争市場が成立していることを示す。ここにおいて企業は，市場で決定される価格に対して何の影響力も持たない価格受容者（price taker）として行動し，市場価格に対応して生産量を定める。この場合，式 2 は，$P = MC(X)$ というミクロ経済学で馴染みのある最適条件と同じである。

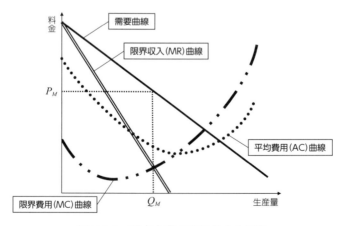

図 7-2-1　独占企業の利潤最大化行動

一方，独占市場においては，企業は価格受容者として行動する必要がなく，価格を設定しうる価格設定者（price setter）として行動することが許される。市場全体の需要曲線（市場需要曲線）にただ一つの企業が立ち向かうことになるため，価格を少し高くした場合，需要量はある程度減少するが，ゼロになることはない。逆に，価格を低くしても需要量の増加は一定程度にとどまる。つまり，価格弾力性は負の有限値をとる。そのため，$(1/\varepsilon+1)P$ は，需要曲線に従って求められる P よりも低水準で推移する。最適生産量は，限界収入（MR）曲線と限界費用（MC）曲線との交点から Q_M として定められ，市場価格は需要曲線から P_M に定まる（図 7-2-1）。なお，本章の分析ではすべて短期の事態を想定しているため，生産量がゼロであっても一定の費用（固定費用）が発生する。

2.2. 自然独占の場合

規模の経済の影響下で単一の財・サービスを生産する産業を想定しよう。その場合，規模の経済は自然独占成立の十分条件なので，競争の結果，ただ一つの産業が勝ち残り，市場を独占する。規模の経済が働いている状況とは，平均費用（AC : Average Cost）が生産量の増加につれて逓減していること，つまり，$dAC(X)/dX < 0$ である。

平均費用の逓減は，式 3 のように展開できる。生産量 X は常に非負であるから，規模の経済が働いている環境下では，平均費用は限界費用を常に上回って推移する。

$$
\begin{aligned}
\frac{dAC(X)}{dX} &= \frac{d[TC(X)/X]}{dX} = \frac{\dfrac{dTC(X)}{dX}X - TC(X)\dfrac{dX}{dX}}{X^2} \\
&= \frac{MC(X)X - TC(X)}{X^2} = \frac{MC(X) - AC(X)}{X} < 0
\end{aligned}
\qquad (\text{式 3})
$$

以上の材料を基に，規模の経済の下で単一財の生産を行う独占企業の最適生産量の決定状況を表したものが，図 7-2-2 である。独占企業の選択する生産量は Q_M，価格は P_M（$> MC(Q_M)$）となる。当該生産量に対応する平均費用は AC_M であるから，企業は生産量（販売量）1 単位当たり $P_M - AC_M$ だけの利潤を得る。利潤総額は図の斜線部分に相当する。

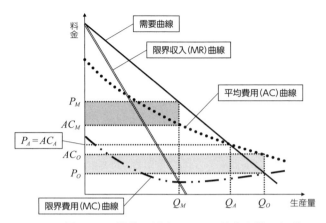

図 7-2-2 規模の経済の下での独占企業の行動

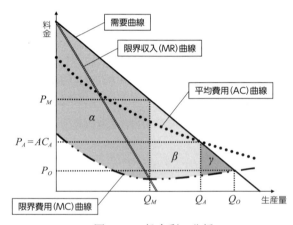

図 7-2-3 総余剰の分析

　市場において達成された資源配分がもたらす望ましさ（社会的厚生）を総余剰で計測するとすれば[2]，図 7-2-3 の斜線部 α に相当する社会的厚生が得られる。

2.3. 社会的厚生からの評価

　しかしながら，この状況は最適な資源配分とは言いがたい。第 5 章脚注 1 で説明し

---

[2] 消費者の効用が準線形効用関数で表現できる場合，貨幣 1 単位が効用 1 単位に相当する。この場合，総体として企業を所有する消費者が享受する効用の総量は総余剰の大きさに等しい。

たように，需要曲線の高さは個々の消費者が当該財・サービスの消費に対して支払うことのできる上限額を示す。そのため，料金水準との差額は「消費者のお得感」を意味し，それを財・サービスを利用したすべての消費者に関して集計したものが消費者余剰（CS：Consumer Surplus）である。一方，企業にとってのメリット（生産者余剰：PS：Producer Surplus）は利潤に固定費用を加えたもの，あるいは，売り上げから変動費用を引いたもの，として表現され，両者を足し合わせた総余剰（TS：Total Surplus）が社会厚生の大きさを表現する（式4）。ただし，$P^*(=P(X))$ は均衡価格水準を意味する。

$$
\begin{aligned}
TS(X) &= CS(X) + PS(X) \\
&= \left[\int_0^X \left(P(x) - P^*\right)dx\right] + \left[P^* X - VC(X)\right] \qquad \text{(式4)} \\
&= \left[\int_0^X P(x)dx - P^* X\right] + \left[P^* X - VC(X)\right] = \int_0^X P(x)dx - VC(X)
\end{aligned}
$$

TS を最大にする最適生産量は，式4を生産量 X について微分し，その値がゼロに等しいとした方程式（式5）を解くことによって与えられる。

$$
\frac{dTS(X)}{dX} = P(X) - MC(X) = 0 \qquad \text{(式5)}
$$

式5より，最適な資源配分は，限界費用曲線が需要曲線と交差する時の生産量（図7-2-2 あるいは図 7-2-3 の記号を使うとすれば）Q_o が，販売価格が P_o に等しい水準で提供されるケースにおいて達成される。この場合，社会的厚生は図 7-2-3 における $\alpha + \beta + \gamma$ というレベルまで拡大する。つまり，独占企業がもたらす均衡においては，最適水準より少ない生産量が，最適より高い価格で提供されることにより，$\beta + \gamma$ に相当する社会的損失が発生する。

加えて，独占企業が自らの独占利潤を保持しようとして，新規参入を妨害したり，競争環境を歪めたりして，効率性ロスを生み出す可能性も考慮する必要がある。市場支配力を活かして顧客との間で長期独占供給契約を締結したり，補完財との結合商品として販売したり，あるいは，利潤率の高い特定の顧客のみに対して優遇措置を与えることにより潜在的参入希望者に対する参入障壁を高めることが可能である。さらに，第5章 4.1 節で議論したとおり，ネットワーク効果が働く市場においては，市場独占

それ自体が，克服困難な参入障壁として機能する。

注意しなければならないことは，こういった社会的損失が発生することが，政府の介入を自動的に正当化するわけではないということである。市場メカニズムへの政府の介入には一定のコストが必要である。政府の介入により企業や家計の行動が影響を受ければ二次的な効率性ロスが発生する。介入を行う政府のリソースも有限である。そのため，上記社会的損失を回避するために実際に政府が介入を行う産業は，「社会的損失の規模が許容水準を超えて大きく」，「介入により行政コストや付随的ロスを上回る厚生改善が期待でき」，かつ，「現実の行政システムが対処可能な」ものに限定される。

3. セカンドベスト料金

3.1. 限界費用価格形成

式5に示されるように，最適資源配分を達成するためには，独占企業に対し，その料金を限界費用曲線が需要曲線と交わる水準に設定することを求めたうえで，寄せられた需要を満たすことを義務付ければよい。価格水準を限界費用の水準に設定するこの料金決定方式は「限界費用価格形成（marginal cost pricing）」と称される。

しかしながら，式5に対応した最適状況は財・サービスの提供を行う独占企業にとっては望ましくない。もう一度，図7-2-2を分析しよう。最適生産量Q_Oに対応する平均費用AC_Oは，対応する限界費用に等しい価格P_Oを上回っている。式3で証明したように，平均費用逓減に起因する規模の経済の下では，このことは常に成立する。この場合，企業は生産1単位毎に，$AC_O - P_O$に相当する損失を被る。損失の総額は図7-2-2における縦線の部分に等しい[3]。したがって，最適な資源配分を長期・継続的に達成

---

[3] 発生する赤字額がゼロになるような例外的なケースも存在しうる（Baumol *et al.*, 1982, pp.22-23）。右図で示される状況がそれであり，限界費用価格の水準が平均費用の水準と一致するため赤字は発生しない。

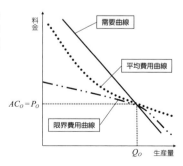

するためには，企業に対して価格 P_O で販売するよう規制する一方で，発生する赤字を公的に補填する必要がある。さもなければ企業は当該市場において存続できず，最適な資源配分は結局達成できなくなる。

ハロルド・ホテリング（Harold Hotelling）は，限界費用価格形成による料金規制を行うことを主張し，結果として発生する赤字を補填する財源について，所得再分配効果が発生しないように贈与税を充てるべきであると提案している（Hotelling, 1938）。赤字補填の財源を税金に求める場合，財・サービスの価格変化をもたらす従量税や従価税に依存すれば，相対価格の変化を通じて消費者の購買行動に影響を与える。限界費用価格形成が達成した社会的厚生の最大化を歪めないためには，相対価格に影響を与えないような形の税，すなわち贈与税や人頭税のような一括税を活用すべきというわけである。

しかしながら，ホテリングの提案には実務上大きな問題がある。そのため，限界費用価格形成は社会的厚生の基準に照らして最善の結果を実現する最善料金（ファーストベスト料金）をもたらすことが理論的には明らかであるにもかかわらず，そのままの形で採用することは適当ではない。植草（2000, p.74）は問題点を次のように整理している。

「(1) 税収確保の困難性：一般に公益事業等の規制産業は設備産業であるため，総費用に占める固定費用の比率が高い。逆に言えば変動費＝［短期的には限界費用］の比率が低い。このため料金を限界費用水準で決定すると，税補助の額（…中略…）が大きい。しかも公益事業等の規制産業の多くは産業規模としてきわめて大きな産業であるため，税補助額が巨額となり，いずれの規制産業にも税補助を行おうとすればその額は厖大化する。もしそのような膨大な補助額を現行の財政収入で賄うとすれば，他の多くの項目の歳出を削減しなければならない。それが困難とすれば，新たな税収を確保しなければならないが，その額が膨大であるため，税収確保自身が困難であり，また新たな税収上の所得再配分問題が発生する。

(2) 企業経営の放漫化：企業は慢性的に赤字状態であっても，常にその赤字が税金によって補填されることになると，費用を削減しようとする意欲が減退するので，企業経営が放漫になる。内部効率向上の観点か

170 第 3 部 通信市場と規制

らも赤字発生は回避する必要がある。

（3）ポーク・バレリング問題[4]：もし特定の規制産業に対して税補助が容認されると，補助金獲得をめぐって「ポーク・バレリング・プロセス Pork Barrelling Process－（政党政治の戦略）」が展開され，議員と被規制企業との間の癒着や汚職等の問題が発生する。このような問題は決して議員と被規制企業との間ばかりでなく，その中間に存在する官庁にも発生するので，問題は一層複雑化・深刻化する可能性をもっている。」

特に第二の問題点（「企業経営の放漫化」）に対処するには，行政庁の側で，事業者が過剰に計上する可能性のある費用項目を査定して料金算定のベースに含める必要が生じるが，両者の間に存在する情報の非対称性を考えた場合，その任務の達成は極めて困難である。

3.2. 平均費用価格形成

限界費用価格形成を修正して現実社会に適応させるには二つの方法がある。第一は，料金水準自体を見直すという方法である。第二は，限界費用価格形成を基本的には採用しつつ，発生する赤字の補填を行うための財源を税収以外に求めるという方法である。まず，第一の方法について検討しよう。

限界費用価格形成の問題点の根本は，平均費用水準を下回る料金水準が設定されるために，赤字の発生が不可避である点にあった。そこで，独占企業の収支均衡を確保しつつ，社会的厚生（総余剰）を最大にするような価格形成方式を探求するという方策が提案された。

この場合，解くべき最適化問題は式 6 として表現できる。ラグランジェ乗数を λ とすれば，式 7 をラグランジェ乗数法によって解くことにより，求める料金水準は式 8 として得られる。

$$Max : TS(X) = \int_0^X P(x)dx - TC(X) \ \text{s.t.} \ P(X)X = TC(X) \qquad （式 6）$$

---

[4] ポーク・バレル（pork barrel）とは，本来は，豚肉保存用の樽を意味する。米国南部の農場において奴隷労働者に樽から食料（塩漬けの豚肉）を分配したことから，南北戦争以降，全国の納税者の負担の上に，特定の議員，選挙区だけに利益をもたらすような助成金や振興法を指す政治用語として用いられる。

第 7 章　参入規制と料金規制　　**171**

$$L(X) = \int_0^X P(x)dx - TC(X) + \lambda(P(X)X - TC(X)) \tag{式 7}$$

まず，$\dfrac{dL(X)}{dX} = P - MC(X) + \lambda\left(\dfrac{dP}{dX}X + P - MC(X)\right) = 0$　より

$$P = \frac{MC(X)}{1 + \lambda/(1+\lambda)\varepsilon} \quad \text{すなわち，} \quad \frac{P - MC(X)}{P} = -\frac{\lambda}{1+\lambda}\frac{1}{\varepsilon} \tag{式 8}$$

　これはラムゼイ価格[5]と言われる料金水準を意味しており，限界費用水準から一定割合だけ乖離した水準として算出される。

　生産される財・サービスが 1 種類である場合，ラムゼイ価格は平均費用の水準に等しく，図 7-2-2 における料金 P_A として得られ，その結果，生産量＝消費量 Q_A がもたらされる。平均費用逓減の下にあるため，式 3 で示したように平均費用は限界費用を上回る。そのため得られた料金水準はファーストベスト料金の水準（限界費用水準）を超え，達成される総余剰の大きさは図 7-2-3 における $\alpha + \beta$ にとどまる。すなわち，最適な資源配分の状況と比較して，γ の分だけ厚生損失が生じている。収支均衡という制約の下で達成される社会厚生はこの状況におけるものが最大である。式 8 で示される料金設定方法（「平均費用価格形成：average cost pricing」）は最善価格に次ぐ次善料金（セカンドベスト料金）を生んでいることになる。

　複数の財・サービスを提供している独占事業者にとっては，この方法は，それぞれの財・サービスの料金を式 8 に従って限界費用から乖離させることを意味する。なお，その場合，式 6 から式 8 にかけての料金 P や生産量 X などの各変数は，複数財に関する料金ベクトル，生産量ベクトルなどをそれぞれ意味し，ラグランジェ乗数 λ は式 6 の制約条件（これは式 7 を λ で偏微分することによって得られる式と同一である）を満たす水準に定まる。このラムゼイ最適な料金設定方式（Ramsey-optimal pricing）により当該事業者は全体として収支均衡を達成しつつ，その条件の下で，社会厚生を最大化できる。

　平均費用価格形成は，自然独占企業がサービス利用者から徴収する料金だけで営業を継続することを可能にするため，公共料金設定において確保することが望ましいと

---

[5] 英国の数学者フランク・P．ラムゼイ（Frank P. Ramsey）が，消費者余剰をできるだけ減らすことなく，政府に十分な税収をもたらすような税率決定方法として考案したアイデアに由来する（Ramsey, 1927）。

172　第 3 部　通信市場と規制

表 7-3-1　平均費用逓減下における料金設定方式

	料金水準	総余剰	企業利潤
独占的価格形成	P_M	α	＋ （独占利潤）
平均費用価格形成	P_A	$\alpha+\beta$	±0 （収支均等）
限界費用価格形成	P_O	$\alpha+\beta+\gamma$	－ （平均費用＞限界費用）

考えられている「受益者負担原則」および「独立採算原則」の双方を見かけ上は満たす。さらに，直観的にも理解が比較的容易なシステムであるため，関係者の合意も得やすい。そのため，この方式は公共料金の規制方式として広く採用されていた。

　しかしながら，この方式は次善解にとどまるため，一定の効率性ロス（死重損失，図 7-2-3 における γ）は不可避である。ロスの大きさが社会的に許容できない水準であれば，限界費用価格形成を基本とした別の方策を検討する必要がある。また，限界費用価格形成に関して植草（2000）が指摘した二番目の問題点（3.1 節参照）と同様の問題，すなわち収支均等が制度的に保障されていることによる合理化インセンティブの減少に起因する非効率性の可能性も見逃すことはできない。さらに，行政コストの面でも問題がある。料金規制の目安とすべき平均費用の水準を決定するためには，需要側と生産側双方の情報を規制庁が知悉している必要があるが，前節の最後で指摘した情報の非対称性の問題を考えれば，規制庁に生産行動に関する完全情報を求めることは困難である。加えて，複数財・サービスを提供している場合には，それぞれのラムゼイ価格を決定する必要があるため，個別の財・サービスに関する価格弾力性 ε の情報を得なければならず，多大なコストが必要となる[6]。行政コストが問題になるような場合，あるいは，技術進歩のスピードが速いなどの理由で，規制庁側と民間企業側の情報の非対称性の問題が大きいことが予想される場合，平均費用価格形成を採用することには問題が多い。平均費用逓減に起因する自然独占の条件が満たされている状況における料金設定方式と社会的厚生や企業利潤への影響を表 7-3-1 にまとめて

---

[6] 実務的には，複数財のケースでは，総費用を一定の基準に従ってサービス単位に配賦し，その後，サービス単位毎に平均費用価格形成の方法を適用することがある。この場合，平均費用価格形成の実務はラムゼイ最適な料金設定方式と比較して大きく単純化される。わが国の電気通信事業法において採用された取り扱いがその例である。

おく[7]。

3.3. 二部料金制

限界費用価格形成を基本的には採用しつつ，発生する赤字の補填を行うための財源を税収以外に求めるという方法の一つが，非線形料金[8]である二部料金制の採用である。これまでの議論では，財・サービスの利用者には単一の従量料金のみを課すことを暗黙の前提としていたが，二部料金制の下では，サービス利用の度に発生する料金に加え，固定的な基本料金が課される。

基本料金を課すことを可能にするためには，「①支払いを拒否する利用者に対してサービスの提供を拒否できること」，および，「②基本料金を支払う者が購入した生産物を支払い拒否者に対して転売できないこと」という二つの条件を満たす必要があるが，通信サービスはいずれの条件も問題なく満たしている。なぜなら，通信サービスの特性として，利用するにはまず通信事業者が提供しているネットワークへ加入しなければならず，通信事業者は基本料金の支払いを拒む者には加入サービスを提供しないことが可能であることに加え，加入契約を無断転売することはできないからである。同様の性質は，電気やガス，水道などの公益サービスについても成立する。

基本料金を課すことが可能であるならば，限界費用価格形成に不可避である損失の発生を埋め合わせるための収益源としてそれを活用できる。必要とされる基本料金の水準は，限界費用価格形成の下で発生する損失額を利用者数で除することによって求められる。ホテリング案の「税負担を用いた補填」と比較した場合，受益者負担という考え方に沿っている分，公平性の面からは問題が少ない[9]。得られる総余剰の大きさは限界費用価格形成の下で得られる水準と同じであるが，基本料収入相当額分（＝限界費用価格形成の下での赤字分）が消費者余剰から生産者余剰に移動する結果，余剰の分配は生産者に対して手厚くなる。

---

[7] 平均費用逓増下における各料金設定方式の優劣は植草（2000，第3章）に詳しい。

[8] 均一従量料金や定額料金のように線形な収入線を持つ料金が線形料金（linear price）であり，二部料金など非線形な収入線を描く料金が非線形料金（nonlinear price）である。非線形料金には，その他にも消費者一人ひとりにその留保価格に等しい料金を設定する完全価格差別（perfect price discrimination，または，第一種価格差別［first-degree price discrimination］とも呼ばれる）なども含まれる。

[9] サービスを頻繁に利用する者と，滅多に利用しない者が同額の基本料金を支払わなければならない場合は，なお不公平性が残る。

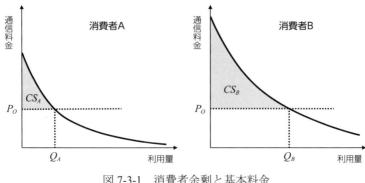

図 7-3-1　消費者余剰と基本料金

　基本料金と限界費用価格形成を組み合わせることで最適な資源配分を実現するためには，基本料金の賦課が利用者の行動に対して影響を及ぼさないという条件を満たす必要がある。基本料金が設定されることで，限界費用価格形成下では通信サービスを利用していた消費者がネットワーク加入契約を解除すれば，その分だけ総余剰が減少する。他方，通信事業者にとっては，ネットワーク利用者が減少すれば予定されていた基本料金収入を得ることができない。

　サービスに対する需要の強さが異なる 2 人の消費者 (A, B) を想定しよう (図 7-3-1)。限界費用価格形成によって設定される通信料金 P_O はすべての消費者に対して平等に適用されるため，それぞれの利用量は Q_A，Q_B である。この状態で，消費者 A は CS_A だけ，消費者 B は CS_B だけのお得感（消費者余剰）を享受しており，それが基本料金として支払うことが可能な上限水準となる[10]。それ以上の水準に基本料金が設定された場合，通信サービスの利用を取り止めること，すなわち，ネットワークから脱退することで，基本料金（および通信料金）の支払いから解放され，消費者はより高い効用を得る。基本料金水準が CS_A 以上 CS_B 未満の水準に設定された場合，消費者 A はサービス利用自体を止めてしまい，最適な資源配分が達成できない。

　そのため，事業者は，最も消費者余剰が小さいネットワーク加入者の余剰の大きさを超過しないように基本料金水準を設定する必要がある。それを完璧に実行するためには，利用者個々人の需要に関する事細かな情報を常に収集・理解しておくという，現実には不可能な努力が求められる。これが二部料金制の第一の問題点である。

---

[10] 第 5 章 2 節を参照のこと。

また，そうした努力が仮に達成されたとしても，設定された基本料金水準によって必要とされる赤字補填額が得られるかは不明であるという第二の問題点が存在する。対象となっている財の需要が非弾力的である場合，基本料金の上限水準は大きくなる。通信サービスの必需性が高ければ，基本料金がかなり高額に設定されてもネットワークの利用を取り止める利用者の数は少ないため，二部料金によって最適供給量と独立採算が両立できる可能性はある。

第三に，需要量の小さい顧客が，大口利用者と比較して，1単位当たりの利用に対して割高な額を支払うことになるという逆進性の問題がある。需要の多寡が所得の多寡と比例し，さらに，当該財・サービスの必需性が高ければ，社会的な公平基準からみて問題が生じる。基本料金の賦課による利用者の減少をできる限り回避し，さらに上記の不公平感を少なくするためには，各消費主体の通信需要の旺盛度に応じた基本料金を設定するという選択肢も検討できる。

3.4. ピークロード料金

ピークロード料金の採用も「限界費用価格形成を基本的には採用しつつ，発生する赤字の補填を行うための財源を税収以外に求める方法」として検討の価値がある。

通信サービスに対する需要水準は時間帯によって大きく変動する。利用者の側では，オフピーク時に購入した通信サービスをピーク時に利用すること，あるいはその逆は不可能なので，ピーク時とオフピーク時は互いに全く異なる需要を形成している。そのため，ピーク時とオフピーク時の需要を合算して1本の需要曲線を描き，そこから最適料金水準を導き出しても効率的な結果は生まれない。

他方，通信サービスの生産側について考えれば，「あらかじめ大量に生産したものを在庫として積み上げておいて必要になれば使用する」ということが不可能であるため，事業者としてはピーク需要に見合ったネットワーク設備を保有する必要がある。そのため，オフピーク時におけるネットワークの利用率はピーク時に比較すれば小さく，ネットワーク機能の一部は休止中となることを余儀なくされる。

この状況は，図7-3-2に表現できる。ピーク時とオフピーク時の需要曲線をそれぞれ D_P，D_{NP} とする。互いの需要は独立しているが，同じネットワーク設備によって満たされなければならない。ネットワーク設備は K という需要を最大限度として設計されている。K を境として限界費用は大きく変化するが，ネットワーク設備の規模を固定的とみなす「短期」の議論において，K 以下の需要量に対しての限界費用は一定水

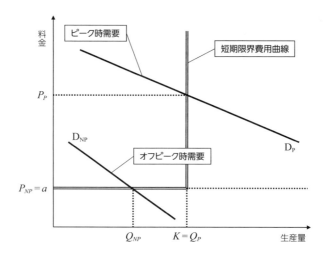

図 7-3-2　ピークロード料金（短期）

準 a であるが，K 以上の需要量に対しては無限大となると仮定する。その結果，限界費用曲線は生産量 K において折れ曲がる逆 L 字型となる。

　総余剰が最大になる料金水準は，ピーク時とオフピーク時の総余剰をそれぞれ最大化する料金として算出される。一見して明らかなように，それは，オフピーク時の需要に対しては限界費用に等しい P_{NP}（$=a$），ピーク時には P_P という料金水準である。生産量は，オフピーク時は Q_{NP}，ピーク時は生産能力上限に等しい Q_P となる。つまり，オフピーク時に $K-Q_{NP}$ だけの遊休生産能力が発生している。

　ピークロード料金の下では，ピーク時に限界費用を上回る料金水準が設定できるため，限界費用価格形成を採用した場合の赤字の補填を図ることができる。先に仮定したように限界費用が一定の場合，オフピーク時の利用者が負担するのは自分達が利用したサービスの生産に係る変動費用のみであり，ピーク時の利用者は自分達が費やした変動費用に加えて，ネットワーク設備に関する固定費用を負担する。

　なお，ピーク時利用者に適用される料金水準は，ピーク時の需要 D_P がネットワーク設備の最大取扱可能量 K に等しくなる水準に決定されるのであり，設備運営の固定費用の水準とは直接の関係はない。固定費用が何らかの原因で増減しても，最大取扱可能量自体に変化がなければ，需要曲線との交点で決定されるピーク時の料金に変化はない。そのため，ピーク時に徴収される追加料金の合計が固定費用を下回る可能性

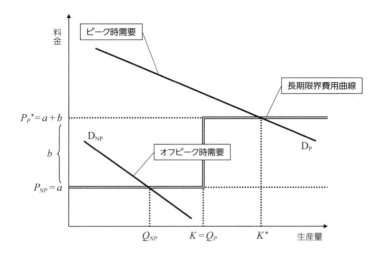

図 7-3-3　ピークロード料金（長期）

とともに，固定費用を大きく上回る余剰収入を得られる可能性もある。

　上限能力が K を超える大規模な設備を導入することによって総余剰を大きくすることが可能であれば，現在の状況は最適な資源配分を実現しているとは言えない。奥野（1975, 第3章）に従い，上限能力を 1 単位拡大するために必要な設備の限界費用（追加設備購入のための利子や，新規設備に係る減価償却費・メンテナンス費用など）を b とする。長期の限界費用曲線は生産量 K を中心として折れ曲がる S 字型となり，設備の最適上限能力は K^* として与えられる（図 7-3-3）。オフピーク時の長期最適料金は短期のケースと変わらないが，ピーク時の最適水準は P_P^*（$=a+b$）に変化する。この場合，ピーク時，オフピーク時ともに，料金水準は，それぞれの限界費用水準に等しい。そのため，規模の経済の下では，提供企業に赤字が発生する。赤字補填のためには別途財源の手当てをすることが必要になる。あるいは，先に説明したラムゼイ価格の考え方を組み合わせて，ピーク時とオフピーク時の料金水準を設定すれば，基本料金を導入することなく事業者の収支均衡を実現することも期待できる。

4. 参入規制

4.1. 根拠としての自然独占

　自然独占の条件が成立している場合，複数の企業が競争を行うよりも，ただ一つの企業が一手に財・サービスの生産を行った方が，より安価な生産が可能となり，最大の効率性が達成される。ただし，独占企業に自由な行動を許せば，限界費用を上回る独占価格を設定し，供給量が過小水準にとどまるため，期待された効率性は達成されない。そのため，独占企業の行動を制約して，社会的に最適なファーストベスト料金あるいはセカンドベスト料金を実現しようとするのが料金規制の目的である。

　しかしながら，自然独占の状況が必ずしも安定的なものではないことは，第6章6.2節で示したとおりである。このため，サービスを効率的に提供して総余剰を最大化しようとする観点からは，独占を安定的に維持できるよう政府が介入することが合理的である場合がある。何らかの基準でサービス提供企業を選定し，それ以外の企業の参入を認めないことで，費用関数の劣加法性を十分に活かした効率的な生産構造を構築する一方で，一定の料金規制を課すことで当該企業の独占力の行使に制限を加えて，社会的厚生の最大化を目指すわけである。企業の側からみれば，このことは，独占利潤の獲得を諦めて，料金規制の下で許される適正水準の利潤に甘んじ，総余剰極大化に貢献する代償として，新規参入という形の競争圧力から参入規制によって保護してもらうことを意味する。

　技術環境や経済環境が安定的に推移し，政策決定メカニズムに透明性が高いような場合は，どの企業にサービス提供の責任を担わせれば最も効率的な産業構造が確立できるかに関してある程度は正確かつ中立的な判断が期待できるため，今述べたような規制メカニズムが所期の効果を達成できる可能性は高い。

　しかしながら，環境変化が激しい場合などには，政府の不完全な情報収集・処理能力を考慮すれば，独占を許された企業がそもそも最適選択ではなかったケースや，あるいは，当初は最適であったがその後の環境変化で最適性を喪失するケースが起こる。

　その場合，政府は，参入規制を用いて劣加法性のメリットを短期的に追求する一方で長期的な技術進歩のメリットを放棄するか，あるいは，短期的な効率性を犠牲にしつつも参入を自由化して競争事業者間の切磋琢磨のメリットを享受するかの間で選択を迫られる。環境変化が，伝統的規制メカニズムに及ぼす影響については次章でさらに詳しく論じる。長期的メリットついては第9章のテーマとなる。

4.2. その他の根拠

通信ネットワークが社会経済活動に不可欠なインフラストラクチャーの一つを構成し，通信サービス自体が社会経済活動に必須の生産要素であることも，参入規制の根拠として主張されてきた。具体的には，①破滅的競争の阻止，②技術的統一性の確保，③二重投資の回避，および，④ユニバーサルサービス確保，といった複数の視点から参入規制が支持されてきた。

通信サービスは，あらゆる社会経済活動に対して不可欠な生産要素である[11]。通常の生産要素であれば代替生産要素が存在するため，当該財の料金が高騰したり，何らかの原因でその供給がストップしたりした場合は，代替生産要素への切り替えが行われ，生産プロセスが完全な機能不全に陥ることは少ない。しかしながら，通信サービスに関しては，実質的に代替可能な財・サービスというものが現時点ではほとんど存在しない。企業からすべての通信サービスが消えてしまった場合，それ以前と同じような事業運営は不可能である。高度情報化が進展し，社会経済活動の通信ネットワーク依存度が高まった今日，通信サービスの安定供給を確保することは重要な政策課題である。

その観点からは，複数の事業者が市場に参入し，激烈な競争状況にあることは必ずしも望ましい状況ではない。競争により，生産性の高い事業者のみが生き残り，長期的にみた経済効率性は確実に改善するが，その過程で，生産性に劣る事業者は市場退出を余儀なくされる。退出した事業者の利用者は短期的には大きな困難に直面し，摩擦的ロスが発生する。再契約が即時に行えないようなケース，あるいは従前と同じ条件での再契約が不可能なケースであれば尚更である。長期の効率性改善と，短期の摩擦的ロスの大きさを比較衡量した結果，後者をより重視すべきとなった場合には，参入規制によって競争を制限し，さらに退出規制により自由な廃業を抑制することが正当化される。

さらに，参入した複数の通信事業者が互いに技術適合性のない（すなわち，お互いの利用者同士の通信が不可能な）通信ネットワークを構築しようとする場合，完成し

---

[11] 通信に対する需要は，友人間や恋人同士の深夜の長電話などの一部の例外を除き，本来需要（「本源的需要」）を満たすために必要な財・サービスを生産する過程で発生する「派生需要」であるとされる。通信サービスのみならず交通サービスに対する需要についても大部分は同じ性質を持つ。観光旅行などを別にすれば，移動はあくまでも手段であり，真の目的は到着地における活動によって達成される。

180 第3部 通信市場と規制

たネットワークの社会経済インフラとしての価値は大きく損なわれ，コミュニティ全体として大きな不都合を被る。そのため，通信の基本的な部分については一定の技術標準を構築し，その採用に同意した事業者のみに市場参入を許す必要があると考えられてきた[12]。

　技術が標準化され，適合性が確保されたとしても，複数の事業者が同じ地域に独自の通信ネットワークを張り巡らせるべく投資競争を行う可能性は残る。その場合，一つの地区に同じ機能を有する複数の通信ネットワークが敷設される。一つのネットワークで地域の全需要に対応可能であれば，これは非効率的な二重投資になる[13]。しかも，通信ネットワーク設備（特に回線部分）を他の用途へ転用することは困難である。その場合，敷設されるネットワークを一つに限定することで社会全体として効率的な資源配分が実現する。また，単一事業者によるネットワーク敷設の場合，技術適合性の確保についても問題とする必要がない。このことも，政府が参入規制を行ってきた理由の一つである。

　さらに，参入規制により通信事業者に一定の独占権を与えることは，ユニバーサルサービスを維持するためにも有効であると考えられてきた。ユニバーサルサービスとは，国民生活に不可欠と判断される一定の通信サービスを，全国津々浦々において（universal accessibility），支払い可能な料金で（affordability），無差別に（non-discriminatory availability），提供することを意味する。平均費用価格形成の原理に基づく公正報酬率規制（本章5節で説明する）の下，通信ネットワークの敷設・維持のコストが平均以上に嵩む離島や山間部でも都市部と同様の条件でサービスを提供するためには，都市部におけるサービス提供で生じた利潤を用いて，離島や山間部におけるサービス提供で被った損失を補填することで事業全体の収支を均衡させる必要がある。これを地域間の「内部相互補助（cross subsidization）」と呼ぶが，これが可能になるためには，料金の水準が，都市部のサービス提供に係る平均費用を上回り，離島

---

[12] （少数の例外を除き）通信事業者が国営あるいは公的事業体のみによって運営されていた時期には，通信に関する技術標準の確定は政府間交渉の重要議題の一つであった。1947年以降，国連の組織として運営されている国際電気通信連合（ITU : Internatinal Telecommunication Union）の設立目的は通信標準の策定である。近年では，通信市場の開放が進み，民間企業がサービスの主役を担うようになった結果，標準化交渉は民間ベースの交渉にその重点を移しつつあり，場合によっては市場競争（標準化競争）にその帰結が委ねられる。

[13] 技術進歩によりネットワーク設備が取り扱うことのできる通信容量が飛躍的に拡大しつつあることを考慮すれば，二重投資の非効率性はさらに拡大する。

などでの平均費用を下回る必要がある[14]。こういった状況の下で市場参入が自由になれば，新規参入事業者は都市部のみをターゲットとして参入し，既存事業者を下回る料金付けを行い，利用者獲得を目指すという行動をとる。新規参入事業者のサービス提供に係る平均費用は（サービス提供が比較的容易な都市部のみをターゲットとしているために），全国をカバーする既存事業者のそれよりも低い。そのため，新規参入事業者は既存事業者よりも低価格でサービスの提供が可能であり，市場シェアを獲得し採算を確保できる。こういった新規参入事業者の行動を，クリームスキミング（cream skimming）[15]と呼ぶ。クリームスキミングにより，既存事業者は都市部の市場を喪失し，内部相互補助が不可能になる。その結果，離島や山間部での通信サービスをこれまでどおりには維持できず，ユニバーサルサービスで支えられてきた国民の便益が損なわれる。こういった事態を未然に防ぐというのが，参入規制に対する伝統的な根拠の一つである。

5. わが国における伝統的規制

5.1. 公正報酬率規制

電気通信事業に対する料金規制として伝統的に採用されてきたのは平均費用価格形成の考え方に基づく「公正報酬率規制（ROR 規制：rate of return regulation）」と呼ばれる方式である。この方式では，事業者が効率的な事業運営を行っていることを前提として財務データから平均費用価格を算出する。

平均費用価格形成において確保される「収支均衡」とは収入が費用と等しい状態を意味するが，この場合の「費用」は会計上捕捉される費用ではなく，経済学的意味での費用，つまり機会費用（opportunity cost）である。そのため，生産費用の総額にはサービス生産に利用された生産要素のコスト（市場価格などから算定）に加えて，生産設備などに投下された資本の利用コスト（資本の機会費用）を計上する必要がある。資本の機会費用とは，投下資本に対して期待できる長期利子率に見合う水準の報酬

---

[14] ユニバーサルサービスの確保は地域間の内部相互補助のみならず，サービス間，あるいは市場セクター間の内部相互補助によっても支えられている。ここで論じるのは地域間補助をめぐるものだけであるが，それ以外のものに関しても基本的なロジックは同一である。

[15] 「クリームスキミング」の語源は，原乳の中でもおいしいクリームの部分だけを取り出すことである。ユニバーサルサービスの文脈では，離島などの低収益部門を避けて，都市部などの利益率が高い高収益部分だけに「いいとこ取り」の形で参入する行為を意味する。

（リターン）を意味する。この水準を「公正報酬」と称し，わが国で実際に利用されてきた「公正報酬率規制」においては，事業資産（レートベースと呼ぶ）に対して一定の「公正報酬率（fair rate of return）」を乗じることによって算出される[16]。

植草（2000, pp.81-82）は，公正報酬率規制の実行プロセスを以下の7段階にまとめている。

「(1) 一定の「料金算定期間」（各規制産業の経済環境により規制産業ごとに異なるが，一般的には3年）を定める。

(2) 料金算定期間中に企業が実施しようとする投資およびその資金調達（「事業計画」という）を規制当局が審査し，適正と判断する事業計画を容認する。

(3) 料金算定期間直前（一般的には直近3カ月）の事業に係わる総費用（「事業費用」－変動費と固定費のすべて－）を算出する。

(4) 料金算定期間中に発生が予想される費用の変動幅を考慮し，「予想事業費用」を算出する。

(5) 料金算定期間中に企業にとって必要な「事業報酬」（支払利子，配当，内部留保等）を算出する。

(6) 予想事業費用に事業報酬を加えた「総括原価」を算出する。

(7) 料金算定期間中の需要量を予測し，その平均値の水準で総括原価を割った1単位当りの料金（これを平均費用料金ないしフルコスト料金という）を算出する。」

わが国の電気通信規制において1998年まで実際に使用された公正報酬率規制のやり方は「電気通信料金算定要領」に定められている（表7-5-1）。

5.2. 第一種電気通信事業への参入許可

わが国においては，1984年以前は日本電信電話公社以外の通信サービス提供を認めず，通信市場を自由化した1985年以降は，電気通信事業法に基づく参入規制を厳格に執行してきた（〜2004年）。ネットワーク設備を自ら設置してサービス提供を行う

---

[16] このやり方をレートベース方式と呼ぶ。その他に，資本および負債の個々の構成要素毎に必要な資本費用を算出して積算する「積み上げ方式」がある。

第 7 章　参入規制と料金規制　**183**

表 7-5-1　電気通信料金算定要領の概要

> ➢ **料金原価算定期間**
> 　－ 既存サービスは3年間，新規サービスは5年間
>
> ➢ **算定単位**
> 　－ 提供に要する電気通信設備の態様，利用実態，役務の性格からみて独立性が認められる
> 　　サービス単位毎に算定
>
> ➢ **総括原価＝営業費＋減価償却費＋諸税＋適正報酬**
> 　－ 営業費
> 　　・営業運用費，保守費，管理共通費，試験研究費，通信設備使用量，その他費用
> 　－ 減価償却費
> 　　・実際に事業の用に供される電気通信事業固定資産に係るもの
> 　　・耐用年数は原則として税法による
> 　－ 諸税
> 　　・法人税，市町村民税，事業税，都道府県民税，固定資産税，その他
> 　－ 適正報酬＝レートベース×報酬率
> 　　・レートベース＝電気通信事業固定資産＋繰延資産＋運転資本＋投資
> 　　・報酬率＝他人資本コスト×他人資本比率＋自己資本コスト×自己資本比率
> 　　　－ 他人資本コスト：社債利子率，借入金利子率等より算出する
> 　　　－ 自己資本コスト：他産業における主要産業の平均ROEを上限，下限を0

第一種電気通信事業に参入する際の許可基準として定められたのは，以下の5点である（第10条）。

(1)　提供されるサービスが需要に対して適切であること
(2)　設置されるネットワーク設備が著しく過剰とならないこと
(3)　経理的基礎・技術的能力を有すること
(4)　サービス計画が確実かつ合理的であること
(5)　電気通信の健全な発達のために適切であること

　このうち，条件（2）は，「需給調整条項」と呼ばれるもので，二重投資の弊害を抑制する目的で置かれている。ただし，二重投資のすべてを禁じるものではなく，競争導入のメリットとのバランスを考慮する仕組みが内包されている。郵政省の電気通信事業法担当グループが執筆した解説書（電気通信法制研究会，1987, p.44）によれば，「第一種電気通信事業者が同一の区域又は区間に2以上存在することは，国民経済的に二重投資の弊害を生じ，かつ，無益な競争を伴い，結果として利用者の利益を阻害

184　第3部　通信市場と規制

する」という伝統的な立場を基本としつつも，「著しい技術革新を背景に，同一区域に複数事業者を併存させた方がかえって利用者の利益を増進しうるようなケース」を考慮し，「競争制限によるメリットと競争導入によるメリットのバランス」の観点から参入条件の運用を弾力的に行うための余地を残すという立法意図が「著しく過剰」という表現に託されている。「著しく過剰」に該当するか否かの判断は，個別事例毎に，需要の伸びの見通し，市場規模などを総合的に判断する必要がある。

　さらに，通信サービスの社会的インフラとしての公共性・重要性に鑑み，第11条において，外国政府や外国法人などの第一種電気通信事業への参入が禁じられている（外国性条項）。

　需給調整条項と外国性条項については，その後の規制緩和の一環として1997年6月に撤廃され，2003年7月には電気通信事業法の大改正により第一種電気通信事業に対する参入許可制度自体が廃止されるに至るが，それら過去の規制が存在した背後には以上のような考慮が存在したわけである。

引用文献：

Baumol, W.J., Panzar, J., and Willig, R.D.（1982）*Contestable Market and the Theory of Industrial Structure,* Harcourt Brace Jovanovich, Inc.

電気通信法制研究会［編著］（1987）『逐条解説　電気通信事業法』第一法規出版.

Hotelling, H.（1938）"The General Welfare in Relation to Problems of Taxation and of Railway and Utility Rates," *Econometrica,* 6(3), 242-269.

奥野信弘（1975）『公企業の経済理論』東洋経済新報社.

Ramsey, F.P.（1927）"A Contribution to the Theory of Taxation," *The Economic Journal,* 37(145), 47-61.

植草益（2000）『公的規制の経済学』NTT出版.

第 8 章　伝統的規制の限界と解決策

1.　はじめに

　自然独占の下では，複数の事業者が競合的にサービス提供を行うよりも単一の事業者が独占的にサービス提供を行う方が効率的な資源配分が可能になる。しかし，独占力の行使が自由であれば，利潤最大化を求める事業者は最適水準を大きく下回る生産量のサービスを，最適水準を大きく上回る料金で提供することを選択し，社会的厚生の観点からは大きな損失が生じる。そのため，独占企業の行動を制約して，社会的に最適なファーストベスト料金あるいはセカンドベスト料金を実現しようとするのが料金規制の目的であった。また，同時に適用される参入規制の目的は，社会的に最適な生産構造（単一企業による市場独占）を安定的に維持するとともに，社会経済インフラとしての通信サービスの安定的な確保を図るという点にあった。

　こういった伝統的な規制枠組みが所期の目的を達成するためには，いくつかの条件が満たされる必要がある。第一に，規制対象となるサービスやその提供主体である被規制事業者が適切に選択されなければならない。規制には一定のコストが伴うので，その適用対象は規制のベネフィットがコストを上回る分野に限定すべきである。参入規制によってサービス展開を認められる事業者が，潜在的候補の中で，最も効率的な生産が可能であることも要請される。参入を許された事業者が最善の効率性を持つものではなかった場合，料金規制が完全に機能したとしても，得られる資源配分は最適条件を満たさない。第二に，企業の効率化インセンティブが大きく損なわれることがないように規制がデザインされている必要がある。規制フレームワークは企業にとって外部環境要因であり，事業活動をめぐる意思決定に一定の影響をもたらす。企業は所与の規制環境の下で利潤の最大化を目指すため，規制が変われば異なる行動・戦略を選択する。そのため，規制メカニズムは，企業行動の変化を正確に予測しつつ，慎重に設計・運用されなければならない。最後に，規制メカニズムの運用に携わる規制

186 第3部 通信市場と規制

当局には，正しいインセンティブに導かれて政策決定を行うことが求められる。規制メカニズム自体が完璧に設計され，その運用システムにも問題がなかったとしても，当局が社会的厚生の最大化とは別の目的を有する場合，経済効率性が損なわれる。

　本章では，これら三つの条件のうち一番目と二番目に焦点をあて，伝統的規制が転換を迫られている背景について説明する[1]。さらに，伝統的規制に代わる新しい規制方式について解説する。

2.　伝統的規制をめぐる環境変化

2.1.　規制のコスト

　参入規制と料金規制を組み合わせた伝統的規制の運用には一定のコストがかかる。

　まず，規制プロセス自体によってコストが発生する。参入規制においては，新規参入希望者から提出される申請書の内容を評価し，最も効率的に事業運営を行うことができる者を選択する必要がある。料金規制においては，提出される事業計画や費用データ，需要見込みについて，その適切性を判断する必要がある。こういった審査事務の各段階について一定の行政コストが発生する。もちろん，行政手続きの相手側である被規制事業者にも申請書類などを整えるための費用が発生する。

　規制に関して発生するコストは事務処理コストとしてだけではなく，最適な資源配分を実現できないという効率性ロスの形でも発生する。例えば，参入させた事業者がベストの選択ではなかった場合，その他の規制システムが設計どおりに機能したとしても，得られる資源配分は最適とはならず，効率性が損なわれる。誤った情報に基づいて料金規制を運用した場合についても同じである。正確な費用情報が得られなかった場合，設定される料金は最適水準から乖離し，社会的厚生を最大化できないからである。

　企業の戦略的行動が，効率性ロスの発生・拡大をもたらす可能性もある。参入を認められた企業は，独占を法的に保証されるとともに，料金規制を通じて事業を継続できるだけの利潤が保証される。独占市場における料金規制は，（国際比較の可能性を捨象すれば）当該企業自身の費用データに基づいて運用されるため，たとえ効率性に劣る企業であっても，一旦，参入を認められさえすれば，自身の生産プロセスを反映

---

[1] 最後の条件はいわゆる「政府の失敗」をめぐる問題である。詳細については岸本（1998，第8章）などを参照されたい。

した非効率的な料金設定を通じて，長期的な存続を確保できる。そのため，企業は参入規制をクリアすることに強いインセンティブを有し，当局に提出する資料では実際を超える効率性を偽装するなど，詐欺的行為に手を染める誘因にさらされる。一方，参入後は，過剰な事業計画（＝過大な費用予測）や過小な需要見込みを提示することで高い料金水準を実現し，利潤拡大を図るインセンティブを持つ。こういった事態が可能になるのは，規制側が，事業者の提出資料の正確性を容易には判断できないからである。これは「情報の非対称性」に左右されている状況であり，合理的な企業は，これを活用して戦略的に利潤最大化を目指す。

　情報の非対称性の影響を最小限に抑えるため，規制当局としては，参入希望企業や現にサービスを提供している事業者から詳細な財務データや事業計画，需要予測を収集するとともに，将来の技術動向や市場構造に関する情報を公平な第三者の情報ソースからも入手し，それらを総合的に分析・評価する必要がある。しかしながら，そういった作業のための行政費用は膨大であるし，詳細な資料の提出を求められる企業側の費用も無視できない。

　こうした事務処理コストや効率性ロスが大きい場合は，料金規制や参入規制を行っても社会的厚生が改善できるとは限らない。結局のところ，規制を行う意味があるのは，規制をしないことによるコスト（＝規制をすることによるベネフィット）が，規制を行うことに伴うコスト（＝規制をしないベネフィット）を上回る場合に限られる。社会経済活動にとって不可欠のインフラである通信事業は，同様の伝統的規制に服する他の公益事業とともに，そういった膨大な社会的コストの負担を正当化しうる対象として伝統的に考えられてきた分野である。しかしながら，1980 年代以降の環境変化は，そういった伝統的判断の正当性を再確認する必要性を生み，規制対象の通信サービスについて，規制のコストとベネフィットを改めて比較較量することを迫った。注目すべき環境変化は大きく三つに分類できる。需要面の変化，生産面の変化，そして，政策面の変化である。

2.2.　需要環境

　ICT の急速な進歩を背景に，社会経済活動における通信ネットワークの必需性はかつてないほど高まっている一方，具体的なサービスに対する需要については高度化・多様化が急速に進展している。

188 第3部 通信市場と規制

わが国では，固定電話サービスに関する基礎的ニーズが充足されて以降[2]，通信サービスに対する需要は急速に高度化・多様化が進んできた。今日では，携帯電話サービスの契約数は固定電話のそれを大きく上回り，固定電話を持たずに携帯電話のみを保有する消費者も多い。経済発展により，消費者の所得水準は確実にアップしてきているため，固定電話に代わる（比較的高価な）サービスの利用に対する所得制約も今日それほど大きな問題ではない。また，インターネットの浸透などにより，ネットワークの利用目的も音声通信からデータ通信へと移行し，電子メールやメッセージングアプリによって日常の通信ニーズを満たす機会が増えている。その結果，通信規制の伝統的な対象であった固定（音声）電話サービスに対する需要の必需性はかつてほどではない。

加えて，今日の消費者は ICT の長足の発達を目の当たりにして，これまで以上の高品質サービスや，今までなかったような新機能の登場を求めている。それら「高度サービス」に，「必需性の高い固定電話サービス」と同様の規制フレームワークを適用すべきか否かについては，十分に検討する余地がある。新サービスや新機能が一部利用者のみをターゲットにしていたり，あるいは，あまりにも高価であるために，事実上，富裕層しか利用できないものであったりする場合，自然独占性の放置による効率性ロスは大きくないことが予想される。そういった場合，わざわざ行政コストをかけて規制すべきであるという結論にはならない。

一方，独占事業者による効率的かつ安定的な事業運営を追求する伝統的規制の下では，事業者に対して高度かつ多様なニーズに積極的に応えるインセンティブを継続して与えることは難しい。状況を改善するためには，規制を大幅に緩和するか，あるいは廃止し，複数の事業者が市場シェアを求めて切磋琢磨し合うというダイナミックな環境を創出する必要がある。参入規制を撤廃し，競争を導入すれば，事業者自身が積極的に低廉・良質・多様・高度なサービスを提供して市場シェア拡大を追求しなくてはならなくなる。同時に料金規制も撤廃すれば価格競争の余地も生まれる。結果として生じる競争により，事業者単位の栄枯盛衰が生じて短期的な摩擦的ロスは生じてしまうものの，消費者の選択の幅が広がり，その効用水準が高まるため，（自然独占性の放置による効率性ロスを差し引いても）社会的厚生の拡大につながる可能性もある。

---

[2] 「申し込んですぐつく電話サービス」の達成（積滞解消）は 1978 年 3 月，「交換手を介さない電話サービス」の完成（全国自動化）は 1979 年 3 月である。

2.3. 生産環境

　第二の環境変化は生産面の変化である。これにより，従来から存在した通信サービスについても，競争原理に委ねた方がより効率的な資源配分が実現できる可能性が生じている。その場合，伝統的規制の適用はかえって社会的厚生を損なう。

　VoIP[3]を利用した電話サービス（IP 電話）の登場，ブロードバンド・アクセス網を通じて提供されるトリプルプレイ（triple play）サービスやクワドルプルプレイ（quadruple play）サービス[4]などをもたらした技術革新は，情報通信を支えるネットワーク設備のコンパクト化・低価格化を実現する。これらの進歩により通信事業の自然独占性が喪失することになった場合，伝統的規制はその存立基礎自体を失う[5]。

　急速な技術進歩は，規制当局が技術の将来動向を見通すことを不可能にしており，その結果，「効率的な」事業者を選択することが，以前と比べて極めて困難となっている。そのため，近年では，規制をできる限り簡素化し，激しい競争を行わせることで最も効率性の高い事業者を勝ち残らせるという「適者生存型」の政策オプションが採用されるケースが増加している。

　あるいは，新規参入企業との競争による技術革新の結果，自然独占にあると考えられている通信サービスと密接な代替関係を持つような新製品・サービスが実現し，しかもそれら財の生産構造に費用関数の劣加法性が観察されないような場合，伝統的規制はその存在意義を再検討される必要がある。

　加えて，インターフェイス技術の進歩により，従来は単一の事業者が一体的に提供してきたネットワーク設備を分割し，個々の事業者がそれぞれの部分を担当するということが可能になっている。分割して提供されたとしても，個々のシステム間の接続・連携がスムースであれば，利用者はこれまでと遜色のないサービスを享受できる。すべての通信サービスが標準的なデジタル技術で取り扱えるようになった今日の状況は，そういった事業分割の可能性をさらに広げつつある。この結果，全体として自然独占であるとされてきたビジネスの中に，実際には自然独占性とは無縁な構成要素があることに注目が集まってきた。

---

[3] Voice over Internet Protocol：インターネット技術を用いて音声をリアルタイム伝送する技術。

[4] トリプルプレイサービスとは，固定電話，ブロードバンドインターネット，およびケーブルテレビを一体的に提供するサービス。クワドルプルプレイサービスは，トリプルプレイサービスに携帯電話サービスを加えたもので，グランドスラムとも呼ばれる。

[5] 例えば，第 6 章 4.3 節で説明したとおり，規模の経済に基づく自然独占性が実際に機能するか否かについては，費用構造（平均費用）と需要量の相対関係に依存する。

190   第3部　通信市場と規制

　物理的なネットワーク設備の一切を自社で保有せず，既存事業者から契約ベースで調達することによって固定費用をそれほど発生させることなくサービス提供を行う通信事業者（仮想通信事業者：VNO：Virtual Network Operator）も重要性を増しつつある[6]。この事業形態では，巨大なネットワーク設備の費用を賄う必要がないので，自然独占性が発生する余地が小さく，伝統的規制の適用は限定的になる。

2.4.　政策環境

　政策環境の変化は三つに分けることができる。まず，財政赤字の拡大とともに，いわゆる「消費者の自己責任」を重視する方向で，政府の役割の再定義が行われるようになったという事情がある。通信分野に対する伝統的規制の存在理由の一つとして，必需サービスの安定的供給の確保という消費者保護の視点がある。自己責任重視の下では，事前的規制によって消費者利益の損失を未然に回避するという伝統的な方法に代えて，一旦は市場メカニズムを信頼して自由な事業展開を許し，具体的な不都合が生じた後に行政的・司法的救済を行い，事後的に消費者利益を回復するという手法が好まれる。

　二つ目に，公的セクターの効率性に対する認識の高まりがある。公的セクターは民間の経済活動の補完であり，利潤追求型の企業ではカバーできない部分を担当する役割を果たすべしというのが古典的な経済学の立場である。公的セクターがその活動を通じて利潤を生む必要はないが[7]，プロセスに無駄がないということは最適な資源配分達成のための前提条件である。公的生産の効率性について，かつて，わが国では1970年代の国鉄赤字問題[8]を契機に国民的関心が高まった。長期間にわたり法的独占を享

---

[6] 固定電話の分野では，かつて「第二種電気通信事業者」と呼ばれていた事業形態の一部がそれに該当する。同様の形態で携帯電話サービスを行う事業者が，仮想移動体通信事業者（MVNO）である。

[7] 逆に，利潤を生む公的セクターについては，民間事業者に委ねるべきという議論になる。

[8] 1960年代まで国内の旅客・貨物輸送の主力を担ってきた日本国有鉄道（国鉄）は，1970年代以降，過疎地域への路線建設や，モーダルシフト（自動車や航空機による輸送の増加），オイルショックやその後の不況などの影響で，重大な経営困難に直面した。1964年度に初めて赤字に転落して以来，一度も黒字を計上することはなく，1985年度の純損失は1兆8,478億円，累積欠損は14兆1,212億円，長期債務残高は23兆5,610億円に達した。その後，経営改善のため，1987年4月1日に鉄道事業をJRグループに（国鉄分割民営化），債務処理を日本国有鉄道清算事業団に移行した。なお，日本国有鉄道清算事業団については1998年10月22日に解散し，債務については国が承継した。

受していたわが国の通信事業者についても，競争にさらされていないがゆえの非効率性に対する批判が生じ，そのことが 1985 年の市場開放・NTT 民営化の一つの原動力となったことは紛れもない事実である。NTT 自身，民営化以前の状況に関し，「従来のお役所的で，小回りの効かない公営独占による運営」（情報通信総合研究所，1996，p.8），「独占体制では経営効率化はどうしても甘くなる」（同，p.9）と自己評価を下している。

　最後に，「制度間競争の激化」という要素も忘れることはできない。経済活動のグローバル化・ボーダレス化の進展により，企業はより条件のよい国・地域に本社を移動して活動を行う。高度情報化の進展により，企業活動における通信ネットワークの重要性は日々高まっているため，通信環境の良し悪しはそういった企業の立地決定に直接的な影響を与える。とりわけ，マクロ経済における重要性を増した ICT 産業の分野では，高度かつ安価な通信サービスの利用の有無が国際競争力を大きく左右する。そのため，より自由度が高く，より多様で，より低廉なサービス利用環境を実現し，自国の魅力や競争力を高める観点から，先進各国は規制緩和の進展を相互に競うことを余儀なくされている。

3. 伝統的規制の本質的問題点

　自然独占下における効率性最大化を目的として導入された伝統的規制には，資源配分上の非効率性を生じさせる余地が存在する。非効率発生のメカニズムは，「企業の内部非効率の発生に由来するもの」と，「規制運用面の非効率性が原因となるもの」の二つに分類できる。

　3.1 節と 3.2 節では前者について，後者は 3.3 節で論じる。

3.1. 内部効率化インセンティブへの影響

　伝統的規制が企業の内部非効率を生むメカニズムには，「①伝統的規制が企業の内部効率化インセンティブを十分に活用するような仕組みを持たない点に関連するもの」と，「②料金規制として採用される公正報酬率規制に特有の問題点に関連するもの」がある。まず，前者に関して分析しよう。

　自然独占を前提とする伝統的規制では，費用効率性を追求するために独占的事業者の存在を想定する。独占的事業者は，競争相手や潜在的新規参入事業者の競争圧力か

192　第3部　通信市場と規制

らは，費用関数の劣加法性に加え，政府の参入規制によっても保護されていることが通常である。

　完全競争市場においては，最善の合理化を達成した企業のみが長期的存続を許され，それ以外の企業は，競争の結果，市場から退出せざるを得ない。それに対し，参入規制の下では，仮に合理化が十分に達成できなくとも，市場シェアを失って退出するという事態は発生しない。加えて，平均費用価格形成の下では，当該企業自身の費用情報に基づいて収支均等を確保する料金水準が指示されるので，損失を被る恐れもない。つまり，合理化を怠り過大な費用が発生したとしても，それはすべて利用者に転嫁され，事業者自身の直接の負担とはならない[9]。

　他方，合理化を積極的に進めて，所与の料金水準の下でより大きな利潤を得られるようになっても，料金規制が適用されれば収支均等となる料金水準が新たに設定し直されるため，得られるはずだった超過利潤はすべて低料金という形で利用者に還元されてしまう[10]。

　このように，伝統的規制に服している事業者は，合理化を怠っても事業存続が危機に瀕することはないうえ，かといって合理化を進めてもそのメリットを自らのものとして享受することが，短期的にはともかく，長期的には難しい。そのため，合理化を進めるインセンティブが十分に機能することは期待できない。

　伝統的規制が事業者に対して十分な合理化インセンティブを与えないのであれば，事業者の提出する費用情報は効率的水準を超過している可能性が高い。その結果，ROR 規制を運用する当局が設定する料金水準は最適水準を超え，資源配分の効率性が損なわれる。

　最適化のための十分なインセンティブが経済主体に与えられないことに起因する非効率性は，「X 非効率性（X-inefficiency）」と呼ばれる[11]。X 非効率性の発生を防ぐ

---

[9] 料金高騰により市場が縮小するという経路を通じた収益へのマイナスの影響は発生する。しかしながら，必需性の高い財・サービスの場合であれば，料金高騰による市場規模の変化は小さいため，料金転嫁による収益悪化は生じない場合がある。

[10] 規制当局による料金水準の見直しが一定のインターバルで実施される場合であれば，発生した超過利潤は，暫くは事業者自身のものになる。実際，福家（2000）は，NTT と DDI（現 KDDI）は料金改定のインターバル期間において公正報酬率を超える利益率（報酬率）を市外電話サービスの提供に関して達成していること，他方で，市内電話サービスについては上限を大きく下回る利益率になっていること，を明らかにしている。

[11] X 非効率性（X-inefficiency）あるいは X 効率性（X-efficiency）はハーヴェイ・ライベンシュタイン（Harvey Leibenstein）が提唱した効率性概念である（Leibenstein, 1966）。企業経営者などに費

ためには事業者による生産活動の効率性を常に監視し，非効率な費用については料金
規制において総括原価の計算から排除するような仕組みが必要である。そのためには
規制当局が通信サービスの供給メカニズムについて十分な情報を得る必要がある。

　しかしながら，伝統的規制の下では，通信サービスを提供する事業者の数は 1 社（あ
るいは極めて限定的な数）であるため，具体的な情報ソースは規制対象事業者以外に
なく，市場環境や規制環境などの異なる海外事業者との比較を行うにしても，十分な
監視は不可能である。そのため，一旦，参入を許された事業者はペナルティを科され
る恐れがほとんどないままに，非効率的な生産活動によるメリット（必要以上に豪華
な本社ビルや社用車，本来業務との関係が密接ではない「文化的活動」への支出によ
る社会的名声の獲得など）を享受できることになる。

3.2.　アバーチ＝ジョンソン効果

　ROR 規制特有の問題点としては，アバーチ＝ジョンソン効果（A-J 効果：
Averch-Johnson effect）と呼ばれるものが最も有名である（Averch and Johnson, 1962）。

　第 7 章 5.1 節で示したように，ROR 規制において，企業が得られる会計上の利潤は
「公正報酬」であり，その水準は事業資産（レートベース）の大きさに比例する。そ
のため，利潤最大化を目指す事業者は，必要以上に資本集約的な生産方法を採用し，
非効率性を発生させる傾向があるというのが，A-J 効果の予測するところである。

　Train（1991, Chap.1）の記述を用いて解説しよう。自然独占の下で事業者は一定の
価格支配力を持ち，自らの生産量を操作することで市場価格に影響を及ぼすことがで
きる。そのため，彼らが直面する価格は，生産量 Q の関数 $P = P(Q)$ として表現され
る。生産される財・サービスの価格は生産量に依存するため，売上高も生産量の関数
となる（$R = P(Q) \times Q$）。

　必要な生産要素は資本 K と労働 L だけであり，それぞれ 1 単位当たり資本コスト r，
賃金率 w で完全競争市場から調達されると仮定する。生産関数を $Q = Q(K, L)$ とし，
生産要素価格である r と w は外生的な定数 $\bar{r}$，$\bar{w}$ として取り扱う。利潤最大化を目指
す企業は所与の生産量をできるだけ少ない費用で生産すべく生産要素投入量を調整
する。資本 K と労働 L という二つの生産要素の投入量をそれぞれ X 軸と Y 軸にとり，
一定の生産量を実現するための生産要素投入量の組み合わせ（等量曲線）を描くと，

用最小化や利潤極大化のための行動を促すに足る十分なインセンティブが与えられていないため，
生産活動に非効率が発生することを指す。

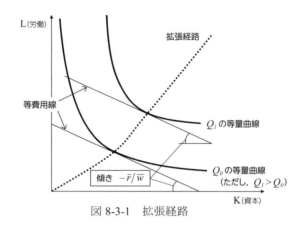

図 8-3-1　拡張経路

　図 8-3-1 に示すように，所与の生産量に対する最適な生産要素投入量は，等量曲線（$\bar{Q} = Q(K,L)$）と等費用線（$C = \bar{r}K + \bar{w}L$）の接点として与えられる。各生産量に対して費用最小化を達成する最適投入量の組み合わせを結んだものが「拡張経路（expansion path）」である。経路上の各点は，生産レベルに対応した費用効率的な生産方法を示す。等量曲線の傾きは，生産関数を全微分し，生産量の変化分が 0 と等しいとすることにより与えられ，$dK/dL = -(\partial Q/\partial L)/(\partial Q/\partial K)$ となる。右辺は技術的限界代替率（MRTS : Marginal Rate of Technical Substitution）の符号を逆転したものである。一方，等費用線の傾きは $-\bar{r}/\bar{w}$ であるから，結局のところ，拡張経路とは，$MRTS = \bar{r}/\bar{w}$ を満たす生産要素投入量の組み合わせに他ならない。

　利潤最大化を目指す自然独占企業は拡張経路上を移動しつつ，最適な生産量を探索する。それでは，最適産出レベルはどのように決定されるのであろうか。生産関数は，先に定義したとおり，$Q = Q(K,L)$ であり，生産要素価格は定数であるから，企業利潤 π は式 1 のように資本と労働の関数として記述できる。

$$\pi = P(Q(K,L)) \times Q(K,L) - \bar{r}K - \bar{w}L = \pi(K,L) \qquad (式1)$$

　最適な生産要素投入量 K^*，L^* は，利潤が最大値 π^* をとる時点における投入量として定義される。生産要素投入量がそれよりも小さければ，生産量が最適水準よりも過小となり，生産物価格は最適水準よりも高く，費用総額も小さくなるが，十分な売上高が獲得できないために利潤は最大値を下回る。逆に投入量が最適水準を超えれば，

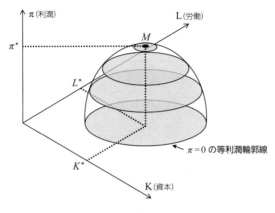

図 8-3-2　利潤の丘

生産量（販売量）は増大するものの，生産物価格が低下し，さらに費用総額は嵩むため，利潤額は小さくなる。そのため，図 8-3-1 で用いた XY 平面に，利潤を表す Z 軸を加えて三次元のグラフを考えると，図 8-3-2 に示すような「利潤の丘（profit hill）」を描くことができる。この場合，企業にとっての最適な組み合わせは丘の頂点 M であり，資本と労働をそれぞれ K^*，L^* だけ投入して生産量 $Q^* = Q(K^*, L^*)$ を生み出し，最大利潤 π^* を達成する。

丘が XY 平面に接する部分は（経済学的な意味での）ゼロ利潤を達成する生産要素投入量の組み合わせを示す。利潤の丘の等高線（等利潤輪郭線：isoprofit contour）をとって二次元の図として描き直したものが図 8-3-3 となる。等利潤輪郭線は最適な生産要素投入量の組み合わせ $M = (K^*, L^*)$ を中心に同心円状に形成され，より内側の輪郭線がより高い利潤に対応する。特定の利潤水準に対応する等利潤輪郭線上に存在するすべての生産要素組み合わせは同水準の利潤を生み出す。利潤が最大になる点は，費用最小化が達成されている点でもあるから，拡張経路は点 M を必ず通過する[12]。

---

[12] 拡張経路が点 M を通過しないと仮定しよう。点 M を通る等量曲線と拡張経路が交わる点を N と名付けることにする。点 M および点 N は同じ等量曲線上の点であるから，各点によって表現される生産要素投入量から生産される財・サービスの生産量は等しく，そのため収入額は同じになる。一方，点 N は費用最小化を達成する拡張経路上にあるが，点 M はそこから外れているため，費用水準は点 N の方が小さい。したがって，点 N における利潤水準は点 M のそれを上回る。つまり，利潤の丘の頂点が点 M ではないことになり，点 M の定義に矛盾する。このことは初めの仮定が誤っていたことを意味する。すなわち，拡張経路は必ず点 M を通過する。

196 第3部 通信市場と規制

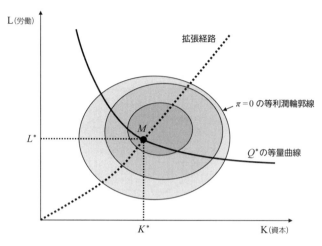

図 8-3-3　等利潤輪郭線と拡張経路

　ここで，ROR 規制について考える。ROR 規制の下では平均費用価格形成によって導かれる料金水準がターゲットである。得られる超過利潤は 0 となり，事業への投資は競争下にある他の産業と同水準のリターンしか生まない。ただし，その場合，社会経済活動に不可欠な設備投資を集めることがままならない。そこで，政策的な理由から，一定の正の超過利潤を生むことができる水準に公正報酬率が設定されたとしよう。この場合，他の産業に投資するよりも，ROR 規制下の事業に投資した方が有利となるため，資金調達が促進される。

　経済学的な意味の（機会費用を考慮した）資本コストを r とし，採用された公正報酬率を f とすると，許容される公正報酬の上限額は fK であり，その場合に企業が得られる超過利潤の上限は $\pi^{ROR} = (f-r)K$ となる（公正報酬率 f の水準が資本コスト r に等しければ，$\pi^{ROR} = 0$ である）。ここでは，$f - r > 0$ を仮定しているため，超過利潤は L 軸を通り，K とともに増加する制約平面を構成する（図 8-3-4）。K 軸方向に測定した制約平面の傾きは $(f-r)$ である。ROR 規制の下では，企業はこの制約平面を Z 軸方向に上回ること，つまり（投入した資本 K に対応して定まる）π^{ROR} を超える利潤を上げることができない。したがって，利潤最大化を目指す企業がとりうる最適選択は点 R である。

　規制を受けない自由な企業が選択する生産要素投入量の組み合わせ（点 M）と，ROR 規制の下で企業が選択する組み合わせ（点 R）の関係は，制約平面が利潤の丘

第 8 章 伝統的規制の限界と解決策　　**197**

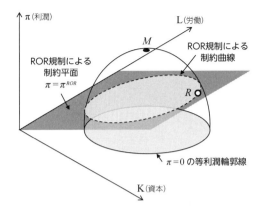

図 8-3-4　制約平面と利潤の丘

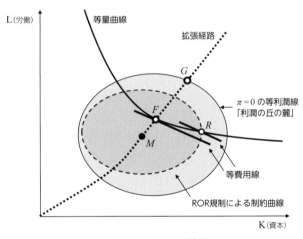

図 8-3-5　A-J 効果

と交わる平面を XY 平面に写像した図 8-3-5 においてより明確に示される。

　ここでは，利潤の丘と制約平面の交わる点の集合を「制約曲線」と称している。点 F は，被規制企業が点 R において生産する財・サービスと同じ量を最も効率的に生産できる生産要素の投入組み合わせである。平均費用価格形成が目指すのは，企業に収支均衡（ゼロ利潤）を保証するという条件の下で，最大の生産量を効率的に生み出させるような均衡状況である。したがって，本来目指すべき状況は，生産効率性を保証

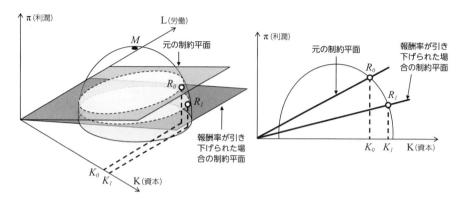

図 8-3-6　公正報酬率の引き下げ効果

する拡張経路と，収支均衡を保証する利潤の丘の麓の交点である点 G となる。

　この図を用いれば，A-J 効果は次のように説明できる。すなわち，点 R は制約曲線の最も右側に位置し，それは同時に，非規制下における効率的な生産方法を示す拡張経路の右側でもあるから，「ROR 規制の下にある企業（ROR 企業）は，非規制下の企業に比べてより多くの資本を生産要素として用いる」という結果が得られる。点 F は，必ず点 R の左側に位置するから，ROR 企業の資本/労働比率（K/L）は当該生産量に対して非効率に高い。

　では，超過利潤の発生を抑える方向に公正報酬率を調整するとどうなるだろうか。これは，公正報酬率 f を資本コスト r に近付けていくことを意味し，制約平面はより XY 平面に近接する。その結果，ROR 企業が選択する生産要素投入量の組み合わせは点 R よりもさらに右側に移動する。すなわち，平均費用価格形成をより正確に実現すべく公正報酬率を調整すると，被規制企業の資本投入量はさらに過大となってしまう（図 8-3-6 における $K_0 \Rightarrow K_1$）[13]。

　Oum and Zhang（1995）は，代替サービスの登場などにより被規制サービスの価格が低下した場合の資本投入量について考察している。図 8-3-7 は，利潤の丘を横から

---

[13] 平均費用価格形成を完全に実現するような水準に公正報酬率が設定された場合（つまり，$f = r$），制約平面は XY 平面に一致し，企業はどういう生産を行っても同じ水準の利潤しか得られない。そのため，生産要素投入量の選択（つまり生産量の選択）について無差別となる。また，その際に得られる利潤は，完全競争にある他の産業と同じ（経済学的な意味での）ゼロ利潤であるため，事業者は本市場を退出して別市場に移るということに対しても無差別となる。

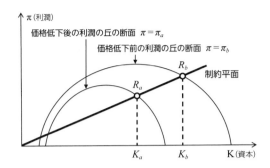

図 8-3-7　価格低下が資本投入量に及ぼす効果

みたグラフであり，横軸は資本 K の量を，縦軸は利潤額を示す。この図において制約平面は原点から出発する右上がりの直線として表現される。価格低下前の利潤の丘の断面が π_b で表現されるとすれば，このとき，被規制企業は利潤最大化を達成するために最適水準 K^* を上回る資本 K_b を生産に使用する（A-J 効果）。ここで，サービス価格が一律に低下したとすれば，利潤の丘は一回り小さくなり，その断面は π_a に変化する。その結果，被規制企業が利用する資本量は K_a の水準まで縮小する。

ところで，図 8-3-5 の分析からは以下の三つの結論を追加的に得ることができる。「①企業の生産量における限界収入は必ず正である」「②企業は生産に利用することを選択した投入要素をすべて効率的に利用する」「③公正報酬率が資本コスト以下に設定される場合，企業は生産を行うことはない」。これら三つの結論に至るロジックについては，Train（1991, Chap.1）を参照されたい。

A-J 効果を原因とする非効率性が特定産業において実際に生じているか否かについては実証研究によって明らかにすべき問題である。Oum and Zhang（1995）は米国の通信事業者に関して実証分析を行い，ROR 規制の下での資本の過剰使用の存在を明らかにしている。Lopez（1997）はスペインの通信事業者（Telefónica 社）に関してA-J 効果の存在を示唆する分析結果を得ている。わが国については，1958 年から 1998 年までの NTT のデータを森（2003）が分析し，確定的な結論ではないものの，全体的に強い資本過大の傾向があることを見出している。

3.3.　規制運用面の非効率性

規制運用面の非効率性は，ROR 規制が規制当局と規制対象企業の双方に大きなコ

ストを課すことから生じる。

まずは，必要な情報を入手するためのコストである。第7章5.1節で説明したように，ROR 規制においては事業者が将来負担する「予想事業費用」を正確に算出し，さらに，将来の需要量を適切に見積もることが規制当局に要求される。本章2節で説明したように，情報の非対称性の問題に直面する規制当局はそのために膨大な労力・時間・費用をかける必要があり，被規制事業者側が負担する費用も大きい。

第二のコストは，規制当局の自由裁量の行使に由来する。言うまでもなく，法治国家においては，あらゆる公的規制は法律や規則にその根拠を持ち，その運用は法律・規則に従って行われることが原則である[14]。しかし，公的規制を運用するにあたっての条件や行使方法の詳細をすべて事細かく法文上に記載することは技術的に不可能なので，運用にあたっては規制当局に一定の裁量権を事前に認めておく必要がある。ROR 規制においては，料金設定単位毎に総括原価を計測し，あわせて，対象となっている財・サービスに対する将来の需要量を見積もる必要がある。複数サービスを提供している事業者の共通部門経費をどのような基準で個別サービスの事業費用として割り振るかといった問題や，将来の需要予測をどの程度に見積もるかといった問題に関して規制当局の裁量の余地は大きい。参入規制においては「需給調整条項」の認定に際して大きな自由裁量の余地を設けることが必要になる。こういった規制当局による自由裁量によって企業に許される料金水準や事業分野が決定し，獲得できる利潤額が変動する。そのため，企業は自己に都合のよい裁量が行われるように当局に働きかける強いインセンティブを有する。この活動（レントシーキング）は被規制企業の超過利潤の確保を目的としており，その費用は料金水準に転嫁される。レントシーキングの費用は社会的には完全な浪費であり総余剰を減少させる。

最後に，行政事務の処理スピードに関連するコストがある。法律や規則に定められた規制運用は様々な事務的作業を必要とする。参入許可や料金改定においては膨大な資料の審査が必要で，さらに重要な意思決定に際しては審議会などへの諮問を必要とするため，手続きを完了するにはかなりの時間がかかる。申請前の事前審査といったものがあることを考えれば，その期間は実質的にはさらに長い。事業者による申請から手続き完了までの時間のずれ，あるいは問題発見から対処規制の発動までの時間のずれを規制ラグと呼ぶが，これが存在することは事業者や消費者が環境の変化に適切

---

[14] 法律や規則に基づかない規制として業界団体などによる「自主規制」と呼ばれるものがあるが，「自主規制」は公権力の行使を背景とした法的強制力を有することができない。

に対処できないことを意味する。その結果，企業の生産活動は最適水準から乖離し，個別企業にとっては利潤機会の喪失につながり，経済全体として非効率性が発生する。

4. インセンティブ規制

　伝統的規制の問題点に対処するため，通信事業に対する規制メカニズムを修正・転換する必要があるという議論が，わが国においては1990年代以降高まってきた。

　企業の内部非効率の発生を効果的に抑制するためには，事業者自身の効率化インセンティブを活用する以外に方策がない。それにより，規制コストが削減され，規制の簡素化・迅速化につながり，規制運用の効率性も改善される。そこで，伝統的規制に代わるものとしていわゆる「インセンティブ規制（incentive regulation）」が提案され，公益事業をめぐる新たな規制方法として多くの先進国で採用されてきた。

　インセンティブ規制とは，被規制企業の内部効率化インセンティブの発揮を規制目的達成の手段として積極的に活用する仕組みを内包した規制方式のことである。植草（2000）の分類に従えば，インセンティブ規制は，①自然独占市場に人為的に競争を成立させることで企業が内部効率化を行うことを期待する間接的な方法と，②企業が内部効率化を行うこと自体に直接の報酬を与える直接的な方法に二分できる。これまで現実に適用されてきた種々の規制のうち，前者の間接的な方法に属するものとしては，免許入札制（franchise bidding）やヤードスティック競争（yardstick competition）があり，後者の直接的な方法としては価格上限規制（price cap regulation）がある。

4.1. 免許入札制

　参入規制における非効率性は規制当局が生産効率の最も高い事業者に参入許可を与えなかったことで発生する。免許入札制は，そういった事態の防止のために導入されるインセンティブ規制メカニズムである。

　1985年に制定された電気通信事業法において採用されていたように，参入希望者から提出された事業計画書などを総合的に審査して免許を割り当てる方法を比較審査，あるいは俗に美人コンテスト方式（beauty contest）と呼ぶ。この場合，情報の非対称性により規制当局が常に正確な判断を下すことは困難である。さらに，そういった規制当局側の状況を予想している申請企業にとっては，自己の生産効率性に関して正確な情報を提供するインセンティブに乏しい。そのため，比較審査では，必ずしも正確

202 第3部 通信市場と規制

ではない情報から不完全な判断力で選択された申請者に事業免許を与えることとなり、非効率性の発生が不可避となる。

これに対処するため、有効期限を限定した事業許可を競争入札により申請者に割り振ることで、最も効率的な事業者を選択しようというのが免許入札制である。

事業者が事業許可への入札価格として提示しうる金額の上限は、超過利潤額に等しい。これは、許可に対して支払う費用は埋没費用となるためである。最も生産効率性の高い事業者は超過利潤の大きさが最大で、したがって最高の入札額を提示して事業許可を落札できる可能性が高い。一方、市場参入を希望する事業者は、超過利潤の獲得を狙って内部効率化を進めるインセンティブを持つ。落札できなかった場合の損失（期待利潤の喪失）を考慮すれば、効率化を手加減した入札価格を提示することは利潤最大化に反する。この結果、市場で最も効率的な事業者によるサービス提供が実現される[15]。これが免許入札制のメカニズムである。

なお、落札価格が入札価格と等しい第一価格封印入札（first-price sealed-bid auction）の場合、要求される効率化水準は、第二位の事業者を超える入札価格を実現できる水準である。それに対し、落札価格が第二位の入札価格となる第二価格封印入札（second-price sealed-bid auction, Vickrey auction）の場合は、実現可能な最大限の効率化努力を予定した入札価格を提示することが最適となる。なお、ある仮定の下では両者の期待落札額は同水準になる（収入等価定理）[16]。

入札に参加する事業者の数が多いほど、さらには、入札予定事業者の生産性が接近しているほど、落札した事業者の生産効率性は完全競争の下における最適な合理化によって実現される水準に近くなる。

免許入札制が想定どおりの機能を果たすためには、事業者に超過利潤を得るチャンスを十分に与える必要がある。ROR 規制のままでは、効率的な事業者であっても超過利潤を得ることができないため、望ましい結果を得られない。現実に免許入札制が採用された米国の携帯電話サービスなどの場合、料金水準の決定は通信市場の競争メカニズムに委ねられており、規制の対象外である。

---

[15] 一定の料金水準で不採算地域にユニバーサルサービスの提供を行う事業権をめぐる免許入札の場合は、政府から支給されるユニバーサルサービス運営費の額をめぐって入札を行うことで効率的な事業者を選抜できる。通常の入札とは異なり、この場合は、できるだけ少額の入札をした事業者が落札者となる。最も効率的な事業者は最も少額の運営費補助しか要しないため、これにより効率的なユニバーサルサービス提供が確保できる。

[16] 詳しくは、Milgrom（2004）あるいは横尾（2006）を参照されたい。

免許入札制の運用においては注意すべき点がいくつか存在する。まず，事業許可により提供されるサービスの品質について明確な基準を示すことが重要である。一般に低品質なサービスを提供すれば生産費用を削減できるため，効率性が低い事業者であっても，サービスの品質を低下させることで他の事業者と競合しうる入札が可能になる。財・サービスの品質を事前に十分に明記できない場合は，落札者決定のプロセスにおいて金額のみならず，提供予定サービスの品質の良し悪しを考慮する必要がある[17]。ただし，品質を重視しすぎると，伝統的な参入規制における情報の非対称性の問題が再び大きくなる。品質確保のためには，落札後の事業者の活動を継続的に監視し，必要に応じて政府が事後的に介入しうる仕組みもあわせて導入する必要があろう。

次に，事業許可の有効期間の設定にも配慮が必要である。事業許可の付与は独占体制の公認に等しいので，有効期間が長いとそれだけ独占による非効率性が生み出す厚生損失の可能性とその規模が大きくなる。一方，基礎的研究開発は，ある一定期間保証された独占利潤がないと取り掛かることができないかもしれない。ネットワーク効果と規模の経済が働く通信市場においては，産業や市場の確立自体に一定の時間を必要とするため，短い有効期間では全く成果が見込めない可能性もある。

第三の問題は，免許入札により既存企業が事業権を喪失した場合に，これまでの利用者に対するサービスの継続をどのように確保するかという点にある。言い換えれば，前落札者である既存事業者のネットワーク設備を，新落札者がどのように承継するかという問題である。ネットワーク設備のように，必須であるものの，他用途への転用が極めて限定的である設備の場合，両当事者が納得する承継価格の設定は困難である。とはいえ，二重投資は社会的に無駄であるから，承継を成功させることは社会的に望ましい。円滑な資産承継が困難であると予想されれば，既存事業者は免許期限終了時に設備の残存価格がゼロになるよう，期間の後半に向けて設備投資やメンテナンスを削減するインセンティブを持つ。この場合，事業許可の有効期限が残り少なくなるにつれ，提供サービスの品質に問題が生じる。

第四に，（先にも指摘したが）入札システムにより効率的な結果を得るためには入札参加者の数を増やし，さらには可能な限りの情報公開に努めて事業者間の情報格差

---

[17] わが国で2005年4月より施行されている「公共工事の品質確保の促進に関する法律」では，入札額と工事プランの品質をあわせて評価して落札者を決定する仕組み（総合評価方式）を導入している。品質は客観的基準により点数換算され，点数/入札額の値が最大の事業者が落札者となる。質の考慮が必要な免許入札制においても同様の仕組みが検討に値する。

204 第3部 通信市場と規制

を解消することが重要である。入札参加企業が少数である場合には，談合・共謀の可能性が高くなり，効率的でない事業者が落札するケースが出てくる。また，既存事業者が事業ノウハウ等の情報を独占している場合，新規の参入希望者が入札において著しく不利になり，効率的な結果は期待できない。

最後に，「インセンティブ規制として行われる免許入札制」においては，最高の落札金額を実際に得ることが規制の目的ではないことを再度強調したい。免許入札制の目的は最も効率的な事業者を選択することであり，入札額は規制庁と事業者の間に存在する情報の非対称性の下で適切な選択を行うための客観的な基準である。その意味では，落札額の支払いを求めるのは入札が虚偽でないことを保証し，入札後の効率的生産を確保するための手段であり，免許販売の収入を得るためではない[18]。事業者から超過利潤（の一部）を落札額として差し出させた結果，将来の研究開発に支障が生じれば，短期的な効率性は確保できても，長期的な効率性が損なわれかねない。あるいは落札金額が利用料金に過度に転嫁される場合，資源配分の短期的な効率性さえも損なわれる。落札事業者の研究開発活動の「最適量」や，利用者に課すべき「最適な料金水準」についての議論は別途必要である[19]。問題が大きい場合には，政府が得た落札額の使途として「落札事業者の研究開発活動の支援」や「利用者への還元」を考慮することも必要となる。

通信事業において実際に免許入札制が導入されているのは主として携帯電話事業者などに対する周波数免許の付与の局面である。周波数免許の入札（周波数オークション）をめぐる議論については，第10章4節に譲る。

4.2. ヤードスティック競争

参入を許されて一定の独占権を与えられた通信事業者を，人為的に設定されたバーチャルな競争に巻き込むことで効率性改善を図ろうとする方法が，ヤードスティック競争である。例えば，事業許可が全国をいくつかのブロックに分けて与えられる場合，ヤードスティック競争は，地域独占企業同士が互いに競争を行っているかのような

---

[18] 政府が保有している電波資源を用いて追加的な財政収入を得るという点が制度の導入目的として示される場合もある。事実，米国における周波数オークション制度導入の議論の中で，連邦政府収入の増大が制度導入の第一の目的とされたことがある（鬼木，2002，第5章）。

[19] 希少な参入枠を勝ち取った落札事業者の数は限定的であるので，「最適量」や「最適水準」の決定を限定的な競争しか成り立っていない市場に完全に委ねてしまうことには効率性の観点から問題がある。

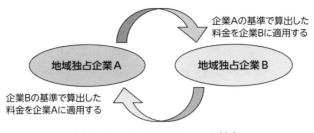

図 8-4-1　ヤードスティック競争

バーチャル環境を構築する（図 8-4-1）。

　被規制企業に与えられるバーチャル競争のリターンは他の企業のパフォーマンスとの相対比較に基づいて設定される。比較対照グループよりも良好なパフォーマンスを上げている企業は報酬を与えられる一方，比較対照グループのパフォーマンスよりも劣る企業は罰則を与えられる。具体的な方法はいくつも考えられるが，例えば，労働生産性や資本生産性の平均値を基準値（ヤードスティック：yardstick）として各社に適用して ROR 規制における総括原価を計算するというやり方がある。通信料金は平均的な生産性を達成している事業者の超過利潤がゼロになる水準に設定しておくことで，平均以上の生産性を達成した事業者はプラスの超過利潤を獲得する。一方，平均以下の事業者はマイナスの超過利潤，つまり損失を被るため，効率性改善を図るインセンティブを持つ。各社の合理化努力の結果として基準となる「平均的な効率性水準」が押し上げられ，社会的厚生が改善される。あわせて，これまで平均以上のパフォーマンスを実現してきた事業者の相対的地位に変化が生じるため，結局は，すべての事業者が合理化努力を強いられる。ヤードスティック競争は定性的な指標に関してデザインすることもできる。例えば，サービス品質について苦情を述べた顧客の割合が比較グループの企業よりも少なかった企業は金銭的報酬を受けるような仕組みである。

　本メカニズムが十分に機能するか否かは，比較対照グループおよびヤードスティックの適切な選択に依存している。例えば，都市部の通信事業者と山間辺地の通信事業者のように，サービス提供に必要な設備などが本質的に異なる企業同士を直接比較しても，適切な基準値を生み出すことはできない。その場合，生産性などの数値を事業者の周辺環境の状況に応じて調整したり，同様の事業環境に直面する企業間でのみ比較したりする仕組みを検討する必要がある。

4.3. 価格上限規制

価格上限規制（プライスキャップ規制：price cap regulation）は，英国の通信事業者である British Telecommunications 社を民営化する際に提案されたものであり，事業者が設定できる料金に一定の上限値を設定し，上限値以下の価格改定を自由とする一方で，上限値自体の水準を徐々に引き下げるメカニズムをあらかじめ内包しておくことで，事業効率性を改善していくことを目指すものである。

最も基本的な価格上限規制は式2または式3として表現できる。被規制企業は，インフレーション率（ΔCPI）から X ファクターと呼ばれる数値を引いた分だけ次期の料金を上げることを認められる。X ファクターは，一般に「生産性向上期待値」と呼ばれ，被規制産業が経済の他の部門よりも急速に生産性向上をなしうるとされる程度，および，他産業の場合よりも低いと想定される生産要素価格上昇率を反映する。

$$\frac{P_t}{P_{t-1}} \leq \left(1 + \frac{\Delta CPI - X}{100}\right) \qquad (\text{式} 2)$$

$$\text{または，} \quad P_t \leq P_{t-1} \times \left(1 + \frac{\Delta CPI - X}{100}\right) \qquad (\text{式} 3)$$

価格上限規制には大きく三つのメリットがある。第一に，（X ファクターを除けば）運用に必要な情報の多くが，外部の第三者機関によって検証可能な情報として得ることができる点である。このため，規制の透明性が高く，かつ，情報収集に伴う行政コストが抑制される。第二に，上限価格の水準が企業情報に基づかずに設定されるため，企業にとって上限価格に影響を与えて獲得利潤を拡大するという戦略的行動をとる余地がない。そのため，A-J 効果のような非効率性が発生しない。第三に，一旦設定された上限値は（少なくとも数年間は）変更されないため，その間の合理化メリットは収益率の拡大という形で企業自身に 100％還元される。そのため，被規制企業の合理化インセンティブが発揮されやすい。

わが国の場合もそうであるが，価格上限規制が，個別サービスの料金水準に対してではなく，複数サービスから構成されるサービスバスケットを対象に，個別サービスの生産量をウェイトとして算出された加重平均料金に対して適用されることがある（「バスケット型の価格上限規制」）。この場合，被規制企業はサービスバスケットを構成する個別サービスの料金設定に関して大きな自由度を得る。特定のサービスの料

金を上昇させても，同じバスケットに属する他のサービスの料金を引き下げることで価格上限規制をクリアできるからである。

被規制企業が価格上限規制の枠内で毎年の利潤最大化を目的としてサービスバスケット内の各サービスの料金を調整していけば，消費者余剰は毎年増大し最終的にはラムゼイ最適が確保される[20]（Vogelsang and Finsinger, 1979）。これは，大需要を抱えるサービスの料金上昇は消費者余剰を大きく損なうと同時に，当該企業が他の料金を上昇させうる余地を大きく減少させるため，企業の利潤最大化行動と消費者余剰最大化行動が一致するためである。このため，バスケット型の価格上限規制の適用は，最終的にはラムゼイ最適な料金水準の実現をもたらし，セカンドベスト料金を目指すという規制目的を達成する。

本規制のポイントは X ファクターの働きにある。他の多くの料金規制と同じく，価格上限規制においても，被規制産業に対して競争圧力を人工的に再現することを目指している。

完全競争下では，企業が一定の生産高に対して設定する単位料金の効率的水準は，投入物価格の上昇率と生産性上昇率の差に等しい割合で上昇する。

被規制産業が他の部門と同様に生産性を改善でき，さらに，他と同水準の生産要素価格上昇率に直面するものと仮定しよう。この条件の下では，被規制産業に対し超過利潤を許さない水準（＝競争市場において通常期待できる収益を保証する水準）に規制料金を一旦設定すれば，その後は，経済全体の生産物価格上昇率（＝インフレ率）で規制水準を上昇させることにより同じ収益率を確保・維持できる。これは，式 2 または式 3 において，X ファクターをゼロに設定した場合に相当する。被規制産業が経済の他の部門よりも高い生産性上昇率を達成すると想定できる場合，あるいは，より低い生産要素価格上昇率に直面すると想定される場合は，その程度を反映して X ファクターを設定することで競争市場の規律を再現できる。例えば，経済の他の部門における生産性上昇の期待率が年 3％であるのに対し，被規制産業が年 4％の生産性上昇率を達成できると仮定しよう。加えて，経済の他部門に投入される生産要素の料金が年間 1.5％で上昇するのに対し，被規制産業の生産要素価格上昇率が 0.5％であると仮定しよう。この場合，適切な X ファクターは予想生産性上昇率の差（4 マイナス 3）と予想生産要素価格上昇率の差（1.5 マイナス 0.5）の和に等しい 2 となる。

---

[20] Laffont and Tirole （1999, pp.66-67 ［訳書，pp.68-70］）に簡易な解説がある。

208 第3部 通信市場と規制

　ただし，生産性上昇率と生産要素価格上昇率については予測が困難であるため，X ファクターの決定は実際には容易でない。様々な計量経済学的手法を駆使するとしても，規制当局が裁量を行使しなければならない局面は多い。例えば，参入規制に保護された被規制企業の合理化程度が現時点において十分でないと判断される場合，技術革新により当該産業の生産性改善の余地が大きい場合，あるいは，海外の同業他社などが大きな生産性改善を実現しているような場合には，X ファクターをその分だけ大きな値として設定しなくてはならない。しかしながら，具体的な数値設定にあたっては事業環境の将来を予測する必要があり，規制当局の必ずしも正確とは言えない裁量的判断に依存せざるを得ない。

　価格上限規制の下では，被規制企業の合理化が当初の予想を超えて進展することにより，あるいは，市場規模が拡大して規模の経済が発揮されることにより，想定以上の収益を発生する場合がある。その際，被規制企業の膨大な収益を，低料金を通じて顧客に還元させるために，X ファクターが上方修正される場合もあるが，この場合も同じく将来予測に対する規制当局の判断が求められる[21]。

　環境が変化した場合に上限価格が自動的に上下するメカニズムをあらかじめ内蔵しておくことで，過度の収益変動を抑制する方法もある。内蔵される調整項は Z ファクターと呼ばれ，被規制企業にとって外生的な要因が被規制企業に偏って影響を及ぼす場合に，上限価格を適正水準に調整する役割を果たす。Z ファクターが採用されている例として，英国のガス事業におけるケースを式4に，米国の電気通信事業におけるケースを式5に挙げる。ΔY はアウトプット1単位当たりの原料費上昇分，ΔT は同じくアウトプット1単位当たりの税負担増加分，ΔA は接続料金[22]以外の費用の増加分，ΔC は接続料金収入の増加分，R は事業者収入を意味する。

$$P_t \le P_{t-1} \times \left(1 + \frac{\Delta CPI - X}{100}\right) + \Delta Y_t + \Delta T_t \tag{式4}$$

---

[21] 膨大な収益の発生を予防するためにあらかじめXファクターの値を調整しておくことも可能である。ただし，その場合は「適切な利潤額」を事前に算出することを要するため，規制実態は ROR 規制に近くなり，行政コストの削減，A-J 効果の回避，合理化インセンティブの発揮といった価格上限規制のメリットが失われてしまう。

[22] 接続料金は自社のネットワークを他事業者に開放することによって得られる対価である。詳しくは次章で解説する。

$$P_t \leq P_{t-1} \times \left(1 + \frac{\Delta CPI - X}{100} + \frac{\Delta A}{R} - \frac{\Delta C}{R}\right)$$ (式5)

理想的なXファクターの値は，時間の経過とともに（あるいは需要や生産技術の変化とともに）変化していく。そのため，特定のXファクターが適用される期間を限定し，定期的に修正することが必要となる。更改期間の長短は，①将来の需要と費用条件についての不確実性，②需要の価格弾力性，③被規制企業の超過利潤獲得に関する不公平感の強弱，などによって左右される。例えば，対象となる財・サービスに対する需要が価格変化に対して弾力的ではない場合，料金水準が限界生産費用を超過していても経済的余剰の損失は比較的少ないため，企業の合理化インセンティブをより強く発揮させる観点から，Xファクターの更改期間は長期化する可能性が高い。

価格上限規制に関するデメリットとして主張されることが多いのは，サービス品質に対する悪影響である。被規制企業は，規定された上限価格の下で，費用を最小化することで利潤を拡大できる。あるいは，サービスの品質を改善しても上限価格よりも高い料金を設定できないため，品質改善に向けた企業インセンティブは過小になり，関連する設備投資などが過度に抑制される。そのため，規制当局には，価格上限規制を適用する場合，サービス品質について一定の規律を設けることが求められる。米国と英国の実証分析では，価格上限規制の下でサービス品質が低下するケースが示されている（Armstrong *et al*., 1994；Ai and Sappington, 1998）。

この規制が，継続的かつ漸進的に進展する合理化のみを想定していることが，問題として指摘される場合もある。革新的な技術であればあるほど開発に時間を要する一方で，費用削減に対する効果は大きいことが予想される。その場合，上限価格規制の下にある企業は指示された上限価格を遵守することにより，革新的技術が実際に生産に応用されるまでの間，損失を被り続ける。もちろん，一旦技術が導入されれば当該損失は十分に補償される可能性はあるが，技術開発の成否にはリスクがつきものであり，企業が損失に耐えうる期間には限度がある。そのため，結果として，本規制の下では，企業の革新的な技術開発に対するインセンティブが過小になる。

被規制企業には個別の財・サービス品目毎の料金設定に際して大きな自由度が与えられる。そのため，必需性が高いという理由で，従来，政策的に低水準に抑制されてきたサービスの料金が高騰する懸念も指摘される。価格上限規制に関するその他の論点については，Sappington（2002）に詳しい。

210 第3部 通信市場と規制

　これらのインセンティブ規制は場合によっては他の規制手法と組み合わせて使用
される。例えば，価格上限規制における X ファクターを（経済全体の成長率を基準と
した）当該産業の生産性成長率プレミアムの予測値に等しく設定すれば，個別企業は
産業平均を上回る生産性改善を達成することにより，財政的な利益を享受できる。し
かしながら，産業平均に満たない生産性改善しか達成できなければ財政的な損失を被
る。この場合，価格上限規制はヤードスティック競争を実現する手段となる。

　しかしながら，最も注意する必要があるのは，上限価格規制をはじめとする各種イ
ンセンティブ規制が対象とするサービスは決して固定的ではない点である。インセン
ティブ規制は，あくまでも自然独占の条件が満たされている状況における伝統的規制
の問題点に対処する目的で導入されているため，技術進歩や需要拡大などの理由で当
該サービスの提供が自然独占性を失い，競争導入が可能かつ適当であると判断されれ
ば，その存在意義を失う。そのため，現時点でインセンティブ規制の対象となってい
るサービスが，いつまで対象として適当なのかは不断に検討を続けておく必要がある。

5.　コンテスタブル市場

5.1.　コンテスタビリティ理論

　既存企業の競争相手は，実際に同じ市場に存在する競合企業だけではない。市場の
外から新規参入を虎視眈々と狙っている潜在的参入企業も同じく競争相手である。独
占状況にある既存企業が非効率的な経営の結果，割高な料金を設定しているのであれ
ば，潜在的参入企業は低廉な料金を武器に参入し，独占的地位を奪うことができる。

　既存事業者が自身の独占的地位を守るためには，新規参入してもメリットが生じな
いよう，あらかじめ料金水準を十分に低水準に設定することが要請される。そのため，
潜在的参入企業との競争可能性を考慮しなければならない環境を整えることで，既存
事業者に，低水準の料金を設定できるように効率化を進めるインセンティブを与える
ことが可能となる。喚起されたインセンティブが十分に大きければ，潜在的参入企業
の圧力のみにより社会的に望ましい資源配分が実現し，伝統的規制はその存在理由を
失う。この点に着目したのがコンテスタビリティ理論（contestability theory）であり，
1970 年代に集大成された（Baumol *et al.*, 1982）。

　伝統的規制を不要とするだけの合理化インセンティブを生み出すためには，その市
場（「完全コンテスタブル市場」）は以下の 4 条件を満たす必要がある（Dixit, 1982）。

(1) 全企業は同一の技術を利用可能であること
(2) 当該技術は，規模の経済という性質を持つものであっても構わないが，埋没費用の発生を伴うものではないこと
(3) 既存企業が料金を変更する際には一定のタイムラグが伴うこと
(4) 消費者は料金差異に対してタイムラグなく即座に反応できること

　第一の条件は，既存企業と潜在的参入企業が同質的な費用関数・需要関数を持ち，提供されているサービスにブランドロイヤルティなどが発生しないため非価格競争の余地がなく，料金水準だけがセールスポイントになることを意味している。二番目の条件は，市場への参入退出が自由であり，費用負担を伴わないことを意味している。これは，新規参入の際に投下した初期投資が市場退出の際に完全に転売・転用できる条件が整えられていることを意味し，中古・レンタル・リース市場の発展がこの条件を充足する。既存企業より低水準の料金を設定した新規参入事業者が市場シェアを（一時的にせよ）奪える可能性は，条件（3）と（4）によって保証される。完全コンテスタブル市場では，既存企業が正の超過利潤を享受している場合あるいは非効率的な生産を行っている場合，潜在的参入企業が低料金を武器に電撃的に参入して一定の収入を確保し，既存企業が対抗値下げを行って収益性が低下してしまう前に市場から退出するというヒット&ラン戦略が可能になる。

　こういった条件の下，「持続可能（sustainable）な長期均衡」を達成するためには，既存企業が効率的に生産を行い，超過利潤がゼロになるような料金を設定する必要が

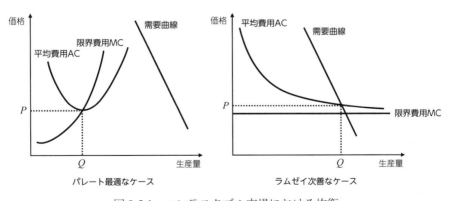

図 8-5-1　コンテスタブル市場における均衡

212 第3部 通信市場と規制

ある。平均費用が逓増する通常の状況で生産している事業者の場合，限界費用＝平均費用となる料金水準での効率的生産がそれを達成する。一方，平均費用が逓減する中で市場を独占している事業者の場合は平均費用価格形成の下での効率的生産が持続可能な長期均衡を達成する。依田（2001, 2003）は前者を「パレート最適なケース」，後者を「ラムゼイ次善なケース」と呼ぶ。ラムゼイ次善なケースでは，ROR 規制が目指したのと同じ結果が自然に達成されている（図 8-5-1）。

5.2. コンテスタビリティ理論の展開

このコンテスタビリティ理論は1970年代から1980年代にかけて大きなインパクトを持った。依田（2003）は以下のようにまとめている。

> 「この理論の登場によって多くのネットワーク産業の自由化・規制緩和が始まったとも言われている。例えば，米国航空産業は長らく民間航空委員会(CAB)によって規制されてきたが，1978年航空規制緩和法(ADA)が施行され，CAB も間もなく廃止された。これに他国が次々と追随していった。航空会社が自前で空港やターミナル施設を建設する必要がなく，航空機のリース，レンタルや中古市場が発達し，他路線への転用も容易であることから，航空産業は埋没費用のないコンテスタブル市場であると考えられたからである。」(p.81)

この理論は時代の寵児となり，実際の政策への応用が試みられたのみならず，独禁法訴訟で訴えられた企業が自己の独占力を否定する根拠として援用するまでになった（Baumol and Swanson, 2003）。

コンテスタビリティ理論が想定された効果を発揮するためには，先の4条件が厳密に満たされる必要がある。中古・レンタル・リース市場が発展している航空機市場においても，現実には，埋没費用が完全になくなることは困難である（松岡, 1994, 第8章）。参入にあたって広告宣伝費の支出が巨額にのぼるような場合も同じである。近年では，ハブ＆スポーク型の路線網やコンピュータ予約システム（CRS：Computerized Reservation System）のようにネットワーク効果[23]を持つ生産設備が必須となり，埋没

---

[23] CRS ネットワークへ参加する航空会社や代理店数，あるいはターミナルの数が増えることにより平均費用が低下する。

費用の水準は上昇している。実際，Baumol and Swanson（2003）では，航空産業において発着枠が制約条件となってコンテスタビリティ条件が損なわれる可能性を認めている。規制緩和の効果をめぐる実証分析も否定的な結論を主張するものが多い。

再び依田（2003）を引用する。

> 「1980年代初期こそ，米国航空産業にコンテスタビリティ命題が適合しているという実証研究が報告されたが，その後コンテスタビリティ命題を否定する実証研究が相次いだ。第1の批判は，航空運賃のような市場成果が市場集中度と正の相関を持っているという報告である。同理論が正しければ，市場成果は市場集中度と関係ないはずである。第2の批判は，航空運賃や消費者余剰のような市場成果が実際の競争相手の有無に正の相関を持っているという報告である。同理論が正しければ，望ましい市場成果は潜在的競争だけで達成されるはずである。」（p.82）

通信分野においては本理論に基づいて規制緩和された例は今のところ存在しない。ネットワークの設備投資は莫大で転用可能性があまりなく，携帯電話市場において顕著であるように，参入に先立ち巨額の広告宣伝を必要とするとされてきたためである。加えて，料金規制の緩和により既存事業者側の料金設定に大きな自由度が認められた結果，先の条件（3）が満たされなくなった点も指摘される。しかしながら，固定設備の敷設・維持・管理と，固定設備を用いたサービス提供を分離するいわゆる「上下分離」が実施されたような場合は，コンテスタビリティ理論の適用範囲に関して再検討が求められよう。

他方，小田切（2008）は，コンテスタビリティ理論を肯定的に評価し，①現在観察される市場集中度のみによって競争の程度を判断してはならず，潜在的な競争圧力にも着目すべきこと，および，②参入を容易にするような市場環境を維持することが実質的な競争の確立を可能にすること，の2点を指摘したことが，競争政策の運営上大きなインパクトを与えたと主張している。

引用文献：

Ai, C. and Sappington, D.（1998）"The Impacts of State Incentive Regulation on the US Telecommunications Industry," *University of Florida Discussion Paper.*

Armstrong, M.S., Cowan, S., and Vickers, J.（1994）*Regulatory Reform: Economic Analysis and British Experience,* MIT press.

Averch, H. and Johnson, L.（1962）"Behavior of the Firm under Regulatory Constraint," *American Economic Review*, 52（5）, 1053-1069.

Baumol, W.J., Panzar, J., and Willig, R.D.（1982）*Contestable Market and the Theory of Industrial Structure*, Harcourt Brace Jovanovich, Inc.

Baumol, W.J. and Swanson, D.G.（2003）"The New Economy and Ubiquitous Competitive Price Discrimination: Identifying Defensible Criteria of Market Power," *Antitrust Law Journal*, 70, 661-685.

Dixit, A.（1982）"Recent Developments in Oligopoly Theory," *American Economic Review*, 72（2）, 12-17.

福家秀紀（2000）『情報通信産業の構造と規制緩和─日米英比較研究』NTT 出版.

依田高典（2001）『ネットワーク・エコノミクス』日本評論社.

依田高典（2003）「ネットワーク産業の生態学」林敏彦［編］『日本の産業システム⑤　情報経済システム』NTT 出版，74-110.

情報通信総合研究所［編］（1996）『通信自由化─10 年の歩みと展望』情報通信総合研究所.

岸本哲也（1998）『公共経済学　新版』有斐閣.

Laffont, J.J. and Tirole, J.（1999）*Competition in Telecommunications,* MIT press.（上野有子［訳］（2002）『テレコム産業における競争』エコノミスト社）

Leibenstein, H.（1966）"Allocative Efficiency vs. 'X-Efficiency'," *American Economic Review*, 56（3）, 392-415.

Lopez, E.（1997）"The Structure of Production of the Spanish Telecommunications Sector," *Empirical Economics*, 22（3）, 321-330.

松岡憲司（1994）『賃貸借の産業組織分析』同文舘.

Milgrom, P.（2004）*Putting Auction Theory to Work*, Cambridge University Press.（川又邦雄・奥野正寛［監訳］（2007）『オークション─理論とデザイン』東洋経済新報社）

森由美子（2003）「電気通信業のアバーチジョンソン効果計測に関する一考察」『関東学園大学経済学紀要』30（2）, 29-35.

小田切宏之（2008）『競争政策論─独占禁止法事例とともに学ぶ産業組織論』日本評論社.

鬼木甫（2002）『電波資源のエコノミクス─米国の周波数オークション』現代図書.

Oum, T.H. and Zhang, Y.（1995）"Competition and Allocative Efficiency: The Case of the U.S. Telephone Industry," *Review of Economics and Statistics*, 77（1）, 82-96.

Sappington, D.E.（2002）"Price Regulation." In Cave, M.E. and Majumdar, S.K.（eds.）*Handbook of Telecommunications Economics*（Vol. 1）, North-Holland, 225-293.

Train, K.E.（1991）*Optimal Regulation: The Economic Theory of Natural Monopoly,* MIT Press.（山本哲三・金沢哲夫［監訳］（1998）『最適規制—公共料金入門』文眞堂）

植草益（2000）『公的規制の経済学』NTT 出版.

Vogelsang, I. and Finsinger, J.（1979）"A Regulatory Adjustment Process for Optimal Pricing by Multiproduct Monopoly Firms," *Bell Journal of Economics*, 10(1), 151-171.

横尾真（2006）『オークション理論の基礎—ゲーム理論と情報科学の先端領域』東京電機大学出版局.

第9章　新規参入の促進

1.　はじめに

　ICT の急速な進歩は行政当局による技術動向の将来見通しを不確かにし，「効率的な」事業者を選択するという参入規制の運用を困難にする。さらに，情報通信事業の垂直・水平分割を容易にするインターフェイス技術の進歩は，規制の根拠である自然独占が成立する範囲を限定する。そのことにより，自然独占の存在を前提にしてデザインされた伝統的規制フレームワークの適用範囲を限定しつつ，それ以外の分野に新規参入を呼び込んで市場競争を実現し，その結果としてもたらされるイノベーションの力で社会厚生の長期的最大化を目指すという新しいフレームワークを採用することが，社会全体にとって望ましい選択となった（Lorentzen and Møllgaard, 2006[1]など）。

　これは，最も効率的なプレイヤーの選抜を非市場的手段で行う伝統的規制体系よりも，「時間を通じたダイナミックな競争過程」を通じて行う新たな仕組みの方が，より大きな支持を得たことを意味する。

　しかしながら通信市場への参入に際しては，依然として一定の参入障壁が存在する。そのため，民間のイニシアティブに完全に委ねてしまうと，新規参入とそれによる効率的事業者の選抜のプロセスが十分には進展せず，目的としている長期的利益の最大化が達成できない，あるいは，成果を得るまでに長い時間がかかる可能性がある。そ

---

[1] 「技術発展が急速な場合，静的な厚生よりも，新技術，新製品，新生産プロセスを通じて獲得される動的な厚生のほうが重要となる。実際，より重要な技術革新を実現するために静的厚生と価格競争を競争政策の目標にしないことが必要な場合もある。新しい製品を得ることの方が低価格を実現するよりもずっと重要であるからだ。（If the rate of technological advance is fast, static welfare may be of less importance than dynamic welfare achieved through new technology, new products or new process. In fact, giving up static welfare and price competition as goals of competition policy may be necessary to get the more important innovations. New products are more important than low prices.）」
（pp.120-121）

218　第3部　通信市場と規制

の場合，社会厚生最大化の見地から，一定の新規参入促進策を検討する余地が生まれ
る。本章ではその点について考察する。

2.　新規参入

2.1.　競争形態と不可欠設備

　情報通信の分野では，インターフェイス技術の進歩により，従来はサービス提供と
不可分であったネットワーク設備を他者から調達し，サービス機能を担う自身の設備
と接続して通信サービスの提供を行うことが容易になっている。市場開放・新規参入
によって実現される競争の形態としては，「設備競争（設備ベース競争：facility-based
competition）」と「サービス競争（サービスベース競争：service-based competition）」と
いう二つがこれまで検討されている。

　新規参入事業者が自らネットワーク設備を構築して事業を展開する形態が「設備競
争」である。新規参入事業者は自前のネットワーク上で自由にサービスを構築・展開
し，市場に関する自らの将来見通しと費用条件に基づいて提供料金を設定する。その
ため，既存事業者と全く同じ立場で市場競争を挑むことができ，新規サービスの導入
などに関する経営自由度は高い。他方で，巨額の初期投資を自ら賄う必要があるため，
参入可能な企業数は少なく，結局は資金力に秀でた巨大企業同士の争いとなりがちで
ある。自身で物理的ネットワーク設備を保有する移動体通信事業者（MNO：Mobile
Network Operator）同士が展開している競争形態がこの範疇に該当する[2]。ケーブルテ
レビ事業者や電力事業者のように，既に別目的のネットワーク設備を保有していた事
業者が，当該設備を用いて通信市場に進出する場合もこの形態にあたる。

　それに対し，既存事業者が既に設置しているネットワーク設備を自らのサービス基
盤として利用し，その上に独自のサービスを構築して競争を行う形態が「サービス競
争」と呼ばれる形態である。既存事業者からみた場合，新規参入事業者は既存事業者
の卸サービス市場での顧客であり，かつ最終サービスの小売市場では競争者であると
いう位置付けになる。かつて「第二種電気通信事業者」と呼ばれていた事業形態，あ
るいは，仮想移動体通信事業者（MVNO：Mobile Virtual Network Operator）などが，

---

[2] この記述は，携帯電話サービスに不可欠な生産要素である電波資源がオークションなどを通じ
て配分される米国などのケースに最もよくあてはまる。比較審査方式の下で電波資源が無料で配
分されているわが国では，資金力に優れた巨大企業のみが参入適格を有するとは限らない。

サービス競争の主要プレイヤーである。既存事業者はネットワーク設備とインターネット接続サービスを垂直統合して提供する。一方，新規事業者側はネットワーク設備の建設費を賄う必要はない代わりに，ネットワーク設備の利用料を既存事業者に対して継続的に支出する必要がある。そのため，既存事業者が設定する料金水準が新規参入事業者の競争力を左右する。また，新規サービスの展開時には事前に既存事業者との技術上の調整を必要とするなど，設備競争の場合と比較して大きな制約に直面する。

　つまり，サービス競争においては，設備競争の場合と比較して，巨額の初期投資を負担するリスクから免れることができる代わりに，競争相手である既存事業者に自らの事業展開を左右されるため経営の自由度は低い。既存事業者からみれば，利用契約の条件を操作することで，サービス競争の行方に影響を与えることができる。

　既存事業者が提供する設備が，新規参入事業者にとって不可欠なボトルネック設備（bottleneck facility）である場合，サービス競争において新規参入事業者が負うリスクは重大である。政府（行政庁や公正取引委員会，裁判所）の介入がない場合，競争者となる新規参入事業者に対して，既存事業者が自ら進んで好条件を提示するインセンティブはなく，小売サービス市場における公平な競争条件が脅かされる懸念は大きい。そのため，サービス競争を推進する場合は，市場支配力を有する既存事業者の行動に一定の制約を課すことが通常であり，ボトルネック設備の開放義務や利用料金の規制が検討される。新規参入事業者にとって必要なのはネットワークの一部機能に過ぎないケースもあるので，ネットワーク設備を機能毎に分割して個別に提供する（unbundle）ことが既存事業者に求められる場合もある。アンバンドル化されたネットワーク機能を米国では Unbundled Network Elements（UNE）と呼ぶ。

　これに関し，20 世紀初頭から鉄道や電力産業を舞台として「不可欠設備法理（EF法理：Essential Facility Doctrine）」と呼ばれる考え方が発展してきている。EF 法理は，「事業者がなんらかのファシリティ（設備）を支配しており，その設備を利用することが，ある市場の競争に不可欠（エッセンシャル）である場合には，競争者に対しても，その設備を合理的な条件で利用させなければならない。これを拒否することは，独禁法違反である」（林，1998，p.108）と主張する。EF 法理を確立したと言われているMCI 対 AT&T 判決[3]においては，競争者が当該設備を複製することが実行可能でも合

---

[3] MCI Communications Corp. v. American Telephone and Telegraph Co., 708 F.2d 1081, 1132-33（7th Cir. 1983）。ただし，本判決は下級裁判所（第七連邦控訴裁判所）によるものである。連邦最高裁判所

220 第3部 通信市場と規制

理的でもないことが，特定設備が EF 法理の対象となる不可欠設備に該当する条件であるとされている。これに関し，小田切（2008）は，①当該設備の利用による生産活動に規模の経済が働くため自然独占性を持ち，社会的にも独占的提供が望ましいこと，および，②設備の維持・建設費用が巨額で，かつ埋没費用としての性質を持つこと，という二つの条件を満たす場合であれば，新規参入事業者による同種設備の構築が極めて困難となるため，既存設備は「不可欠設備」としての性質を持つとしている。さらに，自然独占性を持つ不可欠設備については安定的な独占供給を保証し，かつ安価な利用を確保するために一定の規制の適用が必須であるが，不可欠設備以外の部分については参入を大幅に自由化すべきであると主張する。

ただし，本法理に従って競争事業者にネットワーク設備を開放することは，当該設備を保有する事業者の財産権の侵害に該当する恐れがあるため，その適用には，「『この投資には報いる必要性がなく，したがって取引拒絶が投資を理由に正当化されることはない』ということ」（白石, 2000, p.73）が要請されなければならない。

2.2. 設備競争とサービス競争

設備競争とサービス競争の社会厚生へのインパクトについては，依田（2007）がモデル分析を行っている。

依田モデルでは，最終消費者へのサービス提供に際しては，交換機能や付加価値の付与を担当する設備 A と物理的なネットワーク設備 B を組み合わせる必要があると仮定する。設備 A に関して，既存事業者 X は設備 A_1 を，新規参入事業者 N は設備 A_2 をそれぞれ保有する。一方，営業地域には二つのネットワーク設備（B_α および B_β）が存在する。設備競争では，既存事業者 X が B_α を，新規参入事業者 N が B_β をそれぞれ所有するため，両事業者とも相手に依存しなくとも独立に事業展開が可能である。それに対し，サービス競争の場合，両ネットワーク設備は既存事業者 X に所有されて

自身は本法理に対する賛否を明確にしたことはない。Spulber and Yoo（2009）は，先行文献を引き合いに出し，連邦最高裁は Trinko 事件（Verizon Communications Inc. v. Law Offices of Curtis V. Trinko, LLP）に対する判決において EF 法理に対し強く懐疑的な見方を示した（"its reasoning certainly cast serious doubts on the doctrine's continuing vitality" ［p.312］）と評している。また，「このような競争問題に直面しているのは米国に限らない。EU 諸国も同様である。その解決策として EF 理論型の発想はただちに EU 諸国に波及した。EF 問題を政府規制であるいは競争法で対処するかが重要な課題となり，事業規制のみならず，EU 競争法でも明示的に EF 理論が採用されるようになった。また，ドイツのように明文で競争法に EF 理論を導入する例」（川濱, 2004, pp.61-62）もある。詳しくは，川濱他（2010, 第 10 章）などを参考にされたい。

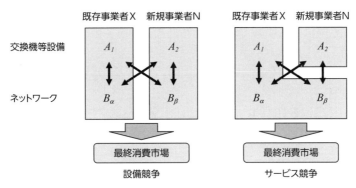

図 9-2-1 設備競争モデルとサービス競争モデル

いることが想定されているので，新規参入事業者 N にとって不可欠設備としての性質を持つ。つまり，新規参入事業者 N は既存事業者 X にネットワーク設備の利用を許諾してもらわなければ事業展開ができない（図 9-2-1）。

設備 A_i とネットワーク B_j の提供料金はそれぞれ P_i，Q_j であり，消費者への最終サービス提供価格は $S_{ij} = P_i + Q_j$ として設定される。2.1 節における説明と対応させるならば，ネットワーク B_j は UNE であり，Q_j は UNE 料金に相当する。設備 A_1 と設備 A_2，ネットワーク B_α とネットワーク B_β は技術的に同等であると仮定すると，両者の組み合わせによって生産される 4 種類のサービス（$A_1 + B_\alpha$, $A_1 + B_\beta$, $A_2 + B_\alpha$, $A_2 + B_\beta$）に質的な差はない。各サービスに対する需要は以下の関数（式 1）として仮定される。ただし，解の存在を保証するため，$a > 0$ かつ $1 > 3c > 0$ であるとする。

$$\left.\begin{aligned} D_{1\alpha} &= a - S_{1\alpha} + c(S_{1\beta} + S_{2\alpha} + S_{2\beta}) \\ D_{1\beta} &= a - S_{1\beta} + c(S_{1\alpha} + S_{2\alpha} + S_{2\beta}) \\ D_{2\alpha} &= a - S_{2\alpha} + c(S_{1\alpha} + S_{1\beta} + S_{2\beta}) \\ D_{2\beta} &= a - S_{2\beta} + c(S_{1\alpha} + S_{1\beta} + S_{2\alpha}) \end{aligned}\right\} \quad \text{（式 1）}$$

ネットワークや交換機能などの提供はすべて固定費用（C_k）で賄われ，変動費用としての要素がない（つまり限界費用がゼロ）と仮定する。この場合，設備競争が展開されている場合の両事業者の利潤は式 2 として表現され，サービス競争の場合は式

222 第3部 通信市場と規制

3 として描かれる。（添え字の X は既存事業者，N は新規参入事業者を示す。）

$$\left.\begin{array}{l} \pi_X = P_1(D_{1\alpha} + D_{1\beta}) + Q_\alpha(D_{1\alpha} + D_{2\alpha}) - C_1 - C_\alpha \\ \pi_N = P_2(D_{2\alpha} + D_{2\beta}) + Q_\beta(D_{1\beta} + D_{2\beta}) - C_2 - C_\beta \end{array}\right\} \quad \text{（式 2）}$$

$$\left.\begin{array}{l} \pi_X = P_1(D_{1\alpha} + D_{1\beta}) + Q_\alpha(D_{1\alpha} + D_{2\alpha}) + Q_\beta(D_{1\beta} + D_{2\beta}) - C_1 - C_\alpha - C_\beta \\ \pi_N = P_2(D_{2\alpha} + D_{2\beta}) - C_2 \end{array}\right\} \quad \text{（式 3）}$$

　既存事業者と新規参入事業者の利潤最大化行動を考慮すれば，均衡生産量は表9-2-1として算出される。明らかなとおり，設備競争時の総生産量は，サービス競争時のそれを上回る[4]。均衡価格はいずれの場合も限界費用水準＝ゼロ水準を上回っている。この場合，総生産量が拡大すれば総余剰が大きくなり，経済効率性が高くなるため，依田モデルは，設備競争によってもたらされる社会厚生はサービス競争の場合を上回ることを意味している[5]。

　政策として目指すべき究極の目標は設備競争であるべきことがこのモデルから導かれる。しかしながら，依田モデルはサービス競争と設備競争が既に完成した状況同士を比較したものであり，その完成状況に至るためのコストについては何も述べていない。最終到達時点での効率性に関しては設備競争に分があるとしても，その理想的状況の達成に長い時間がかかるのであれば，より達成が容易なサービス競争を指向した政策を採用することが合理的な選択肢となりうる。実際，各国の通信政策がすべて

表 9-2-1　均衡生産量

	$D_{1\alpha}$	$D_{1\beta}$	$D_{2\alpha}$	$D_{2\beta}$	総生産量
サービス競争	$\dfrac{a(3-c)}{6(1-c)}$	$\dfrac{a(3-c)}{6(1-c)}$	$\dfrac{a}{3}$	$\dfrac{a}{3}$	$\dfrac{a(5-3c)}{3(1-c)}$
設備競争	$\dfrac{a(3-5c)}{7-17c}$	$\dfrac{a(3-5c)}{7-17c}$	$\dfrac{a(3-5c)}{7-17c}$	$\dfrac{a(3-5c)}{7-17c}$	$\dfrac{4a(3-5c)}{7-17c}$

出典：依田（2007, p.68）の表を基に筆者作成

---

[4]　$\dfrac{a(5-3c)}{3(1-c)} - \dfrac{4a(3-5c)}{7-17c} = -\dfrac{a(c+1)(9c+1)}{3(1-c)(7-17c)} < 0$

[5] 経済効率性が最大となるのは，価格が限界費用に等しくなるとき，すなわち本モデルの場合は価格がゼロの場合である。そのため，設備競争の経済効率性は最適水準以下にとどまる。

設備競争指向というわけではなく，サービス競争の実現を目指した政策も観察される。

2.3. 投資の階段

新規参入事業者による競争圧力の増大によって実現される長期的な効率性改善を重視する観点からは，サービス競争ではなく，設備競争が実現されることが望ましい。

しかしながら，新規参入事業者にネットワーク設備を当初より保有することを求めることは実際上困難である。ネットワーク設備に係る費用は固定費としての性質を強く持ち，規模の経済の支配下にあるため，小規模生産では収益性が悪い。新規参入事業者が設備競争の下で収益を上げるためには，一定数以上の利用者を確保し，既存事業者に伍していけるだけの生産効率性を実現している必要がある。一方，ブランドロイヤルティやネットワーク効果（需要の外部性）が存在する場合，新規参入事業者のサービスが，既に顧客ベースを有する既存事業者との競争に打ち勝って一定のシェアを得るまでには，通常，長い時間がかかる。

そのため，新規参入促進政策として，参入当初から設備競争の実現を目指す代わりに，より容易なサービス競争から始め，徐々に設備投資の範囲を拡大させるステップを踏んで，最終的に設備競争の実現を目指すという方法が検討されることがある。いわゆる「投資の階段（ladder of investment, investment ladder）」と呼ばれるアプローチである。

新規参入事業者は，既存事業者から提供される卸サービスに対しほとんど付加価値をつけることなく最終消費者に販売する「単純再販（simple resale）」という形から事業を開始する。単純再販事業は，大きな付加価値が提供できないため収益性は低いが，設備投資は少なくて済む。この段階における競争力の源は，何よりも低価格である。単純再販事業が一定の収入を上げて利益を生むようになれば，多少の設備投資を行い卸サービスに独自の価値をつけて販売する「付加価値事業（value-added business）」を展開する。この段階から競争力の源泉は徐々に低価格から高品質へと変化する。さらに，売り上げが増大していけば，大規模なネットワーク投資を伴う設備競争を既存事業者との間で展開する余力も生まれる。つまり，新規参入事業者は売り上げ拡大（＝顧客増加）に従い，あたかも階段を一段ずつのぼるように，投資水準を少しずつ増加させ，より大規模な設備を自ら保有することが可能になる。

この考え方に基づけば，サービス競争を当面の政策目的とすることは，設備競争を最終的に実現するための環境整備を行うことに他ならず，一旦参入した事業者をより

224 第3部　通信市場と規制

高い投資レベルに徐々に牽引していくような政策が引き続き展開される。

しかしながら，Cave（2004, p.38）が指摘するとおり，現実の新規参入事業者の事業展開が，「投資の階段」が予想するシナリオに忠実であるとは限らない。投資の階段をのぼることは，投資額の増加による財務リスクの拡大をもたらす。特定の技術に基づいたネットワークへの投資は，ICT の急速な進展を考慮した場合，将来のサービス展開に一定の制約を加える。既に複数のネットワークが存在して競争が十分に発生している場合には，新たな設備投資が十分な収益を生まないこともありうる。あるいは，設備競争モデルへのステップアップにより，サービス競争下におけるビジネスモデルの転換が必要となる場合，サービス競争における成功は投資の階段をのぼることの機会費用となる。すなわち，サービス競争下の利益が大きいほど，より高い投資段階への移行にマイナスの影響（置換効果：replacement effect）が発生し，「階段をのぼらない」という現状維持戦略を採用することが合理的選択となる可能性が高まる。

他方，ネットワーク投資を賄うに足るだけの潜在的な顧客ベースを抱える事業者や，同一ネットワーク上で提供される関連サービスとの範囲の経済が発揮できる事業者の場合は，サービス競争の段階を経ることなく，いきなり設備競争を展開する可能性もある。例えば，わが国の場合，電力事業者による通信市場への参入は投資の階段の最上段である設備競争からスタートしている。

「投資の階段」シナリオが効率的に成り立つためには，既存事業者のネットワークと接続するためのアクセス料金，あるいは既存事業者の提示する UNE 料金がコストを適正に反映した水準である必要がある。料金水準があまりにも低ければ，新規参入事業者が自らネットワークに投資する意欲は失われ，投資の階段の下方にとどまることが合理的となる。料金の高低は新規参入事業者の小売料金の水準に影響を及ぼすため，この場合，効率性の低い新規参入事業者の参入によって社会全体の経済厚生が損なわれる可能性も生まれる。加えて，既存事業者は卸サービスの提供で十分な利潤を上げることができないため，投資意欲が低下し，長期的なネットワーク展開に支障が生じる。他方，料金水準が過大であれば，新規参入事業者はネットワーク設備の建設に舵を切らざるを得ず，投資の階段の最上段からのスタートを余儀なくされる。この場合，新規参入事業者は必ずしも効率的ではないネットワーク投資を行うことになり，経済効率性が損なわれる。

つまり，「投資の階段」に沿って設備競争を最終的に実現するためには，①次の競争段階（つまり，現状より一段だけ設備競争に近づいた段階）を可能にする既存事業

者のネットワーク設備の利用可能性を確保し[6]，適切な対価で新規参入事業者に提示することと，および，②新規参入事業者が次に進むためのインセンティブを（置換効果を超える規模で）与えることが求められる。

後者に関し，Cave（2006）では，設定された接続料金を時間の経過とともに上昇させていくことや，既存事業者のネットワーク接続義務を一定期間経過後に廃止し自由な市場取引に委ねること，が提案されている。料金の上昇幅や時期，あるいは接続規制の撤廃時期を定めることは，政策担当者が当該産業における競争市場の発展スピードをコントロールすることに他ならない。「投資の階段」を支える Cave の提案が理想的に機能するためには，政府が産業発展に関する詳細かつ正確な情報（予測）を持ち，かつ事業者（潜在的参入者を含む）の側に政府の政策に対する信頼が醸成されていなければならない。政府と事業者間の情報の非対称性や，ICT の急速な発展スピードを考えると，この条件を満たすことは極めて困難であろう[7]。

2.4. 接続

市場条件が全国均等である場合，自然独占性の下で，一部地域しかカバーしない（そのために規模が小さい）新規参入事業者が既存事業者と同等の競争を行うことは，設備競争の形態であれサービス競争の形態であれ，一般的には困難である。

一方，実際の市場条件は全国一様ではなく，サービス単位当たりの事業費用が嵩む地域と比較的安価に済む地域が存在する。そのため，新規参入事業者にとっては，事業費用が相対的に低く，したがって収益率が比較的高い部分市場（都市部など）に限って参入を行うことで既存事業者に対抗できる。ユニバーサルサービス義務が課されている既存事業者は，内部相互補助により事業全体の収支を賄う必要があるため，当該部分市場においては平均費用を上回る料金水準を設定している。そのため，新規参入事業者は同市場において，既存事業者よりもわずかに低いが平均費用よりは高い料金

---

[6] わが国では，新規参入事業者によるネットワーク構築のやり方として，①自ら設備を構築する「設置」方式，②他の事業者の利用者としてそのネットワークを利用する「卸役務」方式，さらに，③他事業者のネットワークと自社ネットワークをつないでエリア拡大を行う「接続」方式の三つを想定している。さらに，「設置方式」については，①-1 自社で設備を敷設・所有する「線路敷設」方式と，①-2 他者の所有する施設に特別の「破棄し得ない使用権（IRU：Indefeasible Right of Use）」を設置して利用する「IRU」方式を設け，投資の階段に応じた様々な事業展開が可能な環境が整えられている。

[7] 関連する分析や本文に引用した以外の参考文献については，Bourreau *et al.*（2010）あるいは Cave（2010）などを参照されたい。

を設定することで，収益を得ることができる。これは，第7章4.2節で解説したクリームスキミングに他ならない。

　新規参入事業者にとって営業範囲を部分市場に限定することは，ネットワーク効果のある通信市場において大きな不利を伴う意思決定でもある。全国をカバーする既存事業者のネットワークは，部分市場内の相手にのみサービスを行う新規参入事業者のネットワークと比較して，利用者により大きなメリットをもたらすため，競争上優位である。新規参入事業者にとっては，既存事業者のネットワークと自社のネットワークの接続（interconnection）を行い，利用者に対して「既存事業者と同等の」サービスを提供できる条件を整えることが重要である。

　高い収益性の見込める都市部のみに参入した新規参入事業者は，都市部以外のネットワークとの接続により，全国規模のサービスの展開が可能になる。あるいは，長距離ネットワークサービスが，新規参入事業者が優位性を持つ「部分市場」の条件を満たす場合は，既存事業者の保有するローカル網と接続を行って両端の利用者を自社ネットワークまでつなぎこまなければ，新規参入事業者はサービス提供ができない（図9-2-2）。

　技術進歩により通信サービスの種類が増大するにつれて新規参入事業者の参入余地が拡大しつつあるが，それに応じて求められるネットワーク接続の形態も多岐にわたっている。

　新規参入事業者は，接続制度を利用することで，必要な設備投資を抑制しつつサー

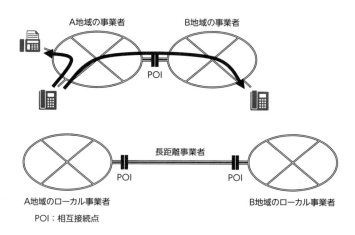

図9-2-2　基本的なネットワーク接続形態

ビスを提供できる。他方，既存事業者にとってみれば，接続を行うことにより遊休設備の有効活用を図ることができる。

「接続」が必要となるサービスの提供コストは，自社ネットワークと他社ネットワークの双方において発生する。それに対して，通信料金は発信者側からのみ徴収すること[8]がわが国では通常であるため，ネットワークを提供する事業者間において事後の清算手続きが必要となる。事業者間の清算において適用される料金を「接続料金（access charge）」と呼ぶ。接続料金の水準が適正に設定されていなければ，効率的な水準の新規参入が望めず，経済効率性を損なってしまうのは 2.3 節の議論と同じである。過度に高水準の接続料金は，新規参入事業者が本来では費用優位性を持たない部分市場までネットワークを自前で建設することを誘発し，安すぎる接続料金は，既存事業者の収益を悪化させることに加え，新規参入事業者の建設するネットワーク設備が最適を下回る水準にとどまる結果をもたらす。

3. 既存ネットワークの利用料金

3.1. 最適料金

ほとんどのケースにおいて，新規参入事業者が既存事業者の保有するネットワーク機能を利用することが不可避であるため，ネットワーク機能の利用料金（UNE 料金や接続料金）の水準が効率的な市場構造の成否を左右する。

経済理論の観点から言えば，既存事業者がネットワーク機能を生産するために必要な限界費用と等しい料金水準を設定すれば，社会的厚生は最大化される。しかしながら，規模の経済の影響下で限界費用に等しい料金水準を設定すると，機能提供を行う既存事業者が損失を被る。このケースでも，第 7 章 3 節の場合と同じく，平均費用価格水準の料金を設定することで，次善の最適性を実現することが適当である。

平均費用価格は総費用をサービス生産量で除することによって得られるが，ここでまず問題となるのは，提供されるネットワーク機能の総費用の確定方法である。新規参入事業者は既存事業者の保有するネットワーク機能の一部を利用するだけなので，いわゆる共通費用の配分が問題となる。

依田（2003）は費用の配分方法として，①増分費用ルール，②単独採算費用ルール，

---

[8] 発信者課金（CPP：Calling Party Pays）制度。

③効率的投入財価格ルール（ECPR：Efficient Component Pricing Rule），および④増分費用プラス・ルール（incremental cost plus rule）の四つを紹介している。①と②のルールは，前者が共通費用を一切カバーしない収入を生む料金水準を，後者が共通費用をすべてカバーする料金水準を導き，最適料金の存在可能範囲の下限と上限をそれぞれ画する。一方，効率的な料金設定方式としてこれまで議論されてきたのは③および④の二つである。③ECPRは，増分費用に加えて，当該ネットワーク機能を新規参入事業者に提供することによって既存事業者が失った逸失利益（＝機会費用）をカバーすべき費用に含めるものであり，他方，④増分費用プラス・ルールは，投資費用回収のために一定のマークアップを増分費用に加える。長距離ネットワークのみを保有する新規参入事業者のケースについて四つの方法がもたらす接続料金の差を図 9-3-1 に示す。

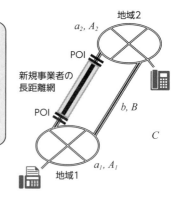

接続サービスを提供する既存事業者の総費用

- ローカルネットワークの提供に係る単位変動費用 a
- 長距離ネットワークの提供に係る単位変動費用 b
- ローカルネットワークの提供に係る固定費用 A
- 長距離ネットワークの提供に係る固定費用 B
- ローカルネットワークと長距離ネットワーク双方の提供に共通して必要な固定費用 C

自然独占下にある既存事業者が設定している価格 P
接続サービス提供以前の既存事業者の生産量 X
接続サービスを利用する長距離新規事業者の生産量 Y
既存事業者の収支均衡が成立している場合 $PX=(a_1+a_2+b)X+A_1+A_2+B+C$

増分費用ルールで設定される接続料金 $=a_1+a_2$
単独採算費用ルールで設定される接続料金 $=a_1+a_2+(A_1+A_2+C)/Y$
ECPRで設定される接続料金 $=a_1+a_2+$ 接続サービス提供による逸失利益（機会費用）
$=a_1+a_2+(P-a_1-a_2-b)=P-b$
$=a_1+a_2+(A_1+A_2+B+C)/X$
増分費用プラス・ルールでカバーする費用 $=a_1+a_2+$ 投資費用回収のマークアップ

図 9-3-1　四つの接続料金設定ルール

Willig（1979）が最初に提唱した[9]ECPR は，単純かつ明快な料金設定方式[10]であり，共通費用の回収を確保しながら，効率的な新規参入事業者の長期的存立を保証する。図 9-3-1 の場合，ECPR の下では，参入を企てる事業者は，長距離サービスの単位変動費用（≒限界費用）が b 未満でなければ，最終市場で既存事業者と競争して利潤を上げることができない。この方式が想定どおりの効果を上げるために必要な前提条件は，①既存事業者と新規参入事業者の提供サービスが完全代替の関係にあること，②最終サービス市場がコンテスタブルであること，③最終サービスの生産が収穫一定の性質を持つこと，の 3 点に整理できる（江副, 2003）。②の条件が成立していない場合，既存企業の価格水準 P には，独占利潤，A-J 効果による超過投資，あるいは X 非効率などが反映されることになり，得られる接続料金は最適水準を超え，資源配分の効率性が損なわれる[11]。また，第 8 章 5 節で議論したように，通信市場ではコンテスタブル性の成立が通常は期待できない。

　わが国で現実に採用されているのは増分費用プラス・ルールである。増分費用プラス・ルールは，伝統的規制フレームワークの下で通信料金を律してきた総括原価方式と同様の考え方に従って料金水準を算出する。

　共通費用の配分方法に続く第二の問題は，費用算出のベースとなるデータをどのように入手するかである。最も単純な方法は既存事業者の実際の支出データの利用である。これを実際費用方式と呼ぶ。実際費用方式はさらに 2 種類に分けられる。一つは，会計データを基にネットワークの管理運営に実際に要した費用をベースとする「実績原価方式」であり，他方は，一定期間の将来に発生する予想原価を同期間の予想需要で除することで算出する「将来原価方式」である。実際費用方式に基づく料金設定は，運用が簡易ではあるが，他事業者や規制当局にとって情報の非対称性の問題がある。加えて，独占状況にある既存事業者の非効率的事業運営の影響を排除できない。

　実際費用方式に対し，問題となるネットワーク機能を効率的に提供した場合の費用水準を一定のモデルに従って計算する長期増分費用（LRIC：Long Run Incremental

---

[9] Laffont and Tirole（1999, p.119）の記述による。
[10] 江副（2003）は，「複雑な需要弾力性の情報を必要としないというのは規制政策の重要なメリットである。」（p.186）と指摘している。
[11] 独占利潤の存在による歪みを改善する方法としては，独占的な既存企業の料金水準ではなく，ネットワーク接続による新規参入の結果として最終サービス市場において成立する競争料金を基準として設定する方法（M-ECPR：Market-Determined ECPR）が，Sidak and Spulber（1997）により提案されている。

Cost）方式が提案されている。LRIC 方式は，新規参入事業者が現時点で利用可能な最も低廉で効率的な設備と技術を用いた場合の管理運営費を，既存事業者の非効率性を排除したモデル（エンジニアリングモデル）に基づいて算定し，料金決定のベースとする。ICT の急速な進歩を考慮した場合，ネットワークの構築方式はより効率的となり，構成機器の低価格化も進んでいる。そのため，LRIC 方式では，実際費用方式よりも，低廉な費用水準が得られる可能性が高い。LRIC 方式の最大の問題点は，その運用が複雑なことである。本方式で最適費用水準を計算するには，ネットワーク設備に対する将来の需要量を正しく予測し，必要な設備投資の量などを適切に推計して，エンジニアリングモデルを決定する必要がある。そのためには，詳細なデータに基づく科学的な推計作業が必須であり，行政コストが嵩む可能性が高い。さらに，将来予測に関わる部分は規制庁の裁量の余地が大きく，運用次第では非常に不公平な接続料水準がもたらされる。LRIC 方式の特徴と運用上の問題点は，Laffont and Tirole（1999, Chap.4）に詳しい。

LRIC 方式に代わる有力な候補の一つが，インセンティブ規制の一つとして先に説明した価格上限規制の応用である。第 8 章 4.3 節では最終サービスの料金水準のみに着目していたのに対し，ここで検討されているものは，最終サービス（消費者向けサービス）の料金と中間財価格を同時に対象とする形態である。この方式の提唱者であるLaffont and Tirole（1996）は，最終サービスのみを対象としている従来の方式をパーシャル・プライスキャップ（partial price cap），最終サービスと中間財サービスの双方の料金に対して包括的に上限値を設定する本方式をグローバル・プライスキャップ（global price cap）と称している。各料金に適用されるウェイトを適切に設定することにより，グローバル・プライスキャップの下では，ラムゼイ効率的な水準が最終的に実現する。この方式は，規制庁の裁量の余地が大きい LRIC 方式と比較して透明性を改善し，行政コストも節減可能である。ただし，生産性向上期待値の扱いなどに関して実務上の困難が生じる点はパーシャル・プライスキャップの場合と同じである。

3.2. LRIC 方式の既存事業者への影響

LRIC 方式によって算出された料金水準は，同時に，既存事業者に内在する非効率性を排除した競争価格の水準に等しいため，ネットワークを自前で設置するか，あるいは，既存事業者のネットワーク機能を利用するか，という選択肢に直面している新規参入事業者を効率的な意思決定に導く。すなわち，LRIC 方式は，経営効率化の取

り組みを行うインセンティブを既存事業者に与える効果を持つことが見込まれる。

　ただし，将来の技術進歩の可能性を加味した場合，LRIC 方式の水準は，事業者が既に設置した設備を最も効率的に利用した水準よりも低くなるので，既存事業者にとっては達成不可能な水準ともなりかねない。このことは，これまで当該ネットワークを建設・維持してきた既存事業者にとって，投資収益率が従来想定してきた水準よりも低下し，場合によっては大きな経済的損失を被ることを意味する。そのため，LRIC 方式による接続料決定は，既存事業者に対し，ネットワーク投資を縮小させる，あるいは，接続料の減収を補うために利用者料金を引き上げるインセンティブを与える可能性もある。例えば，長期増分費用方式を採用した米国[12]において，ブロードバンドの普及が他の先進国に比較して後れた一因として，接続料金があまりに低水準に設定されたために，既存事業者が投資インセンティブを失った点が指摘される[13]。

3.3. 価格スクイズ

　図 9-2-1 から容易にわかるように，サービス競争に参入した新規参入事業者にとって，既存事業者は自社のサービス提供に不可欠なネットワーク設備を提供してくれる重要な取引先であると同時に，小売市場における競争相手である。新規参入事業者の観点からすれば，接続料金は中間生産物の利用費用であり，小売サービスを提供するためには，付加価値の生産費用や販売費用などが必要になる。中間生産物市場と小売市場のそれぞれにおいて競争が十分に機能していれば，接続料金は小売料金を上回ることはなく，両者の間には「付加価値追加のための限界費用＋販売のための限界費用」に等しい差（適正格差）が生まれる。

　既存事業者が接続サービスを取引する卸売市場において価格決定権を有しているケースを想定しよう。その場合，接続料金の水準を引き上げて小売料金の水準に近付けることにより，既存事業者は新規参入事業者のビジネスに損失を与え，最終的には退出に追い込むことが可能である。すなわち，既存事業者は，接続料金と小売料金の差を適正水準以下にすることにより，小売市場における新規参入事業者の収益機会を

---

[12] 米国における同方式は TELRIC（Total Element Long Run Incremental Cost）方式と呼ばれる。

[13] この指摘が当を得たものであったかについては今後検証の必要が残る。田尻（2007, p.95）は，「米国におけるアンバンドル規制を評価する際には，それがブロードバンド提供に利用されていた時期に，IT バブル崩壊により，CLEC［新規参入事業者：引用者注］が破綻した点，そして ILEC［既存事業者：同］等のその他の事業者にとっても投資環境が悪化していたという点を割り引いて考える必要がある。」と指摘している。

232 第3部 通信市場と規制

奪うことができる。接続料金を引き上げた既存事業者は，新規参入事業者が退出した後に，小売市場における独占を確立して小売料金を引き上げる行動に出ることができる。これが「価格スクイズ（price squeeze）」と呼ばれる行為であり，「競争者費用引き上げ（raising rival's costs）」を通じて新規参入事業者の小売市場での価格競争力を失わせ，場合によっては小売市場での競争を不可能にすることで新規参入自体を阻止する反競争的な戦略である。接続市場で設定される高水準の料金が当該市場での平均費用を大きく上回るものであり，かつ小売市場において設定されている料金が平均費用以下の水準となっている場合，この行為[14]は，接続部門から小売サービス部門への内部相互補助となり，小売市場での競争を歪める[15]。問題解決には，接続料金と小売料金の格差の維持に注意を支払う必要がある。3.1 節で紹介したグローバル・プライスキャップを採用した場合，接続料金を引き上げても，最終サービス料金を引き下げれば規制を満足できることになるため，価格スクイズを比較的容易に実行できる。そのため，グローバル・プライスキャップを導入する場合には，接続料金単独の上限値（サブキャップ）を定める必要がある（Laffont and Tirole, 1996）。

4.　内部相互補助

4.1.　レバレッジ

　同一の事業者に属する部門 A から部門 B に収益を移転する行為を内部相互補助と呼ぶ。本書において，この行為は，ユニバーサルサービスを支えるメカニズム（第7章 4.2 節）として，あるいは価格スクイズの背後にあるメカニズム（本章 3.3 節）として既に紹介してきた。いずれの場合も，部門 A で生み出した収益を，部門 B の補助に用いるという構造である。

　こうした行為のすべてが規制者にとって問題となるわけではないことは，まず強調しておく必要がある。複数の部分市場をカバーしている事業者が，一つの部門市場で得た利益を他の部門市場に利用することは本来自由である。しかしながら，「ある部門において他の部門の利益を投入しなければ販売を継続することができないようなコストを下回る低価格を設定することによって競争者の顧客を獲得するというような手段は正常な競争手段とはいえず，わが国においては独占禁止法上の問題（不当廉

---

[14] 武田（2007）では「略奪型スクイーズ」と称される。
[15] 本章 4 節で論じる。

売）が生じる」（公正取引委員会事務総局, 2005, p.45）とされる。すなわち，部門 A からの内部相互補助が，競争環境下にある部門 B の欠損を補填するような場合には，競争法上の観点から問題となる。これは，「レバレッジ（独占の梃子：monopoly leverage）」として知られている問題の一形態であり，ある部分市場で培った市場支配力を梃子として利用することで，他の部分市場で勢力を拡大する行為として定義されている。内部相互補助以外によるレバレッジとしては，独占分野における購買力を活用した他の部分市場における営業活動や，独占分野で取得した情報の他の部分市場への流用といったものが知られている。

　部門 B の欠損を補填する内部相互補助という形態のレバレッジが持続可能であるためには，第一の前提条件として，両部門が直面する市場（それぞれ部分市場 A，部分市場 B と名付ける）が分断されていることが必要である[16]。消費者が両市場の財・サービスを代替的に利用できる場合，部門 B から購入した財・サービスを部分市場 A の消費者に転売して利益を得る裁定行為が可能になる。その場合，事業者は部分市場 A で超過利潤を得ることができなくなるため，部門 B の欠損補填を目指す内部相互補助は維持できない。サービス利用が地域に紐付けられているため，ある地域の利用者が他地域で提供されているサービスを利用できないユニバーサルサービスや，部分市場毎の財・サービスが異なる価格スクイズの局面では上記の条件は理想的に満たされている。

　さらに，当該事業者が部分市場 A において一定の市場支配力を持ち，平均費用を超える価格付けを行えることも第二の前提条件として求められる。競争メカニズムが十分に機能している場合，均衡価格は限界費用に等しくなるため，内部相互補助の原資を継続的に得ることはできない。自然独占性を持つアクセスネットワークの提供を基礎とするユニバーサルサービスはこの第二の条件も満たしている。

4.2. 不当廉売への対処

　内部相互補助による不当廉売が実際に発生しているのか否かを判定するためには，部分市場毎に，平均費用と価格との関係を判定する必要があり，そのためには，独占

---

[16] 部分市場 A の消費者グループは部門 B の財を代替利用できず，かつ，部分市場 B の消費者グループは部門 A の財を代替利用できない。同様の条件は第 11 章 3.3 節で論じる「両面市場」でも要請される。両面市場の場合は，これに加えて，消費者グループ間に間接ネットワーク効果が存在することが仮定される。

234 第 3 部 通信市場と規制

分野とそれ以外の分野について適切な会計分離が求められる。

しかしながら，会計分離を行うことによって不当廉売に該当するか否かの判定問題が解決するわけではない。会計分離を行うためには，部門間の共通費用を一定の基準に基づいて配賦する必要があるが，その配賦方法により，不当廉売を判定する基準となる平均費用の水準が異なるからである。問題は，共通費用については経済理論的に導き出される配賦基準が存在しない点にある。そのため，理論上は，本章 3.1 節で説明した増分費用ルールによって画される下限値と，単独採算費用ルールによって導き出される上限値で画される一定範囲を用いて，「下限値を下回る料金水準であれば当該部門は内部相互補助の受け手であり，一方，上限値を上回る水準であれば内部相互補助の出し手である」と判定するのが限度である。接続料の水準が上限値と下限値の枠内であれば，内部相互補助の有無の判断を理論的には行うことはできない。問題解決のためには，共通費用の配賦基準を（経済理論の助けを得ることなく）外生的に決定する必要がある。

共通費用の配賦に伴う理論的な困難を避ける今一つの方法としては，部門毎に別会社化するといった構造分離を推し進めるという方法もある。ただし，この場合，部門間の密接な協働作業によるシナジーが失われることによる効率性損失との比較衡量が求められる。あるいは，さらに根本的な防止措置として，既存事業者が他の産業分野へ参入することに一定の制限を課すという措置も考えられる。わが国の場合，NTTおよび NTT 東西については，NTT 法がそれぞれ業務範囲を定めている。

5. 標 準 化

5.1. デジュリ vs. デファクト

情報通信では，情報発信者と受信者，そしてネットワークの三者間の技術や製品の仕様が相互に適合的（compatible）である必要がある。端末機器製造者とネットワーク提供者，さらにはコンテンツ事業者との間で一定の技術標準に合意し，それに準拠したサービス提供および機器製造を行わなければサービスは実現できない。

標準化を行えば，消費者に一定の品質保証を行い，消費者利益を守ることができる。通信端末や Wi-Fi 機器などを購入する場合，当該製品が技術標準に準拠していることが明らかであるならば，利用者は不安なく，かつ価格競争を通じて安価に，それらを購入できる。ネットワーク提供者やコンテンツ事業者にとっても，標準が確立してい

れば，技術進歩に伴って将来使用不能となる可能性を心配することなく，長期間使用する予定の設備に対して投資できる。標準化された機器に関しては生産者間で価格競争が発生するため，調達価格を安価に抑制することもできる。

技術標準は，デジュリ標準（de jure standard）とデファクト標準（de facto standard）に大別される。デジュリ標準とは，公的機関や標準化団体が，関係する企業や団体，専門家などを集めて議論を交わしたうえで，公権力の裏付けをもって策定した標準規格である。通信サービスが主として国あるいは国営独占企業によって担われてきた時期は，関連するほとんどすべての技術標準は多国間の政府交渉を通じて確定され，すべてデジュリ標準としての性格を有していた。

一旦，デジュリ標準として定まった技術・製品仕様については，法規制によりその採用が義務付けられ，他の代替仕様の採用が原則として認められない。デジュリ標準は，技術の安定化に役立つため，事業者にとってのリスク低減に役立ち，消費者にとっても利益となる[17]。ただし，標準の確定には関係者の合意を得る必要があるため，最終結論を得るまでに時間がかかり，そのため環境変化の速いICTなどの分野には必ずしも適さない。

これに対し，特定の企業あるいは企業グループが独断で仕様を策定して製品を投入した結果，市場の実勢によって事実上の標準とみなされるようになった規格のことをデファクト標準と言う。ある技術仕様がデファクト標準として一旦確立し，社会で認知されるようになれば，標準規格対応の製品や，それらと適合的な製品が市場の大半を占めることが期待できる。デファクト標準にはデジュリ標準よりも遥かに迅速に環境変化に対応できる強みがある。しかしながら，公的権威によって裏付けられたものではないため市場競争の行方如何では覆される可能性があり，一定の不安定性を包含する。

デジュリ標準とデファクト標準は必ずしも排他的なものではない。デファクト標準が標準化団体での議論を経て標準規格化され，デジュリ標準に転換する場合もある。

5.2. 標準化戦争

デファクト標準とネットワーク効果の関係について分析しよう。

前節で示したように，情報通信というサービスを成立させるためには，一定の技術

---

[17] HD DVDとBlu-ray Discの両規格が争っていた時期に，DVDプレイヤーの購入を検討している消費者の状況を想像すれば，技術安定化が一定の便益をもたらすことは自明である。

236 第3部 通信市場と規制

標準を確立することが不可欠である。のみならず，ネットワーク効果を持つサービス
を提供する場合には重要な戦略要素ともなる。

　ネットワーク効果とは，第4章で定義したとおり，「財の利用価値が，その財の利
用者数，もしくはその財を通じて利用可能な補完財のバリエーションに依存する」と
いう効果である。ネットワーク効果を成立させるためには，利用者端末同士もしくは
利用者端末と補完財が共通の技術仕様に準拠している必要がある。

　ある事業者の提供するネットワークサービスが拠って立つ技術仕様を他事業者が
採用すれば，ネットワーク効果の発揮を通じてそのサービスの魅力が高まる。自社の
ネットワークが採用している技術が標準として確立されれば，自社サービスの販路も
拡大する。もちろん，同じ技術仕様を採用している事業者数が増えれば当該事業者間
の競争は激化し，市場価格は低下する。しかしながら，市場の規模拡大を通じた利潤
の拡大が，競争によるマイナスの影響を補うならば，事業者にとって自社技術の標準
化が重要な戦略手段となりうる。その場合，事業者間の競争は，同一技術を採用する
企業集団の拡大を競い合うという形をとる。

　それに対し，自社技術に絶対の自信があり，かつ新市場での支配的地位の確保を目
指す自信がある事業者にとっては，既存技術とは異なる技術仕様を採用して，単独で
デファクト標準化を目指すという戦略が合理的となる。消費者をユニークな技術標準
に準拠させることで，非互換の技術標準を採用する他事業者サービスへのスイッチン
グコスト（乗り換え費用）を高めることができれば，当該事業者は市場に対し価格支
配力を行使でき，一定の独占利潤を享受できる[18]。

　独自標準を追求し，独占利潤を享受しようとする個別事業者の行動は，社会全体と
して望ましい帰結を必ずしももたらさない。一定以上の市場支配力を有する事業者が
非互換の技術仕様を採用し，さらに，競合他社による当該仕様の利用を制限するよう
な場合には，その反競争性が問題となる。

　他方，競合標準の存在により多様な財・サービスが存在することから得られる便益
よりも，ネットワーク効果によってもたらされる便益の方が大きい場合には，特定技
術のインストールドベースの大きさができる限り大きいことが短期的には望ましい。
こういった場合，田中他（2008）は政策当局による一定の介入の必要性を主張する。

---

[18] 次節を参照。

5.3. スイッチングコスト

　特定の技術仕様を採用した財を購入すると，次期以降に関連する財を購入する場合も同様の仕様を採用した財を購入する方が，別の仕様を採用した財を購入するケースと比べて利用者にとって便益が高い場合がある。これは，今期の消費と以前の消費を関連付けることで一定の追加的便益が生まれていることを意味する。

　これは標準化に特有の現象ではない。特定の財・サービスを利用し続けることで利用ノウハウが蓄積する場合，供給者との（サービス向上につながる）関係構築が図られる場合，あるいは，長期継続割引などの恩恵に与る場合など，類似例には事欠かない。今期とそれ以前の消費がその対象を異にしている場合でも，同一技術仕様の使用による便益が発生する。macOS を搭載したパソコンを購入した場合，Windows OS のみに対応するアプリケーションではなく macOS 対応のアプリケーションを購入しなければ利用便益が得られないことがその一例である。

　これらは，「同一の企業から購入することから生まれる範囲の経済」（Farrell and Klemperer, 2007）が生じている状況であり，同じ品質の財・サービスを同じ価格で提供している事業者が複数以上存在する場合，消費者にとっては，関連する財を購入した経験のある事業者から再び購入することが合理的選択となる。

表 9-5-1　ロックインとスイッチングコストの例

ロックインのタイプ	スイッチングコストの具体的内容
契約上の義務に基づくロックイン	契約破棄・変更に対するペナルティとして課される費用。
耐久財の購入によるロックイン	商品の買い替えに必要な費用。時間の経過とともに財が老朽化しスイッチングコストの水準は低下する。
当該ブランドに特化した訓練によるロックイン	特定のシステムの修得に費やした費用。機器の利用経験が増すことにより増加する。
特定の情報システムを利用することによるロックイン	新システムに乗り換えるための費用。データベースに収集される情報量の増大とともに増加する。
特定の供給者を利用することによるロックイン	新たな供給元の探索費用。当該供給者の供給能力が他に代えがたいものであれば増大する。
取引相手の探索費用に基づくロックイン	買い手や売り手を探索し，財の品質を調査する費用。代替財の品質調査のための費用を含む。
継続利用特典によるロックイン	これまで蓄積してきた「継続利用特典」を失う費用，および，新規の供給者の下で継続利用経験を積み重ねるための費用。

出典：Shapiro and Varian（1998, Table 5.1.［訳書, p.209］）を基に筆者作成

238　第3部　通信市場と規制

　これは，消費者が特定供給者にロックインされている状況である。ロックインの下では，購入先の変更は，利用者に一定の負担（スイッチングコスト：switching cost）をもたらす[19]。Shapiro and Varian（1998）は，情報経済下においてはスイッチングコストが存在する局面は日常的であることを指摘し，以下のような例を示している（表9-5-1）。

　スイッチングコストには，Shapiro and Varian（1998）が列挙しているような物理的・直接的な費用に加え，ネットワークやブランドの変更などに伴う心理的・間接的な費用も含まれると解されている。Jones *et al.*（2002）は，スイッチングコストを包括的に定義したうえで，それを構成するものとして三つのグループに分けられた六つの要素を挙げている（表9-5-2）。

　その発生原因は，生産技術や利用スタイルなどの技術的なものである場合のほか，航空各社のマイレージサービスのように契約をベースとする人為的なものである場合もある。

表 9-5-2　スイッチングコストの構成要素

分類	個別要素
継続契約中断コスト (Continuity costs)	パフォーマンス喪失コスト(Lost performance costs) 現在利用しているサービスの高パフォーマンスを喪失する費用
	不確実性コスト(Uncertainty costs) 新契約先から提供されるサービスの低パフォーマンスを懸念することによる費用，不安感
習熟コスト (Leaning costs)	切替前調査コスト(Pre-switching search and evaluation costs) 契約切替前の調査に費やす費用
	切替後習熟コスト(Post-switching behavioral and cognitive costs) 契約切替後のサービスに習熟するための費用
	セットアップコスト(Setup costs) 新サービスの利用を開始するに際して負担しなければならない費用
サンクコストをめぐる 心理的コスト	現在のサービス利用にこれまで支出した埋没費用に対する心理的郷愁

出典：Jones *et al.*（2002, Table 1）を基に筆者作成

---

[19] ネットワーク効果が存在する場合も，特定ブランドからの変更を試みる利用者には大きな負担が生じ，ロックインが発生する。ただし，「ネットワーク効果によるロックイン」は，自分以外の他の利用者の動向が原因である点が，自分自身のこれまでの購買履歴に起因する「スイッチングコストによるロックイン」とは異なる。

さらに，スイッチングコストは，学習費用として考えられる場合と，取引費用として考えられる場合がある（Farrell and Klemperer, 2007）。前者の場合，供給者を最初に切り替える際には発生し，2回目以降の切り替え時には発生しない。それに対し，後者（取引費用）であれば，供給者を切り替える毎に発生する。

5.4. ロックイン下の競争

スイッチングコストが利用者のロックインをもたらす場合，初期時点の市場シェアがその後の事業運営の収益性を左右するため，各企業は新規顧客の獲得をめぐって激しい競争を展開する。一方，一旦獲得した顧客に対してはロックインに基づく市場支配力を行使し利潤最大化を図ることが合理的である。価格競争において，このことは，低価格によって新規顧客を誘引する一方で，ロックインした既存顧客に対してはスイッチングコストのレントを上乗せした価格を要求して，全体として利潤最大化を図るという戦略であり，"bargain-then-ripoff" pricing 戦略と称される。

この場合，ロックインされた顧客へのビジネスに着目すれば，極めて高収益なビジネスということになるが，現実には，その収益の全部あるいは一部は，新規契約時に費やした費用の回収に使用される。また，他の事業者にロックインされた利用者を奪うためには，その利用者が直面しているスイッチングコストを事業者側で負担するこ

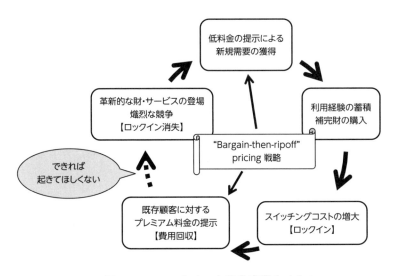

図 9-5-1　ロックインを伴う事業サイクル

240 第 3 部　通信市場と規制

とが求められる場合があり，ロックイン後の収益はその穴埋めにも費やされる。そのため，事業全体の収益性を判断するためには，事業サイクル全体（図 9-5-1）を見渡した長期的な判断が必要となる。

　スイッチングコストをめぐる理論モデルの分析は，von Weitzsaecker（1984）と Klemperer（1987a，1987b，1989，1995）などに始まる。包括的サーベイである Farrell and Klemperer（2007）は以下のような知見を紹介している。

- 最も基本的なモデルでは，既存顧客に対する上乗せ料金は，新規顧客に対する割引の財源として費消される結果，顧客間の所得分配上の問題を除いて，非効率性は生じない。ただし，制約を緩和したモデルでは，多くの場合，寡占価格の上昇などの非効率性が発生する。
- スイッチングコストが寡占価格の水準に与える影響は，将来価格に対する利用者の期待値に大きく依存する。
- 既存企業は既利用者に焦点をしぼった事業展開を行い，新規顧客獲得競争に注力しないため，市場の細分化が進展し，寡占化は強固になる。さらに，多くの場合，スイッチングコストにより寡占事業者の利潤は増大する。
- 既存事業者が既利用者を主な対象として事業を展開している場合，新規利用者のみをターゲットにした小規模な新規参入は比較的容易である。一方，既利用者の乗り換えを前提とする大規模な新規参入は困難であり，特に規模の経済性が存在する場合には，新規参入の余地は事実上閉ざされる。

　スイッチングコストが大きい状況では，最初の利用機会が，利用者が選択権を行使できる事実上唯一のチャンスであり，利用開始後は，ロックインにより事業者を変えることが困難である。そのため，新規に利用を開始しようとする消費者が適切な意思決定ができるよう，規制庁から必要な情報提供を行ったり，事業者に情報開示を義務付けたりすることが消費者保護の観点から要請される。Farrell and Klemperer（2007）では，競合企業による相互運用性（compatibility）の確立を通じてスイッチングコストの水準を低下させるという観点から，独自標準を保護する知的財産権の行使を制限することなども提案されている。

6. 新規参入事業者の保護・育成

6.1. 幼稚産業保護論の応用

　新規参入事業者に対する直接的な保護・育成政策が時限的措置として採用される場合がある。こうした措置には一定のコストが必要であるとともに，価格メカニズムの働きを一時的に歪めるものであるために効率性ロスが不可避である。そのため，発動にあたっては，新規参入事業者を保護・育成することによる利益と，必要なコストの比較検討が重要である。

　この点について，第2章2.3節で説明した「幼稚産業保護論」の知見が利用できる。幼稚産業とは，産業発達の初期段階では国際競争に耐える力を持たないが，「『実行を通じた学習効果』（learning by doing）により，生産活動を行えば費用条件が時間を通じて改善される」（伊藤他, 1988, p.44）ため，最終的には国際競争に耐えうる力を備え自立できることが見込まれる産業を指す。そうした産業を，発達の初期段階において一時的に保護することで長期的には経済厚生を改善できるというのが，その主張である。

　幼稚産業保護論を論拠とする政府介入が効率性の観点から正当化されるためには，第2章で議論したように，まず，「動学的規模の経済」あるいは「時間の経済効果」が存在し，さらに，「ミルの規準」「バステーブルの規準」「ケンプの規準」あるいは「根岸の規準」のテストをパスする必要がある。

6.2. 直接支援と間接支援

　新規参入事業者に対する育成・支援措置としては，補助金の供与や減税・免税措置，低利融資や民間からの借り入れにあたっての政府保証などがその手段となる。加えて，既存事業者に対する場合よりも有利な規制上の取り扱いなども手段として利用される。

　他にも，情報という手段を通じて間接的に支援を行う方法もある。政策ビジョンの策定や有識者懇談会の開催を通じた情報提供がその典型例である。ただし，市場環境や技術の将来見通しについて，政府が民間よりも完全な情報を有していることは通常ない。したがって，情報提供型の間接支援において鍵となるのは，政府が提供する情報内容ではなく，情報提供を契機として発生する民間プレイヤー間，あるいは官民の間，の意見交換を通じた「共通認識の醸成」であると解されることがある。これは，

242 第3部 通信市場と規制

ゲーム理論の枠組みで言うところの focal point（注目点）[20]の形成，あるいは，それを
支援するための preplay communication（事前コミュニケーション）の促進に相当する。
このような形で，利害関係者間の意見交換が促進され，何らかのコンセンサスが醸成
されることは，情報の不完全性によるマーシャルの外部性が存在する場合には特に有
効である。

引用文献：

Bourreau, M., Dogan, P., and Manant, M.（2010）"A Critical Review of the 'Ladder of Investment' Approach," *Telecommunications Policy*, 34(11), 683-696.

Cave, M.（2004）"Remedies for Broadband Services," *Journal of Network Industries,* 5(1), 23-49.

Cave, M.（2006）"Encouraging Infrastructure Competition via the Ladder of Investment," *Telecommunications Policy*, 30(3-4), 223-237.

Cave, M.（2010）"Snakes and Ladders: Unbundling in a Next Generation World," *Telecommunications Policy*, 34(1-2), 80-85.

江副憲昭（2003）『ネットワーク産業の経済分析―公益事業の料金規制理論』勁草書房.

Farrell, J. and Klemperer, P.（2007）"Coordination and Lock-In: Competition with Switching Costs and Network Effects." In Armstrong, M. and Porter, R.H.（eds.）*Handbook of Industrial Organization,* Vol.3, Elsevier, 1967-2072.

林紘一郎（1998）『ネットワーキング―情報社会の経済学』NTT 出版.

依田高典（2003）「ネットワーク産業の生態学」林敏彦［編］『講座・公的規制と産業③　電気通信』NTT 出版, 74-110.

依田高典（2007）『ブロードバンド・エコノミクス―情報通信産業の新しい競争政策』日本経済新聞出版社.

伊藤元重・清野一治・奥野正寛・鈴村興太郎（1988）『産業政策の経済分析』東京大学出版会.

Jones, M.A., Motherbaugh, D.L., and Beatty, S.E.（2002）"Why Customers Stay: Measuring the Underlying Dimensions of Services Switching Costs and Managing Their Differential Strategic Outcomes," *Journal of Business Research*, 55(6), 441-450.

川濱昇（2004）「特集　独禁法改正の方向をよむ―不可欠設備にかかる独占・寡占規制について」『ジュリスト』No.1270（2004/6/15）, 59-64.

川濱昇・大橋弘・玉田康成［編］（2010）『モバイル産業論―その発展と競争政策』東京大学出版会.

---

[20] ゲームに参加するプレイヤー相互の直接のコミュニケーション手段がない場合に，プレイヤーが共通して考える「確からしいと思われる解」のこと。提唱者である米国経済学者トーマス・C. シェリング（Thomas C. Schelling）にちなみ，シェリング・ポイント（Schelling point）とも呼ぶ。

Klemperer, P.（1987a）"Markets with Consumer Switching Costs," *The Quarterly Journal of Economics*, 102（2）, 375-394.

Klemperer, P.（1987b）"The Competitiveness of Markets with Switching Costs," *RAND Journal of Economics*, 18（1）, 137-50.

Klemperer, P.（1989）"Price Wars Caused by Switching Costs," *Review of Economic Studies*, 56（3）, 405-20.

Klemperer, P.（1995）"Competition when Consumers have Switching Costs: An Overview with Applications to Industrial Organization, Macroeconomics, and International Trade," *Review of Economic Studies*, 62（4）, 515-539.

公正取引委員会事務総局（2005）『公益事業分野における相互参入について』http://warp.ndl.go.jp/info:ndljp/pid/286894/www.jftc.go.jp/pressrelease/05.february/05021801-02-hontai.pdf

Laffont, J.J. and Tirole, J.（1996）"Creating Competition through Interconnection: Theory and Practice," *Journal of Regulatory Economics*, 10（3）, 227-256.

Laffont, J.J. and Tirole, J.（1999）*Competition in Telecommunications,* MIT press.（上野有子［訳］（2002）『テレコム産業における競争』エコノミスト社）

Lorentzen, J. and Møllgaard, P.（2006）"Competition Policy and Innovation." In Bianchi, P. and Labory, S.（eds.）*International Handbook on Industrial Policy,* Edward Elgar, 115-133.

小田切宏之（2008）『競争政策論―独占禁止法事例とともに学ぶ産業組織論』日本評論社.

Shapiro, C. and Varian, H.R.（1998）*Information Rules: A Strategic Guide to the Network Economy,* Harvard Business School Press.（千本倖生［監訳］宮本喜一［翻訳］（1999）『「ネットワーク経済」の法則』IDG ジャパン）

白石忠志（2000）「Essential Facility 理論―インターネットと競争政策」『ジュリスト』No.1172（2000/2/15）, 70-75.

Sidak, J.G. and Spulber, D.F.（1997）"The Tragedy of the Telecommons: Government Pricing of Unbundled Network Elements under the Telecommunications Act of 1996," *Columbia Law Review,* 97（4）, 1081-1161.

Spulber, D.F. and Yoo, C.S.（2009）*Networks in Telecommunications: Economics and Law*, Cambridge University Press.

田尻信行（2007）「ブロードバンドの普及要因とその政策的含意に関する研究」早稲田大学大学院国際情報通信研究科博士論文.

武田邦宣（2007）「競争法によるプライススクイーズの規制」根岸哲・川濱昇・泉水文雄［編］『ネットワーク市場における技術と競争のインターフェイス』有斐閣.

田中辰雄・矢崎敬人・村上礼子（2008）『ブロードバンド市場の経済分析』慶應義塾大学出版会.

von Weitzsaecker, C.（1984）"The Cost of Substitution," *Econometrica*, 52（5）, 1085-1116.

Willig, R.D.（1979）"The Theory of Network Access Pricing." In Trebing, H.M.（ed.）*Issues in Public Policy Regulation,* Michigan State University Public Utility Papers.

第 4 部　通信産業からネット産業へ

第10章　ネットワークの整備

1.　はじめに

　自由化された通信市場において，事業への投資を行ってネットワークを整備する主役は，利潤最大化を目的として行動する民間企業である。一方，情報通信を支えるネットワークを整備することは，経済活動全体の効率性を高めることを通じて，直接の通信利用者以外の便益に対して正の効果（＝外部経済）を及ぼす。

　一般に，外部経済が存在する場合は「市場の失敗」が生じ，効率性ロスが発生する。そのため，ネットワーク規模を最適水準に届かせることを目的として，ネットワーク整備に関しては，様々な公的支援措置がとられている。

　本章ではネットワークの整備をめぐる諸論点について解説する。

2.　ネットワーク整備の価値

2.1.　経済へのインパクト

　ネットワークへの投資を行うことは，第一に，情報通信機器製造産業にとっての需要拡大を意味する。ネットワーク投資の拡大は，ネットワークに組み込まれる機器に対する需要拡大に他ならないため，ネットワーク機器産業の成長がもたらされる。さらに，産業の成長に応じて，同産業に生産要素を提供している労働者や資本家の所得が増大する。

　通信サービスを利用するユーザー産業では，拡充されたネットワークが提供する高度かつ多様な機能を活用して生産性を向上させたり，新規ビジネスを起業したりすることが可能になる。十分な競争圧力が見込まれる市場環境においては，こういった経済効果は最終的には消費者余剰の増大をもたらす。また，豊富なネットワーク資産を活用して提供されるサービスにより，効用が高まる。さらに，情報通信による物理的

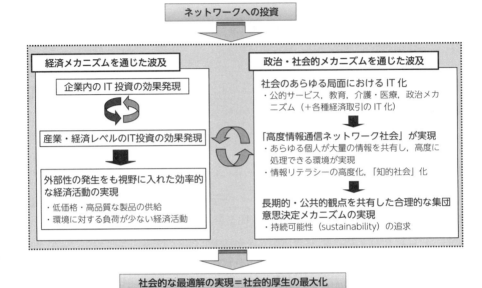

出典：実積（2005, p.79）の図を基に筆者作成

図 10-2-1　ネットワーク投資による全体効果

移動の代替や，全般的な効率性拡大を通じて，環境負荷が少なく，地球にやさしい経済システムが実現できる。

　整備されたネットワークを利用することで，社会経済活動のあらゆる局面における ICT 化が進展すれば，「高度情報通信ネットワーク社会」が実現する。その下では，政府や非営利団体の活動など，経済活動の枠外と考えられてきた諸活動は改善され，資源配分はさらに効率的なものとなる（図 10-2-1）。

2.2. 利用者側の条件整備

　ネットワーク整備の経済効果を十分に享受するためには，利用サイドで，その効果を想定どおりに発揮できるような環境を整える必要がある。新規投資に伴い，伝統的な組織形態やワークスタイルを転換し，従来とは全く異なる新しいビジネスモデルを導入し，さらに社外の専門リソースを投入するなどの様々な補完的な経営施策を導入しなければ，折角の投資が無駄になり，効率性改善などの効果を十分に享受できないことがこれまでの研究で明らかになっている。

補完的な経営施策として，Hammer（1990）はビジネスモデル自体の大胆な変革を訴え，Clemons（1991）は陳腐化の速い ICT を用いて企業競争力を維持するには，販売ネットワークなど他企業には模倣できない非 ICT 資産を持つことが重要であると主張している。Malone（1997）は，ICT の進歩による通信コストの低下により，企業にとって最も有利な意思決定の形態が，独立分権型（independent decentralized）から，中央集権型（centralized），最終的には，協同分権型（connected and decentralized）へと逐次変化することを指摘している[1]。また，Brynjolfsson and Hitt（1998）は，企業戦略，ビジネスプロセス，組織形態の変革が必要であり，中央集権的組織において ICT 化を進めてもかえってパフォーマンスが悪化することを示している。Kraemer（2001）は，ICT 投資の効果を発揮するためにマネージャーがなすべきこととして，「①IT 投資を経営戦略に適合させること」，「②仮想会社（virtual company）などの分権的な組織を目指すこと」，「③強力な最高情報責任者（CIO：Chief Information Officer）に率いられた分権的な IT 組織を構築すること」，「④総合的品質管理（TQM：Total Quality Management）やプロセス・リデザインなどで IT 投資にとって補完的な条件を整えること」，「⑤自社の IT 投資の状況とそのパフォーマンスの評価を他社との比較において把握すること」，「⑥IT プロジェクトのリターンを評価する社内手続きを構築し，成功例・失敗例から学習すること」の六つを挙げている。

わが国企業を対象にした分析では，まず，田村（2000）によるものがある。アンケートによって得られた 145 社のデータから，わが国における IT 化が所期の成果を生んでいない理由として，①情報フォーマットが標準化されていないため，社内の情報共有化が阻害されていること，②情報システムが企業本社を頂点とする統制発想の中央集権型システムの段階にとどまっていること，③IT 投資がハードウェアに偏り，ソフトウェア投資が少ないこと，および④従業員の情報リテラシーを向上させるための能力開発投資を怠っていること，の 4 点を見出している。また，実積（2005）は，新聞や各種の経営関連誌上で ICT 化と同時に進めるべきとされる経営体質改善やビジネスモデルの転換を行っている企業は，自らが実施している ICT 化の潜在能力に応じた成果を享受できていないという実証結果を得ている。

さらに，たとえ個別企業レベルにおいて投資効果が十分に価値を発揮できても，産業内および産業間の競争圧力が不十分であれば，投資実行企業・産業の先行者利得

---

[1] 各意思決定方式の訳語は筆者による。

250　第4部　通信産業からネット産業へ

（first-mover advantage）が長く維持される結果，投資効果を社会全体で十分に享受できない[2]。

3.　ネットワークの最適規模

3.1.　専用部分と共用部分

　ネットワークには，特定の利用者が占有している「専用部分」と，複数の利用者で共同使用している「共用部分」が存在する。

　通信事業者が構築する有線ネットワークのうち，利用者端末と事業者の設備（交換局など）を結ぶアクセス網部分については，利用者の実際の利用頻度とは無関係に，1加入当たり1回線が敷設されている。そのアクセス網は当該利用者が通信を行う以外の用途に使うことはできず，利用者以外の第三者同士をつなぐ通信がその回線を流れることはない。この意味で，有線通信に用いられるアクセス網はネットワークの「専用部分」に該当する。

　一方，有線ネットワークのアクセス網以外の部分，つまり，幹線部分（トランク網）については加入者と1対1の対応関係が多くの場合存在しない。トランク網については「共用部分」として，予想される利用量に応じた規模が構築され，全利用者で共用される。共用の度合いは通信利用の距離的分布を考慮して定められる。固定電話サービスの場合，需要の大部分は近距離通信によって占められているため，ネットワーク容量は近距離向けに手厚く用意しておく必要がある。一方，長距離部分のネットワークは，需要量に応じた比較的少ない容量しか用意されていない。そのため，長距離部分の共用度（1単位の容量が支える利用者数）は，近距離部分に比較して高くなる。インターネットなどのデータ通信網の場合，共用の度合いは競合率（contention ratio）と呼ばれる。競合率は，最終利用者に提供されている通信容量（＝上限通信速度）nと，実際に構築されているネットワークの通信容量Nの比率（n対N）として計測される。バックボーン部門の競合率は，通常，20対1から50対1の水準に設定される[3]。専用のアクセス網については，もちろん1対1である。

　携帯電話などではアクセス部分に無線ネットワークが利用されている。この場合，同一の無線局から発出される電波を，当該局のカバーエリアに所在する複数の利用者

---

[2]　詳細な議論については，実積（2005）を参照されたい。
[3]　関係者への取材による。

で共同利用している。そのため，移動体通信用のネットワークについては，アクセス部分もトランク部分もともに「共用部分」になる。ケーブルテレビ事業者の場合は，アクセス網部分のうち，地域をカバーする共通のアクセス基幹回線から利用者宅までの部分が「専用部分」であり，アクセス基幹回線を含む，その他すべてのネットワーク部分が「共用部分」に分類できる。

最適規模の定め方に関しては専用部分と共用部分で基本的な差はない。ネットワーク規模の拡大により社会全体に生まれる限界便益がネットワーク構築の限界費用に等しくなる水準が最適規模である。ただし，共用部分の社会的限界便益を計測する際には，ネットワーク混雑の発生時にみられる「特定利用者によるネットワークの利用が他者の利用を妨げる」という負の外部経済の存在を追加的に考慮する必要がある。また，共用部分では複数利用者が共同して費用負担を行うため，「公平な費用負担はいかにあるべきか」という問題を解決する必要がある。

3.2. 技術進歩と事業者協調

市場メカニズムの下では，民間事業者が主体となって構築するネットワークの最適規模は，構築に要する限界費用と，それによって達成される限界便益が等しくなる点に決定される。ただし，意思決定は，当該時点において想定される技術水準や需要環境を前提として実施される。そのため，ある時点の最適規模が，その後も最適規模であり続ける保証はない。技術進歩や需要の多様化・高度化が急速に進展している情報通信の場合は尚更である。

ところで，ネットワークの最適規模とは，面的な広がりだけを意味するわけではない。ネットワーク上で流通する通信品質をサポートするための必要設備の水準という質的な側面も検討の対象である。情報やデータの処理をネットワーク上に配置されたサーバー上で一手に実行し，利用者はその結果を手元の端末機器を介して利用するクラウドコンピューティング（cloud computing）と呼ばれる利用形態においては，通信品質の劣化がサービス途絶をもたらしかねない。そのため，より高品質で安定的なネットワークの構築，すなわち，より大きな設備投資，が必要とされる。

議論を単純化して，ネットワーク事業者が獲得する利益を縦軸に，（ネットワークの面的規模を一定として）ネットワーク品質を横軸にとってグラフを描いたものが図10-3-1 である。この場合，社会全体の観点からは品質 M のネットワークを構築することにより，最大の利益 π_M を得ることができる。M 以下の品質ではサービスの潜在

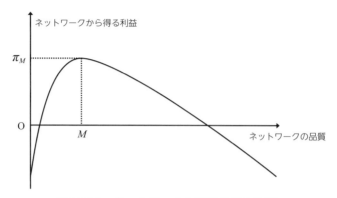

図 10-3-1 ネットワークの最適品質の決定

能力が十分に発揮できない。一方，M を超える品質水準ではネットワーク構築コストが嵩む。そのため，M 以外に品質水準が設定された場合，得られる利益は最大値 π_M を下回ることになる。

　新技術により高規格のコンテンツが制作可能になったとしよう。高規格コンテンツを十分に楽しむためにはネットワークも高品質でなければならず，その提供には追加的な費用が必要であると仮定する。ここで，従来規格コンテンツと高規格コンテンツのそれぞれに対応したネットワーク構築に係る品質と利益の関係が図 10-3-2 のようになったとする。高規格コンテンツに対応した品質 N のネットワークを構築することで社会全体として最大利益 π_N を享受できる。ネットワークの提供主体が単一主体（例えば，国や独占事業者）である場合は問題なくそういった最適意思決定が実行される。それに対し，ネットワークが複数のサブネットワークの相互接続によって構築される場合には問題が発生する。通信ネットワークの場合，全体品質は，最も低品質のサブネットワークに依存する。低品質部分が一部でもあると，高規格コンテンツが利用できないため，全体ネットワークの品質と利益の関係は，高規格対応時のグラフ（破線）ではなく，従来規格対応時のグラフ（実線）になってしまう。その場合，高規格に対応した事業者は，従来規格にとどまった事業者よりも費用が嵩む分だけ大きな損失を被る。

　競争状況にある二つの事業者（A，B）が相互に接続するサブネットワークを構築している状況を検討しよう。想定する状況は以下のとおりである。従来規格への対応には追加費用は不要で，これから採用する可能性のある高規格に対応するには 20 億

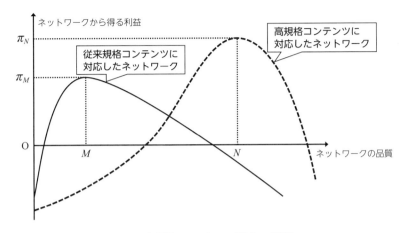

図 10-3-2　高規格コンテンツ導入の影響

表 10-3-1　高規格コンテンツ導入に係る利得表

		事業者A	
		高規格に対応	従来規格のみに対応
事業者B	高規格に対応	30億円，30億円	10億円，−10億円
	従来規格のみに対応	−10億円，10億円	10億円，10億円

円の追加費用がかかる。高規格コンテンツに対応するネットワークの場合，各事業者は50億円の収入を得ることができ，従来規格コンテンツ対応のネットワークの場合，収入は 10 億円である。これ以外の収入・費用が発生しないとすると，両事業者の利得は表 10-3-1 のようになる。

　高規格への対応を考慮する以前のスタート地点（現状）は右下の枠に相当する。明らかなとおり，両事業者にとって先に高規格への対応を試みることは利潤低下（プラス 10 億円→マイナス 10 億円）を招いて不利である。結局，両事業者が独立に意思決定を行う限り，高規格への対応は実施されず，全体品質は低水準（図 10-3-2 で言うところの水準 M）にとどまる。効率的な均衡（表 10-3-1 では左上の枠）を確実に実現するためには，関連事業者すべてが整合的に意思決定を行って高規格対応ネットワークを構築することが求められる。この状況においては，事業者間の情報共有を支援し，自発的コンセンサスを得る取り組みが必要である。

3.3. ネットワークの混雑

　道路の場合と同じく，ネットワークの共用部分を利用する通信がある一定量を超えると「トラフィック（トラヒック）混雑」すなわち「輻輳」が生じる。ネットワーク建設には巨額の資金と時間が必要であり，需要の変動に応じてその供給量を即座に調整できないためである。本節では，ネットワークの規模が一定である短期的状況について議論する。

　輻輳が発生すると通信が途切れがちになったり，通信データが途中で失われたり，一時的に通信不能になったりする。これは，共用部分のネットワーク容量という希少資源を利用者間で奪い合った結果，対価を支払う意思があるにもかかわらず資源の配分を受けることができない利用者が生まれていることを意味する。すなわち，輻輳時の共用部分のネットワークには，消費が互いに排他的であるという意味の競合性が存在している。

　さて，社会全体の観点からすれば，ある1人の利用者が通信を行う場合に必要となる費用には，①当該通信を成立させるために必要な資源の追加投入に伴って通信事業者に発生する費用，②当該通信による輻輳によって通信事業者および当該利用者自身に発生する費用，③輻輳を原因として通信事業者および当該利用者以外の第三者に発生する費用，の3種類が存在する。ネットワーク資源提供の私的費用である費用①および輻輳による私的費用である費用②は，専用部分と共用部分の双方の利用において発生する。一方，輻輳によって発生する外部不経済を意味する費用③（＝社会的費用）は共用部分の利用のみに関して発生し，専用部分の利用とは無関係である。

　ネットワーク利用に関する意思決定においては，通信事業者および直接の利用者の利害，すなわち，①および②に属する私的費用のみが考慮されがちである。ネットワークサービスの提供・利用の主体が企業や家計といった民間プレイヤーである場合，私的費用以外の要素は利潤最大化や効用最大化には直接の関係がないために捨象される。公的主体による提供の場合も，後述する smart market 的な手法を用いる場合以外では，計測上の理由などから，社会的費用を正確に考慮することは難しい。

　通信ニーズが些少で，全体の利用量がネットワーク共用部分の容量を下回る場合は，費用②に加えて費用③（社会的費用）は発生しないため，私的限界費用と社会的限界費用の乖離に由来する資源配分上の問題は生じない。しかしながら，通信ニーズが既存の通信容量を超える場合は，費用②に加えて費用③が発生する結果，私的限界費用と社会的限界費用の乖離（＝外部不経済）が発生する。そのことにより，社会的に最

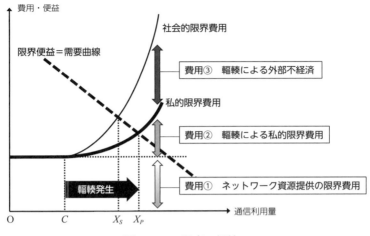

図 10-3-3　過度の輻輳

適水準を超える量の通信が発生し，資源配分上のロスが生じる。

この状況を図 10-3-3 に示す。C はネットワーク共用部分の容量であり，私的な最適利用量は X_P，社会的な最適利用量は X_S となる。外部不経済を考慮しないときに発生する輻輳の規模は X_P-C であり，「社会的に最適な輻輳の規模」は X_S-C である。外部不経済を考慮しないと，X_P-X_S の分だけ「過度の輻輳」が発生する。

過度の輻輳による資源配分上のロスを回避する手段は大きく 2 種類に分けられる。第一の手段は，問題となっている財・サービスの供給拡大であり，利用急増にも耐えられるだけの通信容量を持つネットワークを建設することを意味する。この場合，通信容量の拡大は，ネットワーク設備の追加建設だけではなく，より効率的な通信制御技術の採用や新型設備への更改によっても可能である。供給拡大を行うことにより，輻輳の発生そのものを回避し，費用②および費用③の発生を防ぐことができる。ただし，輻輳の発生確率がゼロである状況が必ずしも最適な資源配分とは限らない。輻輳が全く発生しない規模のネットワークを構築することは，過剰投資である可能性もある。さらに，ネットワーク建設の主体が民間事業者である場合，十分な投資資金を確保できるかどうかは未知数である。

第二の手段は，需要管理である。そのための手段としては，利用可能時間を週末や深夜帯のみに限る一方で利用料金が安価な契約区分を設けてヘビーユーザーをそちらに誘導したり，輻輳時の利用に追加料金（混雑料金）を徴収したりする方法がある。

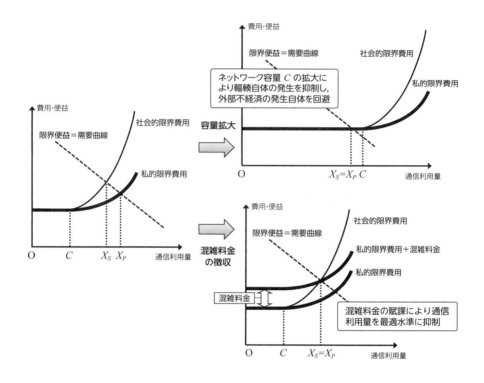

図 10-3-4　過度の輻輳への対処

　最適な追加料金の水準は，社会的費用と社会的便益が等しくなるネットワーク規模において発生する混雑水準に対応する限界被害に等しく設定される（ピグー税）。あるいは，（実務上は大きな難問ではあるが，）規制庁側が「社会的に最適な輻輳の規模」，すなわち「社会的に最適な通信利用量」を予め決定できるのであれば，ピーク時におけるネットワーク利用権を希望者がオークションで競り合うことで，効率的資源配分が実現できる。これは，地球環境問題で言うところの「排出権取引」に類似した方法であり，最適な混雑料金の水準はオークションによって事後的に決定される。ネットワーク容量をめぐるオークションについて MacKie-Mason and Varian（1994）は，利用者がネットワークに送出する通信データに一定の価格付けを行い，電子的なオークションを通じてネットワーク資源を配分する「smart market」と名付けたメカニズムを提案している。いずれにせよ，需要管理は，輻輳自体の回避を行うというよりは，

輻輳の程度を社会的に最適な頻度・水準にとどめるものであることに注意が必要である。

図 10-3-4 に，容量拡大による解決策と混雑料金徴収による解決策を示す。なお，供給拡大と需要管理は相互に排他的なものではなく，最小の費用で最大の効果を得られるよう適宜組み合わせて実施する必要がある。

3.4. 提供条件の影響

通信サービスの提供条件も，ネットワークの混雑事情を左右する重要なファクターである。

インターネットなどのデータ通信の利用を中心に，利用時間や利用通信量に比例した従量料金制ではなく，利用時間・量にかかわりなく一定の月額料金を支払う定額料金制の普及が進んでいる。特に固定ブロードバンドにおいては，高速のアクセス網およびインターネットへの接続サービスがすべて定額料金で利用できる契約形態が大半である。一方，モバイル・ブロードバンドにおいては月間のデータ利用量に一定の上限（データキャップ）を区切ったサービスが提供されることが多い。利用者はデータキャップまでは定額料金で利用できるが，それを超えた場合は，通信品質が大きく低下し，高品質アプリの利用が不可能になる。その際，利用者はブロードバンドの利用を諦めるか，もしくは追加のデータ利用量を購入する必要がある。

定額料金の下では，利用者にとってサービス利用に伴う限界費用は，利用者本人の時間資源の消費に伴う「時間の限界価値」のみになるため，需要量は大幅に拡大する。その一方で，通信利用の増大が事業者側の追加的資源投入を必要とする事情や，輻輳時に外部不経済が発生するメカニズムに変わりはない。そのため，限界費用が非負である場合，定額料金制を採用することで，私的限界費用と社会的限界費用の格差は大きくなり，私的均衡でもたらされる「過度な輻輳」の程度は，従量料金制の下でよりも悪化してしまう。

ブロードバンドにおける混雑状況をさらに複雑なものとしているのが，「ベストエフォート（best effort）」というサービス品質水準である。旧来の加入電話サービスやISDN 電話サービス，携帯電話サービスにおいては，一旦通信リンクが確立されると，一定の通信速度の提供が保証されている。輻輳が発生すると，発信規制などの措置が施される結果，通信リンクそのものが形成されない。つまり，一定の通信品質に適合したサービスのみが提供され，それに満たない品質のサービスは存在しない。こうし

た形で品質（QoS：Quality of Service[4]）の保持を行うサービスを，品質保証型（ギャランティ型）サービスと呼ぶ。保証される通信品質の具体的内容は様々であり，最低保証の通信速度のみならず，メンテナンスや障害発生時の通信途絶時間，セキュリティなどに関して設定されることもある。一方，インターネットを利用するデータ通信サービスでは，最良の条件下での通信品質（上限値）のみを提供条件として示し，実効品質は実際条件に左右されることを容認する形態でサービス提供を行っている。このタイプのサービスをベストエフォート型サービスと呼び，QoS の保証がない分，品質保証型サービスと比べ，ネットワークが低コストで構築可能となり，その結果，利用者への料金が安価に設定できる。

　インターネットを支える技術は，こうしたベストエフォート型をベースとして構築されている。パケット処理方式を採用しているインターネットでは，利用者からの通信要求は小さなパケットに分割されて処理される。利用者がインターネットにパケットを送出するタイミングは一様でなく，さらに相互に独立である。一方で，パケットの処理を行うルータの単位時間当たりの処理能力（ネットワーク容量）は一定の有限値にとどまる。その場合，パケット処理要求が嵩むにつれ，パケットに対する平均的

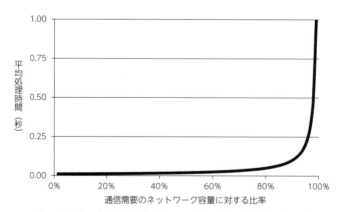

注：グラフは，パケットの発生がポワソン分布に従い，通信処理を行うポイントが1箇所で，待ち行列の長さに制限がない，という極めて単純な状況を前提として描画されている。これは，インターネットの中核部分全体をブラックボックスとして扱っていることと同値である。
詳しい算出式については，Spulbar and Yoo (2009, pp.55-56) を参照のこと。

図 10-3-5　通信需要とパケットの処理時間

---

[4] ネットワーク上で，ある特定の通信のための帯域を予約し，一定の品質（QoS）を保証する技術を指して，QoS と呼ぶ場合も多い。

な処理時間は増大する。図 10-3-5 は一定の条件の下で，1 秒という時間枠内において，パケット処理に要する平均的な時間（縦軸）と，通信需要がネットワーク容量に占める割合（横軸）の関係を描いたもので，パケット処理時間が通信需要とともに急増していく状況が示されている[5]。通信需要量がネットワーク容量以下の場合でも，処理時間の増大，すなわち通信速度の低下，が観察される。

　個々のパケットに対する処理時間が増大することは，通信速度が低下することを意味する。ファイルのダウンロードに長い時間がかかったり，ライブコンテンツなどの視聴が不可能になったりする結果，「利用者にとっての QoS」（QoE：Quality of Experience）が悪化する。通信需要がさらに増大してネットワーク容量を超える水準に達した場合は，通信パケットの処理待ち時間が無限大となり，ネットワークは機能を喪失し，QoS および QoE は完全に失われる。そうした事態を防止するため，一定水準以上の通信要求が発生した場合に，超過分の通信パケットを廃棄するメカニズムをインターネットは実装している。廃棄パケットがランダムに選択される場合，個々の利用者の通信速度が満遍なく低下する。ただし，サービスの種類によって要求される QoS の水準は異なるので[6]，廃棄パケットがランダムに選択されたとしても，利用者が感じる QoE の水準は利用しているアプリケーションやコンテンツによって大きく異なる。

　ベストエフォート型の下では，混雑が日常的に発生して実効通信速度が低下する事態になっても，通信事業者はネットワーク容量を増加させたり，何らかの需要管理手段をとって事態を改善したりする義務を負わない。それに対抗して利用者がとれる手段は，当該事業者のサービスの利用を取り止め，競争相手に乗り換えることしかない。そのため，ベストエフォート型のサービス提供が行われている市場での資源配分効率性を確保するためには，事業者間での有効な競争が成立している必要があり，競争が不十分である場合には，政府介入による代替的圧力の行使を検討する余地がある。

---

[5] 1 秒という枠内においてグラフが描かれていることに注意。そのため，待ち時間が 1 秒を超えることは，通信処理を待つパケットの待ち行列が無限大になることを意味し，ネットワークにおける通信処理が完全に停滞していることを示す。
[6] 一般論として，高品質な画像・音声を謳ったり，リアルタイムのレスポンスを重視したりするサービス（たとえば，VR 要素を駆使したオンラインシューティングゲーム）ほど，より高水準のQoS がないと利用できない。

260   第4部　通信産業からネット産業へ

4.　周波数オークション[7]

　第8章4.1節で説明したとおり，免許入札制は，主として参入規制において生産効率の最も高い事業者を選択する目的で導入される。通信事業において実際に免許入札制が導入されているのは，携帯電話事業者に対して周波数免許を付与する局面である。

4.1.　電波という資源

　周波数オークションとは，一定の帯域の電波を利用するための排他的権利をオークションという手続きで分配する方法である。

　電波は電磁波の一種であり，1秒間に何回振動するのかを示す周波数（frequency，単位はヘルツ［Hz］）によって光と区別される。技術的に言えば，電磁波のうち光より周波数が低いものが電波である。日本の電波法では，3テラヘルツ（THz）（＝3兆ヘルツ）以下の周波数を持つ電磁波が電波として定義されている。

　炭田（2004, p.8）によれば，電波は以下の四つの特性を有している。

(1)　電波は周波数が違うと性格が変貌する
(2)　伝送できる情報量は使える電波の量に比例する
(3)　電波はパワー（出力）が強いほど遠くまで伝達する
(4)　同じ周波数の電波は混信する

　そのため，電波は周波数によって主な用途が異なる（図10-4-1）。また，混信を防止するために，利用周波数帯やパワーを相互に調整する必要が生じる。

　社会経済活動の発展や高度情報社会の進展に伴って，電波利用は増大し，利用形態は多様化の一途をたどっている。特に近年では，携帯電話やタブレット型端末が普及し，個人のインターネット利用の中心がモバイル環境に急速に移行している。モバイル・ブロードバンドへの需要拡大は世界的なトレンドである。急増するデータ需要に応えていくためには，ネットワーク事業者の側で十分な設備を用意する必要がある。実際，モバイル環境においてもブロードバンド化は急速に進展中である。そのため，不可欠な生産要素として電波「資源」に対する需要が飛躍的に高まっている。

---

[7] 本節で説明する以上のさらに詳細な内容については，舟田（1997），鬼木（2002），炭田（2004），およびMilgrom（2004）などを参照されたい。

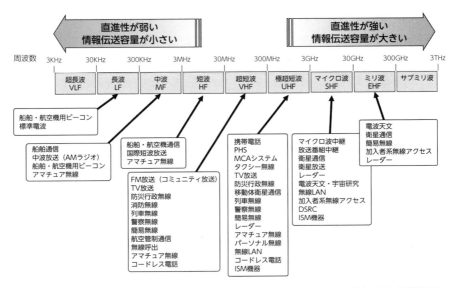

図 10-4-1　電波の利用目的

　そのため，オークションの議論とは独立に，モバイル事業者は自身で様々な対応を進めている。その一つは，モバイル端末に搭載されている Wi-Fi 機能や，あるいは携帯事業者が加入者宅内に設置した超小型無線局[8]を利用して固定通信事業者のネットワークにデータ通信需要を逃がすという方法（データ・オフロード）である。この場合，携帯ネットワーク用とは異なるシステムを利用することで，その分，希少な周波数帯の使用を節約できる。もう一つの方法は，周波数免許自体の買収，あるいは免許を有する他の事業者を会社ごと買収することで，自社が利用可能な電波資源を増大させるというものである。ソフトバンク株式会社によるイー・アクセス株式会社の子会社化（2013 年）や，Sprint 社による Clearwire 社買収（2013 年）は，企業買収による電波資源確保の典型例である。

4.2. 配分方法の比較

　利用可能な周波数帯の量（周波数の供給量）と，当該電波を利用したいと考える利

---

[8] 超小型無線局を利用して展開される半径数十メートル程度の通信可能エリアは，フェムトセル（femtocell）またはピコセル（picocell）と呼ばれる。

用者の需要量が等しいか，あるいは前者が後者を上回る場合には，配分をめぐる問題は発生しない。周波数の需要量が供給量を超過する場合には，何らかの方法で利用希望者の中から実際に利用が許諾される者を選択し，当該利用者に周波数を割り当てる作業（周波数割当：spectrum allocation）が必要になる。周波数の供給量は電波の物理的特性や国際的な混信調整を考慮して事前に定められることが通常であり[9]，超過需要があっても即座に供給を増やすことが難しいためである。

　電波の割当先は当該周波数帯を最も効率的に利用できる者であることが望ましい。周波数帯によって最適な利用方法が限定され，しかも同じ帯域を複数の者が利用すると混信が発生するため，電波の利用権を割り当てるのは伝統的に政府の役割であると考えられた。

　割当方法として伝統的に用いられてきたのが「比較審査（comparative judging）」あるいは「比較聴聞（comparative hearing）」である。特定の周波数帯を利用したいと考える者が提出した帯域利用の提案書を，政府が比較検討して，最も適切なものを選択する。この方法を通じて電波資源利用の効率性が確保されるためには，①提出された申請書に含まれる情報が真正であること，および，②提出された申請書を政府が正確に評価できること，という二つの条件を満たす必要がある。しかし，第8章4.1節でも指摘したとおり，情報の非対称性により規制当局には十分な判断ができないし，申請企業にとっては正確な情報を提供するインセンティブに乏しい。申請書の審査には裁量の余地が大きく，政府の判断に影響を与えようとするレントシーキングが盛んとなり，社会的にみた資源の浪費が生まれる可能性が高い。多くの関係者の意見を踏まえて公平な審査を行うことは重要ではあるが，それにより審査期間が長引き，様々な費用も嵩む。さらには，裁量に基づいて決定された割当結果に対しては，割当を受けられなかった申請者の不満が生じやすい。割当に対する再審査請求が認められる場合には，手続完了までに年単位の時間がかかる可能性もあり，技術進歩が急速で，多様な市場ニーズへの素早い対応が求められる分野では致命的とも言える欠点である。

　比較審査制度のこういった欠点に対して，米国が通信法309条を改正して1981年に採用したのが，「無差別選択方式（random selection）」あるいは「くじ引き方式（lotteries）」である。これにより，手続き開始から事業スタートまでの期間は平均5〜

---

[9] 周波数の用途は，ITUが行う国際分配の状況や，技術的制約，隣接周波数帯の利用状況を勘案して，帯域毎に決定される。わが国の場合は電波法第26条1項の規定に基づき「周波数割当計画」が作成されている。

6年から2年程度へと劇的に短縮されたものの,「当該周波数帯を最も効率的に利用できる者」を選択する機能は喪失された。得られた周波数は転売可能とされたため,サービスを実際に営む能力も意思もない者が投機的な意図から大挙して割当に参加してきた[10]。真剣に事業を営もうとする者はくじ引きに当たった者から免許を事後的に買い取る羽目になり,交渉過程で経営資源が浪費された。一方,くじ引きに当たった者は,労さずして,多額の利益を得ることになり,社会正義に反するという批判も受けることになった。

それに対し,有効期限を限定した事業許可を競争入札のメカニズムにより申請者に割り振ることで最も効率的な事業者をスピーディーに選択するのが,「周波数オークション」と称される免許入札制の目的である。本制度では,事前に定められた入札手続きに従って申請者が入札額を提示し,その額の多寡によって客観的に割当先が決定する。比較審査と比べて行政裁量の余地が少なく,透明性が高い。結果に異議を申し立てる余地も比較的少ないために,制度としても安定性も高い。加えて,割当を受けた事業者が落札金額を実際に払い込む必要がある点で,社会的公平感も満足させることができる。

4.3. 効率解達成の条件

周波数オークションが効率性を達成できる理由は,「当該電波資源を活用することで得られる超過利潤に入札上限額が比例すること」,さらに「超過利潤の額は事業者の生産効率の高さに依存すること」,が一定の条件の下では期待できるからである。本メカニズムが期待どおりに機能するためには,①事業者に超過利潤を得るチャンスを十分に与えること,②最終的に実現されるべきサービスの品質について明確な基準を事前に示すこと,③将来の技術開発などを考慮した最適な免許期間を設定すること,④免許期間経過後のサービスの継続性を確保するための措置を講じること,⑤入札者を増やし,入札者間の情報格差を解消し,さらに入札者間の共謀を防止すること,が必要である。

このなかで特に問題となるのは条件⑤である。他の入札者に競り勝って周波数の利用権を獲得するためには,より大きな超過利潤を得る必要がある。しかしながら,周波数を利用して提供される携帯サービスはネットワーク効果や規模・範囲の経済性に

---

[10] 鬼木 (2002) は,「数千〜数万件の事業申請を代行する専門業者 (application mills) の参入」(p.95) を招いたと指摘している。

大きく左右されるため，十分な採算性を得るためには大規模なサービス展開が必須である。したがって，落札可能性がある事業者，すなわち，十分に大きな超過利潤が見込める事業者，の数は自ら限定される。具体的には，他の事業分野で実績があり，携帯サービスに移行可能な大きなインストールベースを持つ大企業か，あるいは，既に携帯サービスに転用可能なネットワーク設備を運営している既存事業者にしか，実質的な入札参加は見込めない。そのため，市場が成熟期を迎え，飛躍的な拡大が期しがたい段階で周波数オークションを導入する場合，既存事業者以外の新規参加を期待することは難しい。これまで海外で実施されてきたオークションでは，新規参入事業者の落札額支払いに割引や繰延の特典を適用したり，既存事業者の落札可能ライセンス数に制限を設けるといった手当てが施され，入札者数確保の工夫が試みられている。しかしながら，これらの手段は完璧なものではなく，既存事業者が主要株主として入札目的の新会社を設立して入札する，あるいは，落札後に株式を購入するという約束を事前に結んで独立系会社に入札させる脱法的行為などを完全には排除できない。新規入札者への優遇措置が，効率的な事業者の選定という本来の目的達成に反する結果を生むことも指摘されている（Earle and Sosa, 2013）。

　周波数オークションによる効率性改善は，最も効率的な事業者を選定するだけではなく，その事業者によるサービス提供が実現することによって初めて達成される。そのため，落札額が高くなりすぎた結果として事業者の経営状況が悪化し，サービス提供に支障が生じるような事態は望ましくない[11]。

　落札額は将来の超過利潤の発生予想に左右されるため，その高騰を完全に抑制することは困難である。しかしながら，将来の市場動向や技術発展に関する情報を積極的に公開し，潜在的な入札者（および投資家）の間で一定の理解を共有することを通じて，合理的な水準に収束することは期待できる。

　落札額の高騰は入札者間の競争が過熱化することによってももたらされる。そのため，適切な入札ルールの設定（例えば，1 回の競り上げ幅に上限を設けたり，入札間隔を一定以上空けたりすることなどが考えられる）により，過度な入札競争を抑制す

---

[11] 2000 年に相次いで実施された欧州の第三世代携帯電話用周波数のオークション（3G オークション）では，落札事業者が資金繰りに悪化したためサービス提供を断念する例が現実に発生した。欧州委員会の分析（EC, 2002）では，落札額の高騰により，ドイツとオランダに関しては，最も楽観的なシナリオにおいてさえ，周波数の利用期間内での資金回収は困難であろうと結論付けられ，最も悲観的なシナリオでは，15 ヶ国中，12 ヶ国で資金回収が難しいとされている。欧州委員会報告書については柴崎（2012）の解説も参考にされたい。

るようなシステムを構築することも検討に値する。

オークションによって実現が予定されているモバイルサービスと競合関係にある別の既存サービスにおいて，伝統的な比較審査を通じて電波資源が無料で配分されている場合には，資金回収はさらに困難なものになる。落札額に係る金利負担のない事業者は，それを負っている事業者よりも費用面で有利であり，より安い料金でサービスの提供ができる。こうした場合，周波数オークションを通じて実現される新サービスが価格差を克服するだけの魅力を持たなければ，新規参入事業者のビジネスモデルは成立しない。

電波資源はモバイル・インターネットのような経済活動の観点からのみならず，防災や国防といった社会的観点からも重要な生産要素である。そのため，「効率的な落札者」の選択基準に，非経済的目的を達成するという観点からの「効率性」を加味することが必要となる場合もある。こうした措置は，事業の収益性に悪影響を及ぼしたり資金調達を困難にしたりするため，一般的には落札額の水準を下げ，効率的な資源配分を阻害する。

4.4.　ルールの選択

オークションの対象となる周波数帯や落札対象ライセンスの数，オークションの時期，落札者が提供すべきサービスの提供開始時期・範囲についての条件，さらには提供サービスにおいて採用されるべき技術基準は，政府によって決定される。この決定はモバイル・インターネット産業の将来を大きく左右することになるため，これからの技術進歩や需要の高度化・多様化の動向を見据えた慎重な判断が求められる。

入札は事前に確定されたルールに従って進行する。落札者の決定はルールによって定められ，ルール違反の入札は無効となる。そのため，落札を目指す事業者にとっては，入札手続きでどういった金額を提示するのかと同じくらい，あるいはそれ以上に，どういったルールが策定されるのかに注意を払わなければならない。オークションのルールも，通常，政府により決定される。これまで諸外国で実施されてきた周波数オークションのほとんどでは，「同時型」「複数ラウンド」「ファーストプライス」というルールが採用されている。「同時型」は複数の周波数帯を同時にプロセスにかけること，「複数ラウンド」は参加者が競り上げを行っていくという進行方法，「ファーストプライス」は落札者の入札額（つまり，最も高い入札額）を支払い金額と定める落札ルールを意味する。この他にも，一つひとつの周波数帯を順番に入札プロセスに乗せ

266　第4部　通信産業からネット産業へ

る「逐次型」や，1回の入札行為で終了させて競り上げを行わない「単一ラウンド」，次点の入札額を支払い金額とする「セカンドプライス」[12]といった代替ルールが存在する。ルールに応じて申請者の最適な入札戦略や，プロセスが達成できる効率性の水準が左右されるため，周波数オークション制度をめぐる利害関係者の活動は，その前段階であるルール策定時からレントシーキングの形で展開されることになる[13]。全員が満足するようなオークションルールを得るための交渉には長い時間とコストが必要である。

　最適に設計された周波数オークションによって最高水準の効率性が達成できるとしても，それはあくまでも落札時点の市場条件や技術環境が継続する限りにおいてである。オークション実施時の市場・技術環境において最高の効率性を達成しうる事業者が，異なる環境下で最適性を維持できる保証はない。技術進歩が急速な場合，この点が大きな問題となる。環境変化に応えて電波資源の効率的な配分を継続していくためには，周波数オークションによって許諾される利用権の有効期限を短くすることが一つの解決策ではある[14]。しかしながら，技術進歩の速度を考慮した最適な有効期限を設定することは，情報の非対称性に苛まれる政府にとっては過大な負担である。

　一旦配分された電波資源を，再オークションの手続きをとることなく，市場メカニズムを活用して円滑に移転していくための環境整備，つまり，電波資源の利用権（電波免許）の二次市場を整備することも解決策となりうる。これにより，周波数オークションによる配分結果が環境変化により非効率性をもたらしても，事業者間の自発的な取引によってそれを望ましい結果に入れ替えることが可能となる。オークションの枠組みやルールを決定する際の「失敗」についても事後的に修正可能である。比較審査によって配分された帯域の取引も二次市場において可能にすれば，電波資源全体の効率的再配分が実現できる[15]。入札事業者にとっては，たとえ落札に至らなくても事後的に必要な電波資源を獲得する可能性が生まれる。落札額が最適水準を超えて高騰

---

[12]　ヴィックリー・オークション（Vickrey auction）と呼ばれる。

[13]　Milgrom（2004）は「オークションに関するゲームは，オークションが始まるはるか以前から始まっている。（the auction game begins long before the auction itself.）」（p.7［訳書, p.8］）と評している。こういったルール形成を扱う経済学の分野はメカニズムデザインと呼ばれる。

[14]　有効期限の短縮化に関しては，巨大な設備構築が事前に求められる場合には，事業の予想収益性を損なう結果となり，入札者数の減少をもたらし，効率性の達成を妨げる可能性がある。

[15]　ただし，比較審査によって無料で電波資源の利用権を手に入れた既存事業者にとっては大きな収益機会が生まれることになり，「公平性」の面からは問題が生じる。

する一つの要因として，「今回落札できないと，次回のチャンスは存在しない」という now-or-never の心理が働くことが指摘される場合もあるが，二次市場を実現することはそういった心理を和らげ，合理的な落札額の形成に貢献する。

2016 年に米国で導入されたインセンティブ・オークション（incentive auction）も二次市場整備と同様の効果を持つ。これは，効率的には利用されていない割当済み周波数免許を政府に返納させて再オークションを実現するメカニズムであり，以下の三段階に分かれて実施された。

(1)　リバース・オークション（reverse auction）
　　　周波数免許を有する事業者が，返納可能周波数の量と販売希望価格を提示
(2)　リパッキング（re-packing）
　　　返納された周波数を再びオークションにかける形に再編成
(3)　フォワード・オークション（forward auction）
　　　再編成された免許に対し，通常のオークションを実施

フォワード・オークションで得られた収入を返納者に分配することを約束することで，周波数免許保有の機会コストを顕在化させ，既存利用者に効率的利用を促すとともに，余剰周波数免許の新規割当を通じた有効活用を実現する。これにより既存の周波数免許利用者，新規の利用希望者，および一般利用者を含むすべての市場参加者の経済状態が改善される。ただし，リバース・オークションで定まった供給量・供給希望価格が，フォワード・オークションによって満たされる必要があるため，全体のシステム運営は極めて複雑となり，落札者決定までの時間・費用は嵩む。しかしながら，技術進歩や市場変化に応じて周波数割当を再調整する有効な方法であり，わが国においても大いに検討に値する。

4.5.　公平性・収入最大化の視点

電波は経済的な価値を持つ希少な生産要素である。そのため，従来の比較審査の手続きによってその利用を許諾された既存事業者は，大きな経済的利益を政府から無償で与えられたことになる。電波資源は一つの地域・空間に付随して発生するものであり国民共有の資産という色彩が強いため，周波数オークションは「電波利用によって得られる経済的利益」を国民の手に取り戻す手段，つまり公平性を回復するツールと

して認識されることがある。一部の者だけが希少な電波資源の利用によって経済的利益を得ることは社会的公平には必ずしもそぐわないため，超過利潤を落札額として国庫に回収することは公平性回復の目的に適う。

　周波数オークションが政府収入の増大を目的として検討される場合もある。この際も，オークションルールは落札価格最大化（＝政府収入最大化）を目的として設計されるため，入札額の高騰それ自体はここでも歓迎すべき現象となる。

　社会全体の視点から見た場合，落札額の高騰，それ自体は，余剰が生産者から政府・消費者に移転されるだけなので資源配分効率性の観点からは中立的でありうる。ただし，実際は，サービス提供が民間主体によって行われ，サービスにより発生する便益の一部は外部経済の形をとるため，落札額が高騰すれば，結果としてサービス開始が遅延し，あるいは，免許を獲得した事業者の経営が立ち行かなる可能性が生まれる。サービスの提供が予定どおり開始されたとしても，将来のサービスの高度化・多様化に支障が生じたり，利用者料金が上昇したりすることが懸念される。長期的な研究開発活動への悪影響も無視できない。落札額の高騰が事前に予想される場合，事業者の入札参加インセンティブが削がれ，オークション自体が機能を損なわれる可能性もある。これらは，得られる市場均衡点が最適からずれることを意味し，死重損失を生む。

　一般論として，「電波利用によって得られる経済的利益」の回収やその最大化は，収益への事後的課税といった手段で十分に達成できる。社会的公平の確保や政府収入の増大という政策目的は，電波資源の有効活用と区別して対処する方が，より透明性が高くシンプルで，かつ経済効率性に適う制度設計を行うことができる。

引用文献：

Brynjolfsson, E. and Hitt, L.M.（1998）"Beyond the Productivity Paradox: Computers are the Catalyst for Bigger Changes," *Communications of the ACM*, 41（8），49-55.

Clemons, E.K.（1991）"Evaluation of Strategic Investments in Information Technology," *Communications of the ACM*, 34（1），22-36.

Earle, R. and Sosa, S.W.（2013）"Spectrum Auctions around the World: An Assessment of International Experiences with Auction Restrictions," http://mobilefuture.org/wp-content/uploads/2013/07/Spectrum-Auctions-Around-The-World.pdf

European Commission［EC］（2002）"Comparative Assessment of the Licensing Regimes for 3G Mobile Communications in the European Union and their Impact on the Mobile Communications

Sector, Final Report," http://ec.europa.eu/information_society/topics/telecoms/radiospec/doc/pdf/mobiles/mckinsey_study/final_report.pdf

舟田正之［監修］郵政省電波資源の有効活用方策に関する懇談会［編］（1997）『周波数オークション』日刊工業新聞社.

Hammer, M.（1990）"Reengineering Work: Don't Automate, Obliterate," *Harvard Business Review*, July-August, 104-112.

実積寿也（2005）『IT 投資効果メカニズムの経済分析―IT 活用戦略と IT 化支援政策』九州大学出版会.

Kraemer, K.（2001）"The Productivity Paradox: Is it Resolved? Is There a New One? What Does It All Mean for Managers," *Center for Research on Information Technology and Organizations Working Paper.*

MacKie-Mason, J.K. and Varian, H.R.（1994）"Economic FAQs about the Internet," *Journal of Economic Perspectives*, 8（3）, 75-96.

Malone, T.（1997）"Is Empowerment Just a Fad?," *Sloan Management Review*, 38（2）, 23-35.

Milgrom, P.（2004）*Putting Auction Theory to Work,* Cambridge University Press.（川又邦雄・奥野正寛［監訳］計盛英一郎・馬場弓子［訳］（2007）『オークション理論とデザイン』東洋経済新報社）

鬼木甫（2002）『電波資源のエコノミクス―米国の周波数オークション』現代図書.

柴崎哲也（2012）「英国発『周波数オークション』考察」『ICT ワールドレビュー』4（6）, 12-30.

Spulber, D.F. and Yoo, C.S.（2009）*Networks in Telecommunications: Economics and Law*, Cambridge University Press.

炭田寛祈（2004）『電波開放で情報通信ビジネスはこう変わる』東洋経済新報社.

田村正紀（2000）「IT 導入が儲けに繋がらない理由」『PRESIDENT』2000 年 10 月 30 日号, 122-127.

第 11 章　ネット産業の経済学

1.　はじめに

　通信産業をとりまく環境は，近年，大幅に変わりつつある。アナログ音声が中心だった利用形態が，デジタルデータ中心に変化し，さらに音声通信自体がインターネット電話（VoIP）やソフトフォン（softphone）としてデータ通信上のアプリケーションの一つとして実現されるようになっている。

　すべてのコミュニケーションがデジタル技術によって統一的に提供されるようになった結果，従来は別々であったビジネスが一つに統合されつつある。このことは，これまで通話サービス，放送サービス，データ通信サービスなどにそれぞれ特化してきた事業者が，将来の支配的地位をめぐって互いに競争可能となったことに他ならない。さらに，インターネットの分野では，サービスの開発や制御の主体がネットワーク側ではなく利用者端末やコンテンツサーバーの側に置かれることが多いため[1]，通信事業者側には「付加価値のない単純なネットワーク伝送」[2]のみが期待される状況となっている。すなわち，通信産業は，参入可能企業の増加によって競争が以前にも増して厳しくなったうえに，求められるサービスの脱付加価値化によりコモディティ化[3]が進むことで，低価格化が進行し，収益性が低下する可能性に直面している。

---

[1] これは，「end-to-end 原則（end-to-end principle）」と呼ばれるもので，システム制御は中枢部分だけで完全にコントロールすることは不可能かつコストが嵩むため，部分（end）が最終責任を負うように設計する方が望ましいと主張する。インターネットがこの原則に基づいて設計されていたことが，多種多様なアプリケーションや関連市場が花開いた要因であると分析されている（Saltzer *et al.*, 1984 ; Reed *et al.*, 1998）。当時，スタンフォード大学教授であったローレンス・レッシグ（Lawrence Lessig）は，2006 年 2 月 7 日に開催された連邦議会の公聴会の場で，この原則は，少なくとも過去 40 年間にわたり，インターネットを律する米国通信法制の一部であったと証言している（Lessig, 2006）。

[2] 揶揄的に dumb pipe と称される。

[3] コモディティ化（commoditization）とは，各社が提供している財・サービスが消費者の目からみ

272 第4部 通信産業からネット産業へ

　通信事業者の側では，これに対抗し，スマートフォンの導入などを通じて既存サービスの高付加価値化を追求するとともに，新たな収益源を求めてプラットフォームやコンテンツビジネスなどに事業を拡大し，競争軸自体の変化を模索しつつある。

　本章で解説するのは，そうした通信ネットワークを舞台として発展している産業（ネット産業）をめぐる論点である。さらに，デジタル化によって生産要素としての重要性が格段に増した「データ」が経済社会に及ぼすインパクトと要請される政策介入についても議論する。

2.　最適事業範囲

　企業は事業範囲をどのように決定するのだろうか。本節では，生産要素から最終生産財・サービスに至るバリューチェーンについて，一企業はどこまでの範囲をカバーすべきかという垂直統合（vertical integration）の問題について考える。具体的には，ある企業が自身に生産要素（または中間生産物）を供給する川上企業，あるいは，自身の生産物を生産要素として需要する川下企業との間で事業統合を行うことにより利潤最大化をもたらす条件を，「取引費用（transaction cost）」[4]をキーワードに分析する。まずは，篠崎（2001）のアプローチに沿って論じよう。

　なお，取引費用とは，経済取引を行うときに発生する費用である。その構成要素には，取引相手を探し出すための費用（検索費用），相手について調べる費用（調査費用），取引条件を決める費用（交渉費用），交渉結果を契約にまとめる費用（契約費用），相手方の契約履行をチェックするための費用（監視費用），問題発生時の解決費用（紛争解決費用），さらには，市場参加者に関連情報を開示するための費用（情報開示費用）などがある。

2.1.　取引費用経済学

　市場経済の中で企業という組織がなぜ生まれるのか。企業が生産要素を入手し，生

て個性を失い，品質面で差別化できなくなっていくことを意味する。消費者にとっては商品選択の基準が価格の違いしかないため，熾烈な低価格競争が発生する。

[4] 本概念は，後にノーベル賞を受賞したロナルド・H. コース（Ronald H. Coase）が着目し（Coase, 1937），その後，同じくノーベル賞受賞者であるオリバー・E. ウィリアムソン（Oliver E. Williamson）が理論化を行った（Williamson, 1975）。

産された財・サービスを販売する際には，取引形態に関する意思決定が求められる。例えば，生産要素の保有者から必要な生産要素を直に入手し一から生産を行うこともできるが，代わりに他の企業が生産した中間生産物を利用すれば，生産プロセスの途中から始めて同じ最終生産物を得ることも可能である。財・サービスは最終的には消費者に販売しなくてはならないが，中間生産物の段階で川下企業に引き渡し，最終的な販売活動を委ねるという選択肢をとることもできる。利潤最大化を目指す企業は，ある取引を「市場を介して利用する費用（市場化費用）」と「組織内システムを介して利用する費用（組織化費用）」を比較し，前者が後者より大きければ当該取引を組織内で実施し，逆の場合は市場取引を利用することが最適となる。こうしたロジックに基づき，取引費用経済学（Transaction Cost Economics）では，企業を「取引費用を節約するために，市場取引の一部を内部に取り込む組織として構築されたもの」として定義している（図11-2-1）。

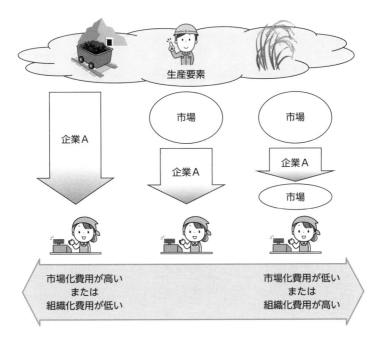

図11-2-1　取引費用経済学の基本ロジック

274　第 4 部　通信産業からネット産業へ

表 11-2-1　組織内取引と市場取引の比較

	組織内取引	市場取引
意思決定の方式	集権的	分権的
プレイヤー間の構造	階層的	自律・分散
決定メカニズム	命令と服務 （権限と義務による調整）	自由意思 （価格メカニズムによる調整）
取引相手の特徴	特定，固定	不特定，代替的
取引形態	反復，継続	スポット的

出典：篠崎（2001, p.53）を基に筆者作成

　企業活動に必要な財・サービス（生産要素）には，市場取引を通じて入手すること
がふさわしいものと，組織内取引で取り扱うことが望ましいために企業自身が内製し
て調達するものとが存在する。購入者側が価格以外の情報を取引前に知っておく必要
がない「コモディティ化された財・サービス」は前者の典型であり，日常の綿密な打
ち合わせが不可欠な「事業戦略作成業務」や「秘書業務」は後者の典型である。これ
は，組織内取引や市場取引がそれぞれ表 11-2-1 に示すような特徴を持っていることに
由来する。

　利潤最大化の観点からは，より組織内取引に適した，すなわち組織化のための限界
費用が低い財・サービスから自社の事業範囲に取り込んでいくことが望ましい。さて，
組織化の程度が上昇するにつれ，組織化のための限界費用（組織化限界費用）が増大
する。巨大化する組織を効率的に管理するためのコスト（管理費用）が嵩んでいくこ
とも組織化限界費用の増大をもたらす。他方，市場利用が進めば市場化のための限界
費用（市場化限界費用）が増大していく。企業は組織化費用と市場化費用の合計を最
低にするように行動することで利潤最大化を実現することが可能になるため，最適な
組織化の程度，つまり，最適な事業範囲は，二つの限界費用が等しい点に定まる（図
11-2-2）。

　上記ロジックに従う業務範囲の画定が効率的な資源配分を達成するための前提条
件としては，正しく計測された市場化や組織化のコストが意思決定にタイムリーに反
映されるシステムが整っていることが必要である[5]。

---

[5] これは，通信産業において接続料金が適切に設定されていなければ効率的な新規参入が実現で
きないことと同じ理由である（第 9 章 2.4 節を参照）。Spulber and Yoo（2009）も取引費用経済学
の観点から接続規制の問題を論じている。

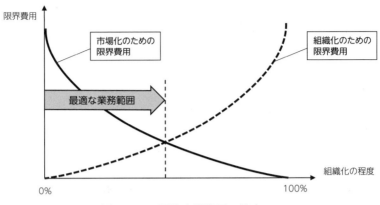

図 11-2-2　最適事業範囲の決定

2.2. 情報化の影響

　ICT は取引に関する手間やコストを大きく軽減させる。例えば，積極的な設備投資により企業管理の情報システムを高度化したり，生産プロセスを情報化して合理化を進めたりすることで，組織内取引の費用は低下する。一方，インターネットを駆使して効率よく情報を集めたり加工したりすると，市場取引の利用費用が大きく節約できる。最適事業範囲の観点で重要なのは，組織化費用と市場化費用のどちらがより大きく低減するかということである。組織化限界費用の低減の割合が大きければ事業の最適範囲は拡大し，逆に市場化限界費用への影響が大きければ最適範囲は縮小する（図11-2-3）。

　ICT によるコスト削減効果は，とりわけ情報を取り扱う業務において大きく，その結果，これまでは卸売業者や小売業者が果たしてきた情報仲介業務の生産者（あるいは消費者自身）による組織内取引化が急速に進行した。これにより，伝統的なサプライチェーン（原材料供給者 ⇒ 製造業者 ⇒ 卸売業者 ⇒ 小売業者 ⇒ 消費者）が崩れ，製造業者が消費者に直結する「製造直販」，あるいは卸売業者が消費者に直結する「卸売直販」と呼ばれるシステムが広く一般化した。仲介業者（intermediary）をサプライチェーンから排除するという意味で，この現象はディスインターミディエーション（disintermediation）と呼ばれる[6]。高度な情報システムを備えた製造業者（あ

---

[6] ディスインターミディエーションは製造直販や卸売直販以外にも様々な形態がありうるが，いずれもサプライチェーンに関わる事業者の数を減らして仲介業務に伴う間接経費を削減し，全体

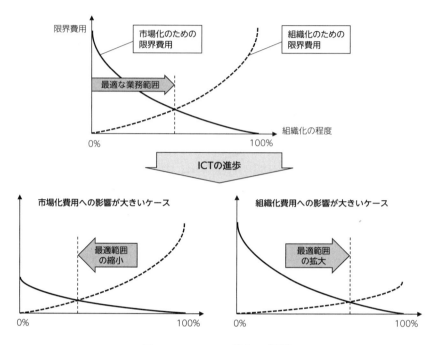

図 11-2-3　ICT の進歩の影響

るいは消費者）は，伝統的な仲介業者の助けを借りることなく，自力で取引を成立させることが可能で，仲介業者を介していたときと比較して，製造業者や消費者からみた取引の透明性は向上する[7]。

　ディスインターミディエーションの下では，これまで伝統的な仲介業者が果たしてきた機能をその他のプレイヤーが代わりに担うことが求められる。例えば，大量の消費者情報の管理，与信業務や請求・支払業務，さらにはアフターサービスの手配といった様々な仲介業務が，必ずしもそういった業務が得意とは言えない製造業者によって果たされる。そのため，ディスインターミディエーション化と並行して，ICT を駆使

の効率化を図る目的で実施される。この用語は当初，1970 年代以降，資本市場が間接金融から直接金融へとシフトし，伝統的に金融仲介業務を担ってきた銀行を中抜きするケースが増大したことを描写するために用いられていたが，その後，より一般化し，1990 年代以降は本文で用いられている意味で使われるようになった。

[7] 伊藤（2001）は，ICT の進歩がもたらすディスインターミディエーションについて平易に解説している。

して仲介業務を効率的に実現する新しいプレイヤーの登場も進んでいる。これは、リインターミディエーション（reintermediation）と呼ばれ、ネットショッピングのオンライン・プラットフォームを運営する Amazon や楽天は新世代の仲介業者の典型例である[8]。

2.3. 垂直統合の効率性

　事業範囲を画定するのは取引費用の多寡だけではない。ある機能との垂直統合によって取引費用が嵩んだとしても、それを上回る効率性の改善が見込まれるのであれば、企業にとってはその機能を取り込むことが合理的である。

　垂直統合による効率性改善が見込めるケースとして有名なのは、二重限界性（double marginalization）として知られる状況である。差別化された財・サービスを生産している製造業者と、一定の地域で独占力を有する販売業者を想定しよう。生産に係る単位費用は c_W で一定であり、固定費用はないものと仮定する。販売業者は、卸売市場において価格 P_W で仕入れた財を、小売価格 P_R で販売する。販売に要する限界費用は c_R であると仮定する。両者とも一定の独占力を持っているため、生産量（X）や販売量（Q）を変更することで、P_W および P_R を左右できる。ここで、小売市場の逆需要関数を $P_R = a - bQ$ と置くと、販売業者の利潤最大化行動は、限界収入（MR）と限界費用（MC）が等しいことを意味する式1を満たすように Q を決定することとして描写できる。ただし、解の成立を保証するため、$a > c_W + c_R$ を仮定する。

$$\underbrace{\partial\left(P_R \times Q\right)/\partial Q = a - 2bQ}_{限界収入} = \underbrace{P_W + c_R}_{限界費用} \tag{式1}$$

　最適な販売量である Q^*（$= \left(a - P_W - c_R\right)/2b$）は、製造業者に対する需要（$X$）でもある。そのため、卸売市場における逆需要関数は式2となる。製造業者は利潤最大化のため、式3を満たすように生産量 X を決定する。

$$P_W = a - c_R - 2bX \tag{式2}$$

$$\partial\left(P_W \times X\right)/\partial X = a - c_R - 4bX = c_W \tag{式3}$$

---

[8] オンライン・プラットフォームについては第12章5節でさらに論じる。

278 第4部 通信産業からネット産業へ

　この場合，市場均衡価格と数量，および各事業者の利潤は式4のとおりとなる。製造業者と販売業者の合計利潤は$3(a-c_W-c_R)^2/16b$である。

$$
\begin{cases}
P_W^* = \dfrac{a+c_W-c_R}{2},\ P_R^* = \dfrac{3a+c_W+c_R}{4} \\[2mm]
X^* = Q^* = \dfrac{a-c_W-c_R}{4b} \\[2mm]
\pi_W^* = \dfrac{(a-c_W-c_R)^2}{8b},\ \pi_R^* = \dfrac{(a-c_W-c_R)^2}{16b}
\end{cases}
\tag{式4}
$$

　ここで，製造業者と販売業者が垂直統合を行ったとする。この場合，統合された製造直販業者は，単位費用c_W+c_Rで生産した財を，逆需要関数が$P_R=a-bQ(=a-bX)$である市場で独占的に販売する。最適な生産量X^{**}は，式5に従って定められ，その結果，均衡価格と生産量，統合企業の利潤は式6のとおりとなる。

$$
\partial(P_R \times X)/\partial Q = a-2bX = c_W+c_R
\tag{式5}
$$

$$
\begin{cases}
X^{**} = \dfrac{a-c_W-c_R}{2b}\left(>X^*\right) \\[2mm]
P_R^{**} = \dfrac{a+c_W+c_R}{2}\left(<P_R^*\right) \\[2mm]
\pi^{**} = \dfrac{(a-c_W-c_R)^2}{4b}\left(>\pi_W^*+\pi_R^*\right)
\end{cases}
\tag{式6}
$$

　垂直統合により事業者の合計利潤は増大するため，両企業にとっては垂直方向に事業範囲を拡大することが合理的となる。同時に，独占事業者が二重に利潤最大化を図ることによって生まれる非効率性の程度が減少するため，小売価格は低下し，生産量は拡大し，社会厚生が改善される。

　取引相手の行動によって収益性が左右される投資[9]において観察される過少投資インセンティブ問題も，垂直統合によって解消できる。この問題は，「取引相手の行動を望ましい方向に制約できない限り，投資を行っても予定どおりの収益を確保できる

---

[9] この場合の投資対象を"transaction-specific assets（関係特殊的資産）"と呼ぶ（Williamson, 1985）。"relation-specific assets"と称される場合もある（長岡・平尾, 1998など）。

確証が持てないこと」に起因し，ホールドアップ問題と呼ばれる。垂直統合（あるいは排他条件付取引）によって懸念を払拭すれば，投資水準が最適となり利潤最大化が達成できる。あるいは，部門間の打ち合わせや相互調整が円滑に進むことで最終的に生産される財・サービスの品質が改善されるケース，また，同じ理由からイノベーションが促進されるケースなども想定できる。いずれの場合も，垂直統合によって生産効率性が改善し，社会的に望ましい成果が実現される。

　垂直統合が合理的な戦略として採用されるもう一つのケースは，それによって新しいサービスの提供が可能になるなどのシナジーが発生する状況である。隣接の事業分野に自社で培った技術や蓄えたノウハウを適用することで新しい価値が生み出せる場合，垂直統合は利潤最大化と社会厚生の増大に役立つ企業戦略となる。

　もちろん，垂直統合には一定のコストも伴う。統合作業に伴う事務作業のコストは言うまでもなく，企業規模が巨大になることで規制当局の目に留まりやすくなり，様々な規制介入を招く可能性も考慮する必要がある。最大のコストは統合相手以外との取引が制約される結果，長期的には，製品のバリエーションが減少し，新たなイノベーションを享受する機会が失われる点に求められる。垂直統合の主要なメリットとデメリットの例は表 11-2-2 のようにまとめられるが，企業としてはこれらの点を勘案しながら慎重に事業範囲を画定することが求められる。

　垂直統合が独占事業者による隣接市場支配の手段として議論される場合もある。そもそも，サプライチェーンのとある段階の市場（プライマリ市場）に対して一定の独占を有する事業者は，川上あるいは川下で補完財を提供する市場（セカンダリ市場）が効率的に運営されていることで利益を得る。Microsoft 社の利潤にとっての Windows OS の価値が，競合 OS に対する技術的優越性ではなく，対応した多数のアプリケーションの存在，より正確には，そうした多数のアプリケーションに対する利用者の支

表 11-2-2　垂直統合のメリットとデメリット

メリット	デメリット
1．市場化費用の節約	1．組織化費用の増加
2．二重限界性問題の解決	2．製品バラエティの減少
3．ホールドアップ問題の回避	3．イノベーション機会の喪失
4．機密情報の保持	4．必要投資額の増大
5．外部性の内部化	5．業界文化・慣行の不整合
6．隣接業界とのシナジーの実現	6．統合時の効率性ロスの発生
7．消費者に対する品質管理の徹底	7．規模拡大に伴う規制介入余地の拡大
8．消費者体験の管理可能性の拡大	

持に依存していると考えられること，がその一例である。その場合，プライマリ市場の独占企業が垂直統合を通じて隣接市場に参入するのは，何らかの理由で補完財市場の効率性が増して最終的に自社の利潤最大化に資するケース，あるいは，隣接市場の競争性が損なわれるデメリットを垂直統合のメリットが上回るケースに限られるというのが，Farrell and Weiser（2003）が主張する ICE（Internalizing Complementary Efficiencies：補完財効率性の内部化）の考え方である[10]。垂直統合の前後でプライマリ市場での独占状況に変化がなければ，最終財を購入する消費者の効用が改善することはあっても悪化する可能性はない。その場合，利潤最大化を目指して実施される垂直統合は社会的効率性にマイナスの影響をもたらすものではなく（Nuechterlein, 2008），政府が統合を制約する理由はない。

　ただし，ICE が想定する効率性ロジックが常に成立するわけではない。例えば，川下企業において複数の投入物を代替的に利用して生産できる場合は，垂直統合がもたらす生産効率化によるプラス効果は，他方で，最終市場における競争圧力の減少による非効率性というマイナス効果を生む。その場合，垂直統合が社会的にみて効率的か否かは，川下企業で用いられる生産技術や川下市場の需要関数の性質などに左右される。垂直統合が非効率性を生むメカニズムや社会厚生に与えるインパクトに関しては，林他（2004）において簡単なモデル分析が紹介されている。加えて，Farrell and Weiser（2003）および van Schewick（2007）も，ICE が想定どおりには機能しないいくつかのケースを分析している。その一つが，Baxter's Law があてはまるケースである[11]。料金規制などによって自由に独占価格を設定できない独占事業者は，プライマリ市場では独占レントを完全には獲得できない。その場合，垂直統合により，規制下にないセカンダリ市場で独占レントを求めることが事業者にとっての合理的戦略となり，その場合，社会的厚生は損なわれる。その他，経営者が ICE の効用を十分に理解してい

---

[10] ICE は，「独占事業者は自社の財・サービスに対して独占価格を設定することによりレントを獲得可能であり，その額は隣接する競争市場を統合しても増加しない」（そのため，効率的に機能している隣接市場には介入する理由はない）という one-monopoly-rent theorem（単一独占レント定理）（Bork, 1978 ; Bowman, 1957 ; Posner, 1976）をその消極的発現形態として有する。他方，積極的形態としては，本文で示したように，自社の利益最大化のために隣接市場に積極的に介入するというケースを含む（Farrell and Weiser, 2003）。

[11] Baxter's Law とは，旧 AT&T 社の分割を最終的に決定した 1982 年の修正同意審決（Modified Final Judgement）（United States v. Western Electric Co., 569 F. Supp. 990（D.D.C. 1983））の審議の際，司法次官補であったウィリアム・F. バクスター（William F. Baxter）教授が論じたもので，ベル・ドクトリン（Bell Doctrine）とも呼ばれる。

ないケースも例外発生の原因となる。

このように，垂直統合が効率的か否かについては一律に決定されるものではなく，上記のような観点を踏まえ，個別の状況によって判断する必要がある[12]。

3. ビジネスモデルの模索

近年の ICT の進歩により，これまでサービス毎に設計された専用の機器（ハードウェア）で果たされてきた機能が，ソフトウェアによって徐々に取って代わられつつあるため，生産コストに占める変動費用の割合がますます小さくなっている。デジタル財の場合は，さらに，インターネットの普及によって流通のための変動費用も激的に減少している。こうした環境変化により，これまでには存在しなかったビジネスモデルが登場してきている。

3.1. 無料モデル

「無料」という料金を付けたビジネスモデルは，インターネットの普及に伴ってはじめて登場したわけではない。クリス・アンダーソン（Chirs Anderson）は無料モデルを四つのタイプに分けて紹介している（Anderson, 2009）（図 11-3-1）。

(1)　直接的内部相互補助（Direct Cross-Subsidies）

製品 1 を有料で，製品 2 を無料で提供する形態。端末を無料で配って，通信料で儲けるといった「抱き合わせ販売型」ビジネスモデル

(2)　三者間市場（The Three-Party Market）

一方の利用者にはある製品を無料で提供し，他方の利用者には有料で別の製品を提供して全体の費用を回収する形態。地上波テレビにおいて観察される広告モデルの場合，広告スペースの利用者（広告主）は，別の財・サービスを無料利用者（消費者）に事後的に有料販売することで利益を生み出す。

---

[12] 詳しくは，ポスト・シカゴ学派（Post-Chicago School）の議論を参照されたい。

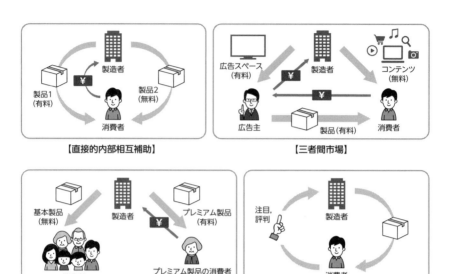

図 11-3-1　4 種類の無料モデル

(3)　フリーミアム（Freemium）

大量の無料製品を市場にばらまく一方で，プレミアム製品を有料販売する形態。前者と後者の利用者の比率は 19 対 1 に達すると言われている。

(4)　非貨幣市場（Nonmonetary Markets）

注目や評判など非金銭的な報酬のために，無償で財・サービスの提供を行う形態。

このうち，厳密な意味で「無料モデル」と呼べるものは，そもそもビジネスモデルであるか自体に疑問のある第四のタイプ「非貨幣市場」のみである。このモデルの背後にある利他的動機だけでは，十分な規模の経済活動を継続していくことは極めて困難である。それ以外の三つのタイプは，依田（2011）が明確に指摘しているように，一部の財の提供に関して「無料」という価格付けをしているものの，他の部分を有料で提供することで，財・サービスの生産費用（変動費用＋固定費用）を賄い，利潤を生み出すことを目指すというビジネスモデルに他ならない。Anderson（2009）は，「提

供される財・サービスの品質に差がない場合，寡占市場に参入している企業は互いに相手よりも低価格をつけようと競争（ベルトラン・ゲーム）を行い，市場価格は最終的に限界費用に等しい水準，つまりゼロ価格に行き着く」と主張するが，それでは固定費などの回収ができず，ビジネスとして存続できない。

ICT の進歩により，限界費用がほぼゼロになったため，無料の財を従来とは比較にならない規模で配布できることが，ネット産業における「無料モデル」の最大の特徴であり，それを活かしているのが「フリーミアム」である。大量の財を無料で頒布することで，事業者の知名度や財そのものに対する消費者理解が向上し，有料のプレミアム財に対して消費者の注目を集めることができる。ネット上で流通するデジタル財の場合は通常，利用者は消費を開始してはじめてその財の品質を認知することになるため，事前の広告・宣伝活動では十分にメッセージを伝えることができない。このような財を「経験財」と呼ぶが，こういった場合，お試しとして無料で製品を配布することは有効な広告活動となる。

「無料」という価格は消費者にとって単なる低価格を超える特別の魅力を持ち，価格がゼロの場合とそうでない場合の需要は桁違いであることも指摘される。ベンチャーキャピタリストのジョシュ・コペルマン（Josh Kopelman）は，縦軸に価格を，横軸に需要量をとって需要曲線を描くと，横軸と需要曲線の交点（価格ゼロの時の需要量）はそれまでの需要曲線の延長から大きく上方に外れる場所に出現すると述べ，これをペニーギャップ（Penny Gap）と名付けた[13]。わずかな料金でも課すことは，損失回避という心理性向を持つ消費者にとってその財・サービスを購入しない十分な理由となることが，行動経済学の知見として得られている。数多くの利用者を呼び込んで広告効果を享受しようとする戦略にとって，とりわけ，口コミを製品情報の拡散手段として利用するバイラル・マーケティング（viral marketing）にとっては，「無料」という価格付けは不可欠な要素となる。フリーミアムはこういった効果も最大限に活かそうとするビジネスモデルである。

さらに，ネットワーク効果の下では，無料の財を利用している多数の消費者の存在がインストールドベースとして機能する。第二のタイプである「三者間市場」では，視聴者と広告主の間で発生する間接ネットワーク効果を利用することで有料の広告スペースが販売される[14]。フリーミアムにおいて直接・間接のネットワーク効果が存

---

[13] http://redeye.firstround.com/2007/03/the_first_penny.html
[14] 詳しくは本章 3.3 節に譲る。

284　第4部　通信産業からネット産業へ

在すれば，プレミアム財に対する消費者の需要がより一層後押しされる。

3.2.　無料サービスの価格

　合理的な意思決定のためには，「無料」という値札の裏にある「価格」というものを正確に認識する必要がある。

　図11-3-1の「三者間市場」のケースを考えよう。このグループに属するビジネスモデルとして最も有名なものは，民間地上波テレビで採用されている広告モデルである。これは，インターネット上で数々の有力アプリケーションの無料提供を支えているビジネスモデルでもある。Googleの検索サービスを無料で利用できるのも，あるいはYouTubeにアップロードされたビデオを無料で楽しめるのも，広告メッセージがスクリーン上に表示されていることによる。

　広告モデルの下では，無料サービス利用の代償として，われわれ視聴者は広告メッセージを見せられる。このことは，視聴者が「自分の時間」を差し出すことで「無料」サービスを利用していることに等しい。時間は希少資源であり，希少な資源には，通常，市場においてプラスの価格がつく。「時間」の市場価格は労働市場で決定される時給である。つまり，広告モデルにおける「無料」サービスの利用に対して，視聴者は「広告に注目する時間×時給」に相当する対価を支払っている。

　広告モデルで無料サービスを提供しているコンテンツ事業者が，同種のモデルを採用している他の事業者と競争状況にある，と仮定しよう。コンテンツの品質が同じである場合，利用者はより対価の安い方に引き付けられる。視聴者数の大小は，当該コンテンツの広告価値を左右するため，広告モデルに基づく無料サービス提供者は，提供コンテンツの品質向上を図るとともに，「より低価格な無料サービス」の提供を行い，競争相手を上回る視聴者数の獲得を目指す。

　ところで，視聴者が支払う対価は，表示される広告メッセージの長さに比例し，広告メッセージへの興味の度合いに反比例する。メッセージが短かければ，視聴者が支払う対価はその分低水準となる。また，自身のライフスタイルやその時々のニーズにマッチした広告を視聴するのはそれほど苦にならない。そのため，低価格戦略をとる事業者は，より短く，より視聴者の興味にあうコンテンツの制作を競う。広告を目にする視聴者の個人情報を広告主企業に提供して「広告の効率性」を上げることが，事業者の戦略として採用される。

　インターネットで無料サービスを利用する際，われわれは様々な個人情報を入力す

ることが求められる。あるいは，アプリケーションの利用履歴や利用位置などの情報を事業者側が収集することに同意する必要がある。例えば，Google の各種サービスを利用するに際しては，Google 側が現在地や利用ログなどの情報を収集する権利を持つこと，さらに，収集した情報を広告配信に活用すること，などを明記したプライバシーポリシーに同意する必要がある。つまり，Google は収集した個人情報を基に，効率性の高い広告配信を実現している。

　他方，このことは，無料サービスを享受する対価として，われわれは自身の貴重な時間に加えて，個人情報を提供していることを意味する。個人情報の提供を行う際には，セキュリティ上の問題が発生するリスクについても念頭に置く必要がある。ネット産業からの個人情報の流出という事態は頻繁ではないものの，現実に発生している。デジタル情報は，インターネットを通じて容易に配布可能であり，しかもコピーによる劣化がないため，一旦，外部に漏洩した場合の原状回復が極めて困難である。われわれの日常生活がインターネットに依存する程度が増すにつれ，セキュリティ問題による被害は飛躍的に大きくなっている。プライバシーポリシーに同意する際にはそういったリスクにも注意しなくてはならない。

3.3. 両面市場

　「三者間市場」は，両面市場（two-sided market，二面市場）の性質を利用したビジネスモデルである[15]。

　両面市場では，生産者（S）が 2 種類の利用者グループ（D_1，D_2）に対し同一あるいは異なる財・サービスの提供を行っている。利用者グループの間で財・サービスの転売を行ったり，生産者を介することなく直接に金銭のやり取り（サイドペイメント）を行ったりすることはできない。クレジットカード運営会社（S）とカードメンバーである一般消費者（D_1），カード利用可能店舗（D_2）の関係や，ゲーム機製造会社（S）

---

[15] 両面市場の定義は，いろいろな形で与えられている。例えば，Rochet and Tirole（2006）は，「プラットフォームが，一方の顧客への料金を上げた額だけ他方への料金を下げることにより，取引量に影響を与えることができるのであれば，その市場は両面性を持つ。つまり，料金構造が問題なのであり，プラットフォームは両方の顧客を満足させるべく料金構造を設計しなくてはならない。（a market is two-sided if the platform can affect the volume of transactions by charging more to one side of the market and reducing the price paid by the other side by an equal amount; in other words, the price structure matters, and platforms must design it so as to bring both sides on board.）」（pp.664-665）と説明している。詳細な議論については，Rochet and Tirole（2003, 2006）や Armstrong（2006）などの文献を参照のこと。

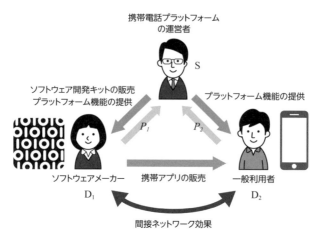

図 11-3-2　両面市場モデルの例

とゲームメーカー（D_1），ゲームユーザー（D_2）の関係，あるいは，新聞社（S）と，読者（D_1），広告主企業（D_2）の関係がそれに該当する[16]。

　両面市場で特徴的なことは，利用者グループ間に間接ネットワーク効果が発生している点である。利用者グループが享受する便益は，相手方の利用者数やサービス利用量に影響される。そのため，両グループの需要は，各グループに提供される価格の合計のみならず，おのおのの価格の相対的な大きさによっても変化する。

　特定の携帯電話プラットフォームに対応したアプリケーションを提供しているソフトウェアメーカー（D_1）と，当該アプリケーションの利用者（D_2）について考えよう（図 11-3-2）。それぞれの価格を P_1 および P_2 とする。携帯電話プラットフォーム運営者（S）が利用者に課す価格（P_2）を引き上げると，D_2 の需要量が低下するのみならず，間接ネットワーク効果により D_1 からの需要量も減少する。この場合，間接ネットワーク効果は双方向に機能するため，ソフトウェア供給量が減少することにより，利用者の需要量はさらに減少する。

　間接ネットワーク効果が機能する両面市場の下では，各グループに対する製品供給コストをそれぞれから独立して回収する（＝市場毎に利潤最大化を目指す）戦略は最適ではなく，市場毎の費用水準とは独立して価格を決定することで利潤を最大化でき

---

[16] Eisenmann *et al.*（2006）には，これ以外にもいくつかの例が示されている。

る。すなわち，一方の市場で限界費用以上の価格を，もう一方で限界費用以下の価格を設定し，前者の利用者グループから後者のグループへ内部相互補助を行うことが利潤最大化を実現する。どちらが補助する側で，どちらが補助を受ける側かは，ネットワーク効果の観点からみた各グループの相対的な希少性（相手グループの数や利用量の増大が自分たちにどの程度の価値をもたらすのか）によって決定される[17]。この場合，生産に係る限界費用がゼロだからといって当該市場の料金がゼロになるとは限らないし，価格がゼロだからといって限界費用がゼロであるわけでもない。図 11-3-1 に掲げた三者間市場は，間接ネットワーク効果を考慮した効率的な価格水準が（費用水準とは無関係に）ゼロとなっているケースである。

　両面市場の存在は，競争政策の運用に大きな困難をもたらす。これまでの競争政策は，まず対象市場を画定し，そこで反競争的行為が行われているか否かを判定するというアプローチを採用してきた。それに対し，両面市場の場合は，一つの市場において反競争的行為が発生しているか否かだけを問題にするのではなく，他の市場にどういった影響を及ぼすのかも考慮する必要がある。独占企業の市場支配力の程度は限界費用と市場価格の関係から判断されてきたが，両面市場において当該判断基準は役に立たない。伝統的な評価基準では反競争的な略奪価格の疑いがある非常に安価な料金（場合によっては無料）が設定されていたとしても，両面市場の場合，それは利用者グループ間に発生する間接ネットワーク効果を内部化するための効率的水準であるかもしれない。

3.4. 定額料金制と従量料金制

　ネット産業では，フリーミアムや両面市場モデルといった新しいビジネスモデルとは別に，従来とは異なる様々な料金プランも採用されてきている。

　両面市場の可能性を無視できるとすれば，利潤最大化の観点から望ましい生産量は，理想的な完全競争市場の場合，限界費用と市場価格が等しい点に対応するものとして定まる。企業は消費された財の数量や種類を測定し，対応する料金を乗じた総額を利用者に請求する。消費量を計測し，算出された支払い総額を個別の利用者に請求することには一定のコストが必要である。そのため，総費用に占める計測・請求コストの割合が大きい場合には，消費された財の一つひとつに料金を課す代わりに，別の方法

---

[17] 最適な料金設定をめぐる議論については，川濱他（2010，第 7 章）なども参照されたい。

288　第4部　通信産業からネット産業へ

を模索することが合理的となる[18]。

　多くの企業で採用されているのが，月額定額料金という料金プランである。ブロードバンド回線を提供している通信事業者やプロバイダも，そのほとんどがこのプランの下でサービスを提供している。定額料金制は，二部料金制の従量部分がゼロ料金という形態であるため，第7章3.3節で論じた種々の問題点が同様にあてはまる。例えば，最適な月額定額料金制を設計するためには各利用者の消費者余剰に関する情報が必要であること，小口利用者から大口利用者への暗黙の内部相互補助という側面を含むために公平性の面で問題があること，さらに，最適な料金水準で総費用をカバーできない場合があること，といった問題点を抱えている。

　他方，定額料金制には消費者にとって明らかなメリットが存在する。それは，この料金プランが消費者のリスク回避の性向と親和性が高いためである。この点に関して，定額料金バイアスあるいは定額料金プリファレンスという性質が議論されている。これは，同一の条件であれば，（支払い総額の期待値が同一に設定されていても）利用者は定額料金制を従量料金制よりも好むという傾向で，まず，米国の電話利用について見出された（Train *et al.*, 1987）。わが国でも，三友他（2008）が携帯電話やインターネット接続契約についてその存在を確認している。この原因として，Train *et al.* (1987)は，定額制の下では月々の支払い額が固定しているため，利用者側に安心感が生じることを理由として挙げる。また，様々な行動経済学的要因による説明も試みられている。例えば多田（2003）は，請求タイミングの効果，すなわち，消費者は課金の度に心理的なコストを感じるため，利用に応じて課金され，その都度，心理的コストを負担する従量料金プランよりも，そういったコストを感じなくて済む定額料金プランが好まれると主張する。その他の説明仮説については三友他（2008）がまとめている。

　インターネットを介して利用するコンテンツやアプリケーションについては，それがどの程度の通信量を発生させるのかが事前には不明であることが多い。そのため，通信料金が従量制であると，消費者は多額の支払い額に事後的に直面する可能性を思い描き，財の消費に躊躇する可能性がある。実際，「予想外の高額請求に直面して『パ

---

[18] 非ネット産業の場合の一つの例が郵便サービスである。例えば，葉書を近距離の宛先まで輸送するための費用は，長距離の宛先に輸送する場合と異なるが，葉書の宛先を一つひとつ調査して料金を計測し，投函者を特定して請求するという行為には多大な手間がかかる。郵便事業の収支という観点からすれば，距離に無関係な料金を投函者から事前徴収する「切手」システムには一定の合理性がある。

ケ死』を経験した」という話は従量制が主流であった時期にはそれほど珍しくなく，利用者は通信料の高騰を気にして大容量のデータ利用を自制することを余儀なくされた。このような理由から，新しいネットワークサービスのスタートアップ時には定額料金プランの採用が望ましいとされる。

定額料金制を利用する消費者にとって，消費量増加に伴う限界料金がゼロであるため，限界効用がゼロになるまで消費量を増加させることで効用最大化が達成できる。つまり，「使いたいだけ使う」という行動が正当化される。一方，利用量の増加が一定限度を超え，混雑現象という負の外部性を発生させる場合，事業者には「混雑対応」という新たな負担が発生する。この場合，短期的観点からは混雑料金の導入により過剰利用を抑制し，長期的にはネットワーク容量拡大の費用を消費者に転嫁する必要がある。そのため，近年ではこれまで主流となってきた定額料金制から従量料金制（あるいは従量制要素を加味した定額料金制）に転換するケースもみられる。

4. ビッグデータ

4.1. デジタル化とビッグデータ

第3章3.3節で既に紹介した「データは新しい石油である。」というフレーズに象徴されるように，データを入手し，それを適切に分析することで，新たな情報（information）が生まれ，それを市場プレイヤーが適切に活用することでアウトプットの量的拡大や質的改善が可能になり，大きな経済的価値がもたらされる。

とりわけ，デジタルデータの場合は，時間経過，複製や再利用による劣化がないため，一度生産されたデータは，その有用性が続く限り，何度でも利用できる。さらに，複製の限界費用はほぼゼロに近い。伝送による劣化は容易に修復できるため，インターネットを活用することで，物理的・地理的制約とは無関係に生産することが可能である。こうしたデジタルデータを十分に活用することに成功した事業者は，生産面において大きなアドバンテージを得ることができる。

デジタル化には，digitization と digitalization の二つの意味が含まれる。Digitization とは，そのままではコンピュータによる処理が困難なアナログデータを，「0」と「1」で表現されるデジタルデータに変換する作業である。これにより，世の中のあらゆるデータがコンピュータをはじめとする情報通信システムによって簡単に処理できるようになり，経済システムの効率性が大きく改善される。一方，digitalization とはそ

うしたデジタル情報を活用する技術を用いて既存のビジネスモデルを転換し，新たな価値創造を目指すプロセスを意味する。アナログデータをデジタル化し，従来の生産プロセスにそのまま投入するだけでは，デジタルデータの潜在能力は十分に発揮できない。この点については第 10 章 2.2 節における議論と同様，伝統的な組織形態やワークスタイルを転換し，従来とは全く異なる新しいビジネスモデルを導入し，さらに社外の専門リソースを投入するなどの様々な補完的な経営施策を導入し，新たに利用可能となった生産要素であるデジタルデータを活かす体制を整える必要がある。

こうした二つのデジタル化，すなわち digitization と digitalization，が共に進むことで初めて，社会システムがデジタルデータの潜在力を十分に活用できる体制が整う。デジタルデータの限界生産力（限界便益）は大きくなり，生産要素としての最適投入水準が増えるため，データに対する需要量は増大する。

データの生産・収集には人間（もしくは機械）が関与するため，天然資源とは異なり，必要に応じて増産することができる（OECD, 2019）。近年のスマートフォンの普及や IoT の進展により，様々なヒト・モノ・組織がネットワークにつながり，大量のデジタルデータの生成・集積が飛躍的に進展している。スマートフォンは，それ自体がセンサーのかたまりであり，人々の生活を便利なものにすると同時に，データ生成の源となっている。そして，今後はスマートフォンだけでなく，自動車をはじめ様々な場所がデータ取得ポータルと化す。集積されたデータは，量（volume），生成速度（velocity），多様性（variety）という三つの V，もしくは，これに，正確性（veracity）あるいは価値（value）を加えた四つの V において，これまでとは比較にならない水準を達成しており，ビッグデータ（big data）と称される。

ビッグデータと称されるために必要な「量」の水準は，関連技術の進歩とともに拡大が続いており，定性的には，データの収集・取捨選択・管理・処理に関して，一般的なソフトウェアの能力を超えたサイズだとされる。他方で，量ではなく，様々な種類・形式が含まれるデータであること（多様性），さらに，日々膨大に生成・記録される時系列性・リアルタイム性があること（生成速度）に注目されることも多い。特に，多様性については，一定の規則（構造）に従って記述されている「構造化データ（structured data）」のみならず，一部の「非構造化データ（unstructured data）」が扱えるようになってきた点がクローズアップされる[19]。多様なリアルタイムデータを収集

---

[19] 総務省（2013）では以下のように描写している。「ビッグデータと一口に言っても，それを構成するデータは出所が多様であるため様々な種類に及んでいる。その内訳を見ると，POS（Point of

し，組み合わせて分析することで，単一のデータだけからは見出せなかった様々な知見が得られる可能性が期待される。

　ビッグデータの利用は，大規模データの蓄積・分析を分散処理により低コストで実現する Hadoop と呼ばれる技術の発展によって支えられている。AI の能力が近年爆発的に拡張し，ビッグデータを処理・分析するコストが大幅に低下してきた。ブロードバンドネットワークやストレージ機器の進化により，データの生成・保存に係る単位当たりのコストが急速に低下し，膨大なデジタルデータをネットワーク上で容易に取り扱えるようになってきたことも大きな影響を与えている。さらに，今日では，エッジコンピューティングなどのクラウド技術の進展により，利用者側の端末に膨大な計算処理能力を実装することなしに，必要な処理はクラウド上で低コストに行うことも可能である。特に，モバイル・ブロードバンドの進化は，データの収集に大きく寄与するのみならず，クラウド上の AI との密接な連携を可能にすることを通じて，ビッグデータ利活用の恩恵を日常生活のあらゆる局面で享受することを可能にした。

　こうした技術的発展の結果，従来は処理することが不可能であったデータ群を記録・保管して即座に解析することで，ビジネスや社会に有用な知見を生み出し，経済社会活動の効率性を高めることが期待されている。事実，日本をはじめとする先進各

Sales：販売時点）データや企業内で管理する顧客データといった構造化データもビッグデータに含まれるが，最近，注目を集めているのは，構造化されていない多種・多量なデータ（非構造化データ）が ICT の進展に伴い，急激に増加し，かつ，分析可能となっている点にある。非構造化データもさらに細かく分解すると，電話・ラジオ放送等の音声データ，テレビ放送等の映像データ，新聞・雑誌等の活字データといった，以前から生成・流通していたものの，ビッグデータ分析の対象とはなっていなかったデータもあれば，ブログや SNS 等のソーシャルメディアに書き込まれる文字データ，インターネット上の映像配信サービスで流通している映像データ，電子書籍として配信される活字データ，GPS から送信されるデータ，IC カードや RFID 等の各種センサーで検知され送信されるデータなど，最近急速に生成・流通が増加しているデータも存在している。」
（pp.143-144）

出典：総務省（2013, p.144）を基に筆者作成

292　第4部　通信産業からネット産業へ

国では，2010年頃から，産業・学術・行政・防災など様々な分野でビッグデータの利活用が進んでいる。

4.2.　データ駆動型社会

　デジタル化が急速に進む民間プレイヤーや公的主体が，ビッグデータを活用し，様々な社会的課題を解決してゆく社会は「データ駆動型社会（data-driven society）」と呼ばれる。生成・収集された多量かつ多様なビッグデータが，その提供者・利用者・受益者となる個人・企業・政府等の間で円滑かつ適正に循環される過程を通じて，企業や産業のレベルにおいて様々なイノベーションが実現し，従来の経済活動は大きく変革され，データ駆動型経済（data-driven economy）が成立する。利用できる情報量が増大することで市場メカニズムの調整機能はより効率的になり，さらにイノベーションを通じて費用水準の低廉化が達成されるため，経済全体としてより高い効率性が達成できる[20]。効率性は産業競争力強化につながり，供給サイドにおける生産性向上を実現することを通じて，潜在的な経済成長率の向上への貢献が期待できる。一方，需要面では，新商品や新サービスの創造を通じて持続的な需要創出が期待される。

　もちろん，インターネットやコンピュータの登場以前にも，様々なデータが収集・集積・分析されて社会発展の基礎となってきた。しかし，デジタル化の進展やネットワークの高度化，スマートフォンの普及，IoTのユビキタスな展開により得られたビッグデータを，急速に高度化が進むAIで解析することで，従来の水準を大きく凌駕する量や質の情報が生み出されている。

　得られた情報は，そのまま現実社会で活用されることに加え，サイバー空間において現実世界を詳細に再現することにも活用されている。再現されたデジタル・ツイン（digital twin）を活用して，現実空間のモニタリングを行い，あるいは，代替案のシミュレーションを試みることで，「これまでとは異なる視点や考え方も生まれることで，現実世界のみでは困難だった複雑な原因の解明や将来予測，最適な対策・計画を検討することも可能となる。」（総務省, 2018, p.3）

　つまり，「IoTで様々なデータを収集して『現状の見える化』を図り，各種データを多面的かつ時系列で蓄積（ビッグデータ化）し，これらの膨大なデータについて人工

---

[20] なお，ビッグデータをフル活用することで，政府が情報の非対称性を克服し効率的に市場コントロールができるようになる可能性が指摘されている。これはデータ駆動型社会における計画経済であり，デジタル・レーニン主義と呼ばれている。

第 11 章　ネット産業の経済学　**293**

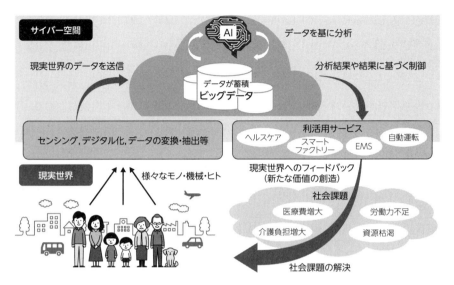

出典：三菱総合研究所（2016, p.16）を基に筆者作成

図 11-4-1　IoT・ビッグデータ・AI が創造する新たな価値

知能（AI）を活用しながら処理・分析等を行うで（原文ママ）将来を予測する」（三菱総合研究所, 2016, p.16）という仕組み・関係性が生まれている（図 11-4-1）。

公共部門への応用により，企業や産業の生産性向上のみならず，地域や社会を支える社会活動も刷新され，わが国社会経済の持続的成長へ寄与していくことが期待されている。

データを活用することによる経済価値については，英国経済を対象に，Center for Economic and Business Research（Cebr）が推計を行っている（Cebr, 2012）。それによれば，2011 年時点において英国の官民が保有するデータの価値は 251 億ポンドであるが，ビッグデータ技術を活用することで，その価値は 2012 年から 2017 年の累積で 2,160 億ポンド（2011 年価格）に増大する。増大したデータ価値は同時期の英国の GDP の 2.3%に相当する。うち 7 割はビジネス活動の効率性改善，2 割は新規起業，残りはイノベーションを通じて得られ，新規起業により 5 年間で 5 万 8 千人分の新規雇用がデータ関連業務を中心に創出されると予測している。

越境データ流通（TDF：Transborder Data Flow）を介したインパクトはさらに大きい。越境データは，情報，検索，通信，取引，映像，企業間データなど，多様な情報を含

む概念である。McKinsey Global Institute（2016）によれば，TDF は 2005 年から 2014 年で 45 倍に増大し，さらに今後 5 年で 9 倍に増加する。それに伴い，世界の GDP は過去 10 年で 10%以上拡大したと推計している。

　ところで，新しいデータは，これまで収集されてはいたものの十分に活用されていなかった情報が，デジタル化され，「可視化」されることによっても獲得される。わが国も含め，各国政府で先行的に進展している公共保有データの公開政策（オープンデータ政策）についてもこうした期待が背景にあり，大きな社会的・経済的価値を生むことが期待されている。例えば，Deloitte（2017）ではロンドン市交通局による交通データのオープン化により，年間で最大 1 億 3,000 万ポンドの利益が交通機関利用者に発生していると推定している[21]。

　ただし，ビッグデータによる経済効果の一部は既存産業の代替を伴う場合があることには注意が必要である。ビッグデータによる効率性改善は，これまでより高品質かつ大量な情報が安価に利用可能となったことでもたらされたものであり，生産プロセスの観点からすれば，よりパフォーマンスの高い生産要素・生産方法への転換による効果である。そのため，マクロ的な視点からは，ビッグデータで代替された結果，競争力を喪失し，市場から退出する産業セクターへの影響も考慮しなくてはならない[22]。

4.3. 必要な政策介入

　ICT の発達によってわれわれをとりまく経済社会は，データを活用することで効率化を進め，データ駆動型社会に着実に進んでいく。その過程において，より大量のデータを利用可能な事業者はよりよい財・サービスの提供が可能となるため，競合他社との競争に勝ち，市場シェアを拡大する。その際，まず懸念されるのは市場支配力を有する事業者が現れ，資源配分効率性を大きく損なう可能性である。

　ビッグデータを扱う産業はネットワーク効果や自然独占性，もしくはマーシャルの外部性を享受できる可能性が高く，自由な市場競争に完全に委ねておいた場合には，寡占的傾向を持ちかねない。既存市場における市場支配力がレバレッジされる結果，データ駆動型経済においても従来の支配的事業者がドミナントな地位を維持する可能性もある。データ収集においては，データ発生箇所もしくは発生したデータが集約

---

[21] 公共データのオープンデータ化の経済効果については実積（2014）に簡単なまとめがある。また，OECD（2019, Chapte 2）では様々な効果について定性的な記述がある。
[22] 関連する論点については第 2 章 2.4 節の産業調整をめぐる記述を参照のこと。

されるポイントを抑えることが有利であるため，リアル市場における市場支配力が優位に働くことが見込まれるためである。

　市場支配力を獲得した事業者による取引制限といった伝統的な反競争的行為に加え，貴重なデータの囲い込みや独占を図ることも懸念されている。データを活用した良質なサービスは当該事業者のみからしか提供されなくなるため，利用者のロックインが発生する。こうした「データ覇権主義」は，資源配分の最適化を妨げる可能性が高く，知的財産権やデータ所有権等への十分な配慮は行いつつも，データの自由な利活用を維持することを基本とすべきである。

　また，第2章4節で論じた戦略的貿易政策の観点からは，データ駆動型経済を実装する産業セクターを他国に先駆けて育成することが，わが国の社会厚生の最大化に資する可能性があることにも留意すべきである。

　資源配分効率性を達成したとしても，得られる市場均衡が公平性基準を満たさない可能性（「市場の失敗」）や，価値発揮の源泉となるビッグデータの収集・分析がプライバシーや個人尊重の原則と必ずしも整合的なものとはならない可能性，および，それに対する政策介入の必要性については多くの論者が指摘している[23]。データの不適切な取り扱いに関する事案が少なからず発生したことで，データの適正な取り扱いを求める国民の意識も拡大し，国民の安心感を生む制度の構築が求められている。価値ある個人情報の流通を確保するためには，データ収集目的・活用方法の開示や，データ主体によるコントロール余地の拡大を確保するとともに，適切な技術的セーフガードを構築する必要がある。プライバシー保護やシステムのセキュリティに関する懸念から消費者がデータ提供を拒むような事態となれば，提供されている財・サービスの価値が低下することから，負のフィードバックループが発生し，大きな厚生損失をもたらす。事実，セキュリティに対する懸念により約30%のインターネット利用者が個人情報の提供に躊躇したという，EU諸国を対象にした調査結果が存在する（OECD, 2017）。

　いずれの問題についても，留意すべきは，問題となる事象が急速な技術進歩や市場変化に大きく左右されるため，政府の失敗が起きる可能性が高いという点である。政策介入の検討においては，将来得られる予想便益と発生費用について，政府の失敗の

---

[23] 例えば，山本（2017）は，ビッグデータにより消費者が格付けされてしまうことによって社会が回復不可能な形に分断され，「バーチャル・スラム」を生む可能性等を指摘したうえで，個人の尊重の原理を守るという観点から，データ活用に一定の制約を加えることを提案している。

可能性を十分に加味しつつ，可能なかぎり客観的な定量分析に基づいて規制導入の有無を決するという姿勢（EBPM：evidence based policy making）を維持すべきであり，例えば，有意な外部経済性が見込まれる場合などに限定すべきである[24]。外部経済により，データ保有主体に十分な便益が帰属しない場合，市場メカニズムの下では過少均衡に陥る可能性が高く，政府介入が合理的と判断される可能性が高い。あるいは，サンドボックス（regulatory sandbox）制度[25]を活用することで規制の柔軟性を確保することも選択肢の一つとなる。

　ただし，データ駆動型経済において主要なサービスはインターネットを介して提供されることが多い。次章で論じるオンライン・プラットフォームの場合のように，市場支配力を及ぼす主体が当該国に存在しないことも多い。その場合，問題解決にあたっては国際協調が不可欠となる。あるいは，①プライバシーの保護，②自国内の産業保護，③安全保障の確保，④法執行／犯罪捜査などに関する規律の実効性を確保する観点から，データローカリゼーション（data localization）や越境データ移転規制が議論の俎上に載ることがある。データローカリゼーションとは，例えば特定のネットサービスの提供に必要なデータはすべて当該国に設置した物理サーバー内に存在することを要請するルールである[26]。一方，越境データ移転規制は当該国で入手したデータの国外持ち出しを制限する。これらはグローバルにサービス展開を行う事業者にとってはコスト増要因となり，ビジネス上の障壁として機能する。ECIPE（2016）は，現在のデータローカライゼーションが取り除かれた場合，EU の GDP が最大年間 80 億ユーロ（GDP の 0.06%）増加する一方，EU 各国がデータローカライゼーションを講じた場合，EU 全体で年間 520 億ユーロ（GDP の 0.37%）の損失が発生すると予想している。また，自由なデータ流通・利活用に伴うイノベーションの進展等を阻害す

---

[24] 健康・医療・介護のデータを有機的に連結し新薬等の研究開発等につなげることを目指すデータ利活用基盤の構築や，ビッグデータ分析を効率化するエッジ処理や次世代コンピューティングに係る基礎技術の開発，セキュリティ関連の技術開発，関連人材の育成などは，大きな外部経済の発生が想定される。

[25] 革新的技術・サービスを事業化する目的で，地域限定や期間限定で現行法の規制を一時的に停止し，現行法の下では不可能な試みを許容する制度。

[26] 「データローカライゼーションには，①データの移転そのものを制限するもの，②自国内に顧客などから収集したデータ（企業保有データ等も含む）を保有・保管するために制限するものの2 種類が存在する」（総務省，2017，p.91）。①の場合は，国外居住者のデータを直接収集することは原則としてできない。②の場合は，国外居住者のデータはその国のサーバーに保管しておかないと自国に移転できない。

る可能性も指摘されている。採用にあたっては，予想される経済厚生の損失を上回る
メリットを示すことが求められる。

　データそのものに加え，データを利活用する人材やノウハウが大手企業に囲い込ま
れ中小企業にとって十分な参入機会が与えられていない点，あるいは，各種規制を遵
守するためのリソースが十分でない点が問題とされる場合もあり，クラウド資産への
アクセスや，人材育成に対する支援，中小規模事業者の規制対象からの除外が実施さ
れている（OECD, 2019）。

引用文献：

Anderson, C.（2009）*Free: The Future of a Radical Price*, Hyperion.（小林弘人［監修］高橋則明
　　［訳］『フリー——〈無料〉からお金を生みだす新戦略』日本放送出版協会）

Armstrong, M.（2006）"Competition in Two-Sided Market," *RAND Journal of Economics*, 37（3），
　　668-691.

Bork, R.H.（1978）*The Antitrust Paradox: A Policy at War with Itself*, Basic Books.

Bowman, W.S.Jr.（1957）"Tying Arrangements and the Leverage Problem," *The Yale Law Journal*,
　　67（1），19-36.

Centre for Economics and Business Research Ltd［Cebr］（2012）"Data Equity Unlocking the Value of
　　Big Data, Executive Summary," https://www.bdvc.nl/images/Rapporten/Value-of-Data-Equity-
　　Cebr.pdf

Coase, R.H.（1937）"The Nature of the Firm," *Economica*, New Series, 4（16），386-405.

Deloitte（2017）"Assessing the Value of Tfl's Open Data and Digital Partnerships," http://content.tfl.
　　gov.uk/deloitte-report-tfl-open-data.pdf

Eisenmann, T., Parker, G., and van Alstyne, M.W.（2006）"Strategies for Two-Sided Markets," *Harvard
　　Business Review*, 84（10），92-101.

European Centre for International Political Economy［ECIPE］（2016）"Unleashing Internal Data Flows
　　in the EU: An Economic Assessment of Data Localisation Measures in the EU Member States,"
　　https://ecipe.org/publications/unleashing-internal-data-flows-in-the-eu/

Farrell, J. and Weiser, P.J.（2003）"Modularity, Vertical Integration, and Open Access Policies: Towards
　　a Convergence of Antitrust and Regulation in the Internet Age," *Harvard Journal of Law and
　　Technology*, 17（1），85-134.

林秀弥・石垣浩晶・五十嵐俊子（2004）「垂直・混合型企業結合規則の法学・経済学的考え方
　　に関する調査」競争政策研究センター共同研究（2004 年 8 月）http://www.jftc.go.jp/cprc/
　　reports/cr0404.pdf

依田高典（2011）『次世代インターネットの経済学』岩波書店.

伊藤元重（2001）『デジタルな経済―世の中大変化小変化』日本経済新聞社.

実積寿也（2014）「オープンデータのインパクト―経済効果の正しい解釈」『智場』（119 特集号オープンデータ），40-49.

川濱昇・大橋弘・玉田康成［編］（2010）『モバイル産業論―その発展と競争政策』東京大学出版会.

Lessing, L.（Feb. 7, 2006）"Statement of Lawrence Lessig, C. Erndell and Edith M. Carlsmith Professor of Law, Stanford Law School," *Hearing before the Committee on Commerce, Science, and Transportation.*

McKinsey Global Institute （2016）"Digital Globalization: The New Era of Global Flows," https://www.mckinsey.com/~/media/McKinsey/Business%20Functions/McKinsey%20Digital/Our%20Insights/Digital%20globalization%20The%20new%20era%20of%20global%20flows/MGI-Digital-globalization-Full-report.ashx

三友仁志・大塚時雄・永井研・中島公教（2008）「情報通信および交通サービスにおける定額料金プリファレンスの実証的分析―行動経済学的アプローチに依拠して」『地域学研究』38（2），311-329.

三菱総合研究所（2016）「IoT 時代における ICT 産業の構造分析と ICT による経済成長への多面的貢献の検証に関する調査研究　報告書」http://www.soumu.go.jp/johotsusintokei/linkdata/h28_01_houkoku.pdf

長岡貞男・平尾由紀子（1998）『産業組織の経済学―基礎と応用』日本評論社.

Nuechterlein, J.E.（2008）"Antitrust Oversight of An Antitrust Dispute: An Institutional Perspective on the Net Neutrality Debate," *Journal of Telecommunications and High Technology Law*, 7（1），19-66.

OECD （2017）*OECD Digital Economy Outlook 2017*, OECD Publishing, https://dx.doi.org/10.1787/9789264276284-en

OECD （2019）*Going Digital: Shaping Policies, Improving Lives*, OECD Publishing, https://doi.org/10.1787/9789264312012-en

Posner, R.A.（1976）*Antitrust Law: An Economic Perspective*, University of Chicago Press.

Reed, D.P., Saltzer, J.H., and Clark, J.D.（1998）"Comment on 'Active Networking and End-To-End Arguments'," *IEEE Network*, 12（3），69-71.

Rochet, J.C. and Tirole, J.（2003）"Platform Competition in Two-Sided Markets," *Journal of European Economic Association*, 1（4），990-1029.

Rochet, J.C. and Tirole, J.（2006）"Two-Sided Markets: A Progress Report," *RAND Journal of Economics*, 37（3），645-667.

Saltzer, J.H., Reed, D.P., and Clark, D.D.（1984）"End-to-end Arguments in System Design," *ACM Transactions on Computer Systems*, 2（4），277-288.

篠崎彰彦（2001）『日経文庫ベーシック　IT 経済入門』日本経済新聞社.

総務省（2013）『平成 25 年版情報通信白書』http://www.soumu.go.jp/johotsusintokei/whitepaper/ja/h25/index.html

総務省（2018）『平成 30 年版情報通信白書』http://www.soumu.go.jp/johotsusintokei/whitepaper/ja/h30/index.html

Spulber, D.F. and Yoo, C.S.（2009）*Networks in Telecommunications: Economics and Law*, Cambridge University Press.

多田洋介（2003）『行動経済学入門』日本経済新聞社.

Train, K.E., McFadden, D.L. and Ben-Akiva, M.（1987）"The Demand for Local Telephone Service: A Fully Discrete Model of Residential Calling Patterns and Service Choices," *RAND Journal of Economics*, 18(1), 109-123.

van Schewick, I.B.（2007）"Towards an Economic Framework for Network Neutrality Regulation," *Journal of Telecommunications and High Technology Law*, 5, 329-391.

Williamson, O.E.（1975）*Markets and Hierarchies: Analysis and Antitrust Implications,* Free Press.（浅沼萬里・岩崎晃［訳］（1980）『市場と企業組織』日本評論社）

Williamson, O.E.（1985）*The Economic Institutions of Capitalism: Firms, Markets, Relational Contracting*, Free Press.

山本龍彦（2017）『おそろしいビッグデータ　超類型化 AI 社会のリスク』朝日新聞出版.

第 12 章　ネット産業の政策課題

1.　はじめに

　最終章である本章では，ICT の発展によって大きく変化しつつあるブロードバンドエコシステムの最先端の事象について解説する。いずれも，現在進行中の事象であり，多くの専門家が活発な議論を繰り広げている。記述内容については執筆時点における最新事情の反映である。また，それ以前に議論されていた論点のすべてを論じ尽くしているわけではない。

　ICT の進歩や市場の変化は予想以上に急速であることを考えれば，本章の記述が数年後も参照される価値を保持できているのかは甚だ心もとない。また，重要でないとして記述を省いた論点が，数年後に大きな注目を浴びるようになっている可能性もある。本章を読まれる際は，常に最新の情報を参照しつつ，批判的に読み進めてほしい。

2.　デジタルトランスフォーメーション[1]

　本節では，2 種類のデジタル化，すなわち digitization と digitalization によって引き起こされる社会経済の変化をめぐる論点について分析する。

2.1.　産業構造の変化と Society 5.0

　デジタルトランスフォーメーション（DX：Digital Transformation）とは，アナログデータのデジタル化を意味する digitization と，デジタル技術を活用したビジネスモデルの転換である digitalization の二つが共に進むことによって引き起こされる経済・社会の変革を意味する。この変革により，従来は現実社会での物理的実体を必要として

---

[1] 本節は主として OECD（2019a）を参考に記述している。

いた各種活動がブロードバンドネットワークを介して完結できるようになる。キーとなる技術要素は，ビッグデータ分析，クラウドコンピューティング，IoT などで，3D プリンターなどの付加製造（additive manufacturing），自動運転などの自律制御，AI，ロボティクスなどの先端技術と組み合わさることで，大きな効率性改善が実現する。DX に先んじた産業分野では，そうでない分野に比べて 55％も高いマークアップ[2]を実現している（OECD, 2019a, p.140）

　DX を達成すれば，非定型的なものも含め多くの業務は AI のサポートを得て自動化される。例えば，多国籍企業によって構築されたサプライチェーンは，世界中に配備された無数のセンサーを通じて様々なデータを収集し，瞬時に解析し運用可能なものへと進化する。それに伴い，データの戦略的活用が新たな次元に進み，データの管理を担うオンライン・プラットフォームがシステムの中核を占めるようサプライチェーンが変化する。製造業の場合であれば，DX を積極的に進めることで，製品から収集したデータを活用してサービス業に転換し（XaaS 化[3]），あるいは，データを活用して隣接市場等への進出を果たす。特に，XaaS 化は，モノの所有を基本とする経済から，必要な時だけ利用するシェアリングエコノミー（sharing economy）への移行を促し，企業のビジネスモデル自体に大きな影響を及ぼす[4]。B2B 市場のみならず，B2C や C2C（Consumer to Consumer：個人間）市場，さらには G2C（Government to Consumer：政府対個人）市場においても DX は大きな構造変化を引き起こす。

　結果として，その国の産業構造は大きく変貌し，既存産業の一部は市場退出や，比較優位があるコア分野への集中を迫られる。総務省（2018）は，これにより「特定の分野，組織内に閉じて部分的に最適化されていたシステムや制度等が社会全体にとって最適なものへと変貌する」（p.3）と予想し，DX の活用が進んだ社会を Society 5.0 と呼ぶ。Society 5.0 とは，狩猟社会（Society 1.0），農耕社会（Society 2.0），工業社会（Society 3.0），情報社会（Society 4.0）に続く，新たな社会を指し，「サイバー空間（仮想空間）とフィジカル空間（現実空間）を高度に融合させたシステムにより，経済発展と社会的課題の解決を両立する，人間中心の社会（Society）」[5]と定義されている。

---

[2] 市場価格から限界費用を減じた数値として計算される。費用を機会費用で評価し，完全競争市場の条件が満たされれば，ゼロに等しくなる。

[3] XaaS とは X as a Service の意味で，X には様々なモノが入る。例として，MaaS（Mobility as a Service）がある。

[4] シェアリングエコノミーやオンライン・プラットフォームについては本章 3 節でさらに論じる。

[5] 内閣府ホームページ（https://www8.cao.go.jp/cstp/society5_0/index.html）参照。

第 12 章　ネット産業の政策課題　**303**

そこでは，IoT ですべての人とモノがつながり，様々な知識や情報が共有される。さらに，AI の力を借りて，今までにない新たな価値を生み出すことで，わが国の直面する各種課題（少子高齢化，地方の過疎化，貧富の格差など）を克服することが期待されている。

　経済産業省の研究会報告書[6]によれば，わが国では，事業部毎の部分最適の観点から設計されている既存の情報通信システムが十分に管理されていないために，レガシーシステム[7]化している。その結果，IT 関連費用のうち 8 割以上が既存システムの運用・保守に充てられ新規投資の余地が少ない。さらに，DX の推進に不可欠な人材が不足していることが，大きな障害となっている。既存システムが足かせとなり，DX が妨げられることによる経済損失は，2025 年以降，年間で最大 12 兆円に達し，その結果，わが国企業の国際競争力が失われる。一方，既存システムのレガシー化を克服し，DX による利益を積極的に活用することができれば，2030 年時点において実質GDP を 130 兆円程度押し上げることができると試算されている。

2.2.　競争へのインパクト

　DX が進展すれば，従来の産業枠組みを超えた競争がグローバルな規模で発生する。これにより，価格の低下や財・サービスの品質改善が実現し，社会厚生が拡大する。また，技術開発や新しいビジネスモデルの投入がさらに進むことで，関連する投資も増え，経済成長にもプラスの影響が期待できる。

　一方，デジタル技術につきものの規模・範囲の経済やネットワーク効果を活用することで，競争に勝ち残った事業者は強大な市場支配力を行使できるようになる。前節で紹介したように，DX に先行する産業がより高いマークアップを実現していることは，当該市場において一定の価格支配力が成立し，死重損失が発生している可能性を示唆する。

　DX に先行した事業者が競争で勝利を収める反面，既存事業者はデジタル化に対応しない限り市場退出を迫られる。この場合，産業調整のための政策的介入を行う必要

---

[6] デジタルトランスフォーメーションに向けた研究会（2018）。

[7] 本報告書においてレガシーシステムは「技術面の老朽化，システムの肥大化・複雑化，ブラックボックス化等の問題があり，その結果として経営・事業戦略上の足かせ，高コスト構造の原因となっているシステム」（p.6）と定義されている。

性も生じうる[8]。

　また，DXにより，必ずしも当該国に物理的実体を持つことなくビジネスを展開できる可能性が生まれる。規制の変化に応じて本社機能をリロケーションすることも極めて容易となるため，競争当局による市場規律は実効性の観点から困難となる。また，アルゴリズム共謀（algorithm collusion）のように，デジタル技術やAIの活用によって従来であれば予想もしなかった方法で反競争的な結果がもたらされる可能性があるなど，既存の規制枠組みでは十分に対処できない場合も増大することが予想されている。

　例えば，Calvano *et al.*（2019）は，シミュレーションを用いることで，事前合意が存在しないにもかかわらず，価格設定AIが学習を通じて価格カルテル下と同じような意思決定を行うようになる可能性を明らかにしている。わが国の独占禁止法において，カルテルは，「事業者又は業界団体の構成事業者が相互に連絡を取り合い，本来，各事業者が自主的に決めるべき商品の価格や販売・生産数量などを共同で取り決める行為」[9]として扱われているため，事前合意がないアルゴリズム共謀は構成要件を満たさず，現行法では規制が困難である。

　DXに秀でたグローバルプレイヤーを自国に誘致することはマーシャルの外部性の発揮を通じて，国際競争力の向上に貢献する可能性がある。国内市場がDXに先行したプレイヤーに支配され競争性を失うことによる厚生損失と，当該プレイヤーが国際競争力を活用することでもたらす社会厚生の改善を比較し，前者が後者より小さいと判断された場合，各国はより緩やかな競争規律を志向し，規制回避地（regulatory haven）の地位を目指すことが合理的となる。

　なお，物理的実体がないために規律執行が困難となる点については課税当局にとっても同様である。各国の課税当局は租税回避地（tax haven）化を志向し，他国における税収減少と引き換えに，高い税収入を獲得することを目指す可能性がある。

　これらは，グローバルな観点から見ると効率的な資源配分ではない可能性が高く，不健全な制度間競争が発生している状況でもある。しかしながら，ゲーム理論でいうところの囚人のジレンマの状況にほかならないため，各国が単独で対処しようとしても状況改善は期待できない。社会厚生の観点からは積極的な国際連携が強く要請される局面である。

---

[8] 産業調整の条件などについては，第2章2.4節の議論を参照されたい。

[9] https://www.jftc.go.jp/dk/dkgaiyo/kisei.html

2.3. 労働市場へのインパクト

デジタル技術による産業構造変化の結果，①市場シェアを伸ばす産業は雇用を伸ばし，反対に，②市場から退出を迫られる産業の雇用は失われる。これまでの産業発展では，①による雇用へのプラス効果が，②によるマイナス効果を上回ることが通常は期待でき，かつ，産業構造変化のスピードが比較的緩やかであった。そのため，労働市場は全体として新しい技術環境に十分に対応できた結果，新技術導入に伴う産業構造変化に起因する大規模な失業は生じることはなかった。

それに対し，DX のケースでは，勝ち残る企業は資本集約的であり，大量の労働投入を必要としない業態であることが多い。そのため，①による雇用拡大幅が②の雇用縮小幅を下回ることが予想される。産業構造変化のスピードが極めて速いため，その影響が急速に発現し，その結果として大規模な失業が生じる可能性が懸念されている。例えば，OECD（2019a）では，Nedelkoska and Quintini（2018）の調査結果を引用し，今後 10～20 年で DX に伴う生産プロセスの自動化により 46%の雇用が重大な影響を受けると予想している（図 12-2-1）。

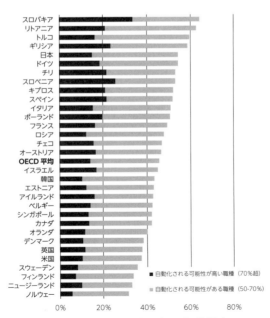

出典：Nedelkoska and Quintini（2018）のデータを基に筆者作成

図 12-2-1　自動化による雇用への影響

労働市場への影響は，地域の特徴によっても左右される。具体的には，教育水準が高く，サービス業の比重が高く，都市化が進んでいるほど，マイナスの影響が小さい。そういった条件に合致する地域が多いOECD諸国では2006年から2016年にかけて雇用者数は6.9％増大し，3,800万人の純増を記録している。

雇用に対するマイナスの影響を最小限にするためには，学校教育や生涯教育のプログラムを充実し，労働者の職種転換を容易にする必要がある。同時に，失業期間中の生活補助プログラムの充実が求められる。

DXは雇用形態そのものにも影響を与える。本章3節で紹介するが，オンライン・プラットフォームの雇用仲介サービスを利用するクラウド・ワーク（crowd work）あるいはギグ・ワーク（gig work）と呼ばれるオンデマンド雇用がスタートしている。多くは非正規雇用であり，雇用全体に占める割合は小さいが[10]，近年大きく成長している。こうした新しい雇用形態への法的なセーフガードは伝統的な形態に対するものと比べて低水準であることが多く，強く改善が求められる分野である。

3. オンライン・プラットフォーム

3.1. プラットフォーム事業者

今日では，ブロードバンドインフラの充実，インターネット関連技術の急速な進展により，利用するネットワークの種類・特性や提供事業者を特に意識することなく，広大なネット空間が提供するサービスを楽しむことができる環境が整っている。

さらに，インターフェイスの標準化や関連技術の発達により，ネットサービスの市場が細分化可能となり，経路全体（エンドツーエンド，end-to-end，E2E）を支配する巨大プレイヤーに代わり，個別市場に特化した事業者がお互いに協調してサービスを提供する形態が増加してきた。そのため，従来は通信事業者もしくはコンテンツ事業者が自らのサービス提供に不可欠の付随サービスとして提供してきた，認証（authentification）・承認（authorization）・課金／決済（accounting）の各機能（もしくはその一部）[11]を，事業者の枠を超えて提供するオンライン・プラットフォーム（ま

---

[10] Lepanjuuri *et al.*（2018）は，2018年2月に出したレポートで，英国において過去12ヶ月の間にギグ・ワークに従事したのは総人口の4.4％，約280万人と推計している。

[11] 「認証」とは当該サービスにアクセスしてきた利用者が本人であることの確認作業，「承認」（もしくは「認可」と呼ばれる場合もある）は要求されたサービスリソースを利用する権限を認証済

第 12 章　ネット産業の政策課題　　307

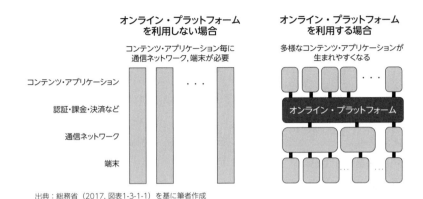

出典：総務省（2017, 図表1-3-1-1）を基に筆者作成

図 12-3-1　スマホビジネスにおけるオンライン・プラットフォームの活用例

たは，プラットフォーム・ビジネス）が大きな役割を果たすようになってきている（図12-3-1）。

　オンライン・プラットフォームは，認証・承認・課金／決済という三つの基本機能に加え，利用者によるサービスの発見を補助するための検索機能や，収集した個人情報や利用履歴に基づきサービスを推薦するレコメンド機能，さらに，利用トラブルの解決を支援するサポート機能を利用者向けに提供する。オンライン・プラットフォームを介して財・サービスの販売を行う企業に対しては，オンライン上への出店支援や，個人情報等を活用したマーケティングサービスを提供している。これら諸機能については，内部相互補助を通じて無償提供されることも多く，そのコストは広告収入や取引仲介の手数料，もしくはプラットフォーム利用料などに転嫁することで賄われる。この意味で，オンライン・プラットフォームの提供者（以下，「プラットフォーム事業者」）は両面市場に直面し，前章第 3 節で議論したとおりネットワーク効果を利用したビジネス展開を行っている。

　OECD（2019b）では，その点に着目し，オンライン・プラットフォームに対し，「インターネットを介して相互関係を持つ複数の利用者グループ間の交流を手助けするデジタルサービス（a digital service that facilitates interactions between two or more distinct but interdependent sets of users [whether firms or individuals] who interact through the

---

利用者に付与することを意味する。

service via the Internet)」という定義を与えている。

さて，オンライン・プラットフォームは，OECD（2019b）ならびに EC（2016）では，おおむね以下のような経済的特徴を有すると指摘される。

（1）　直接ネットワーク効果，間接ネットワーク効果を享受し，多面市場
　　　（multi-sided market）においてビジネスを展開している。
（2）　オンラインサービスであるが故の極めて低廉な限界費用により，強い規模
　　　の経済性を持つ。
（3）　複数のサービスを一体提供することで範囲の経済性を享受している。
（4）　利用者情報や利用履歴を大規模に収集し，サービス最適化のために積極的
　　　に活用している。

これらの特徴の一つひとつはオンライン・プラットフォームにのみ発生しているわけではないが，それらが組み合わさることで，既存ビジネスとは異なるビジネス展開が実現し，極めて短期間のうちにエコシステムを根本から変貌させつつある。オンライン・プラットフォーム上で新たなビジネスが次々と創出され，活発な競争が行われることで，大きな消費者利益が実現できることが期待される。

今日，オンライン・プラットフォームは欠くべからざるインフラとしての地位を確立している。先進国の一般消費者がショッピングや最新ニュースの入手を試みる際，オンライン・プラットフォームがその主要な窓口の機能を果たすようになっている。

また，電子商取引を活用する財・サービス提供者にとって，プラットフォーム事業者の力を借りずに行うビジネスは想定できない。そのため，プラットフォーム事業者にはブロードバンドエコシステムにおけるイノベーションを促進する役割が期待されている。

一方，Google や Facebook に代表される国際的なプラットフォーム事業者の巨大な市場シェアは，競争政策上の懸念を惹起するのに十分な水準に達している。加えて，多くの利用者にとってネット利用の入り口（ポータル）となることから，オンライン・プラットフォーム上を流れる情報の真実性や多様性を確保する責任がプラットフォーム事業者自身に期待される状況も発生している[12]。これは，その上を流れるサー

---

[12] 例えば，EC（2018）は，フェイクニュースなどの虚偽情報への対応として，プラットフォーム事業者に対し，法規範に従うことに加え，安全なオンライン環境の確保，虚偽情報からの利用者

ビスの仲介に専念するビジネスから，そのサービスの品質確保に責任を持ち，必要な場合には介入（もしくは編集）権限を行使するビジネスへの変貌を迫るものであり，プラットフォーム事業者の本質を全く異なるものにする可能性を持つ。併せて，サービス仲介の過程で収集する利用者情報の取り扱い方法，さらには，流れる情報の完全性（data integrity）を保証するためのトラストサービスの在り方をめぐる議論も近年盛んとなっている。

3.2. プラットフォーム独占

多面市場での複数サービスの提供が可能にする利用者間・サービス間の内部相互補助は，サービス無償提供を含む戦略的な価格設計を可能にし，さらに，ネットワーク効果と規模・範囲の経済性は市場競争の結末を「最強の事業者が市場のすべてを獲得する。（The winner takes all.）」という一方的なものとする。より多くの利用者やコンテンツ事業者を顧客として取り込み，市場シェアを拡大した事業者のサービス価値や価格競争力がますます向上するためである。サービスがインターネットを介して提供されるため，勝ち残った側の事業者は，グローバルな規模で，市場プレゼンスを増大させる。

加えて，利用者の属性情報や，利用履歴情報をもとにしたサービスが競争力の源泉である場合には，プラットフォーム事業者を替えることが利便性の低下をもたらす。これはスイッチングコストが高まることを意味し，市場支配力の源泉の一つとなる。

一方，規模や競争力に劣るプラットフォーム事業者は，市場からの退出を迫られ，場合によっては，有力オンライン・プラットフォームの一機能として組み込まれていく。結果として，ネット利用に必要なあらゆる機能を統合した巨大なオンライン・プラットフォームが誕生し，消費者や財・サービスの生産者にとって不可欠の存在になる。

こうして成立したプラットフォーム独占は競争当局に 2 種類の懸念を生じさせる。一つ目は，オンライン・プラットフォーム市場内の資源配分効率性に関するもの，二つ目は，隣接市場への独占力レバレッジをめぐるものである。

特定のプラットフォーム事業者が巨大化し，オンライン・プラットフォーム市場を独占すること自体が必ずしも悪とは限らないのは，第 6 章 6.3 節で自然独占に関して

保護，多様な政治的見解の提示を行うことに期待が高まっていると指摘する。

議論した場合と同様である。ネットワーク効果や規模・範囲の経済性の下では，独占企業が市場需要を満たすことで，生産費用を最小化し，最適な資源配分を実現することが可能になる。一方で，技術革新のインセンティブ不足や，X非効率性，独占利潤の追求による死重損失の発生は問題であり，損失の程度が大きければ一定の政府介入が正当化される。ただし，インターネット上に展開するオンライン・プラットフォームの場合は，当該国に規制対象となる物理的実体を持たずにボーダレスなサービス提供が可能である。そのため，政府介入の実効性を単独で担保することは困難であり，課税対象としてのプラットフォーム事業者の物理的実体の誘致をめぐり制度間競争が展開された場合には，規制緩和競争にもなりかねない。適切な規制環境の構築のために国際的な連携・協調が必要である。市場独占に直接対処する手段としては，プラットフォーム事業者の事業分割がありうるが，これは自然独占によって享受可能となる効率性メリットとのトレードオフを慎重に検討する必要がある。一方，独占を許容しつつ，料金規制等により過度の独占力発揮を制約する手法もありうるが，急速に技術進歩が進む本分野においては情報の非対称性が深刻であるため，規制の適切性を維持することは極めて困難である。

　隣接市場への市場支配力の濫用については，第11章2.3節で紹介したICEの原則が適用できる。市場支配力を持つプラットフォーム事業者にとっては，自らが提供するオンライン・プラットフォームの価値を改善することが利潤最大化をもたらす。利用者・利用企業の間の競争環境を維持・改善することは合理的選択であり，プラットフォーム事業者自身が，取引される財・サービスに関する情報を積極的に開示するとともに，技術支援等を通じて企業の新規参入や消費者のプロシューマー[13]化を進めるインセンティブを持つことが長期的には期待できる。ただし，市場支配力の濫用を短期的にも抑制するという観点からは，利用者・利用企業と結んだ取引条件についての情報開示をプラットフォーム事業者に求めることが要請され，必要に応じて公正競争の観点からの政府介入もありえよう。

　ただし，オンライン・プラットフォームに関しては，特に基本利用料が無料であるものについては，利用者・利用企業側が複数のサービスを同時に利用することに対する制約がそもそも少ない。複数の事業者を利用する（マルチホーム）利用者が多くな

---

[13] プロシューマー（prosumer, 生産消費者）とは，アルビン・トフラーが『第三の波』（1980）の中で示した概念で，生産者（producer）と消費者（consumer）を組み合わせた造語。生産活動を行う消費者のことを指す。

れば，プラットフォーム事業者の市場支配力は減殺される。そのため，事業者を変更しても受けられるサービスの品質がそれほど低下しない環境を整えることも市場支配力濫用への対策となる。既に論じたデータポータビリティ権の導入はそのための一つの手段といえる[14]。

また，同様のサービスを提供する非ネット系事業者との規制等価性（regulatory parity）をどこまで確保すべきかという問題も解く必要がある（OECD, 2019b）。この点については，供給プロセスに着目する伝統的事業規制でなく，利用者保護の目線に立ち，「同じようなサービスを利用する場合には同じような法的保護が得られる」という消費者の期待感を満たす規制枠組みが必要である。

3.3. 経済システムへのインパクト

オンライン・プラットフォームは様々な市場において急速にその存在感を高めつつあり，社会経済活動に大きな影響を及ぼしている。それぞれのプラットフォームが及ぼす影響は，その対象とするサービスや市場によって一様ではないが，その経済的インパクトは，財・サービスに係る取引コストが大幅に低減することによってもたらされる。従来は経済的に引き合わなかった取引が可能になることで新しい価値創造が可能になり，競争が活性化されることによる資源配分最適化や，それを通じた社会厚生の拡大が期待される。

例えば，プラットフォーム機能の利用コストが低下したことにより，中小事業者やプロシューマーに大きなビジネスチャンスがもたらされる。具体的には，多様なサービスが生まれやすくなる点を挙げることができる。各事業者は，それぞれで認証等の仕組みを用意する必要がなく，プラットフォームとの接続性を確保さえすれば足り，垂直統合の場合と比較して参入のハードルが下がるとともに，多くの利用者が見込める。財・サービスの提供者と利用者とをつなぐ役割を果たし，両者のマッチングを促進することもビジネスチャンスを生む。インターネットはボーダレスに広がっているため，これまで地域の外に進出できなかったローカルプレイヤーには大きなフロンティアが拡がる。

オンライン・プラットフォームの登場自体が，圧倒的な低コストや情報優位性によって伝統的な仲介事業者に市場退出を迫る結果となり，第11章2節で論じたディ

---

[14] 競争当局が対処すべき課題については，OECD（2019b, Chap.3）にも列挙されている。

スインターミディエーションおよびリインターミディエーションを通じた産業構造再編をもたらす可能性もある。

　リインターミディエーションの一形態として，近年，特に話題になっている事象がシェアリングエコノミーである。シェアリングエコノミーとは，ICT の発展とモバイル・ブロードバンドの普及によるトレーサビリティの大幅な改善を背景に，オンライン・プラットフォームによる「需要と供給の見える化」を活用することで実現されたものであり，財・サービスを所有する個人がプロシューマーとして活動している状況である。國領（2017）は「情報技術を活用して資産を多くのユーザーで多重活用するビジネスモデルが普及している社会」（p.112）と定義している。

　シェアリングの対象は多岐にわたり，モノ，スペース，スキル，時間などあらゆる「資産」で多重活用が進められている[15]。スキルを対象にするものは，そのなかでもギグエコノミー（gig economy）と称され，労働者はオンライン・プラットフォームを通じ，デザインやサイト制作，コンテンツ制作，商品説明書作成といった単発の仕事を受注する。

　三菱総合研究所（2018）によれば，シェアリングエコノミーは，「定性的には供給不足の解消による消費拡大，潜在的需要が顕在化することによる消費拡大，周辺ビジネスの拡大といった経路」（p.32）を通じて経済効果を発生させることが期待されている。シェアリングエコノミーの国内市場規模について，矢野経済研究所は，2016 年度に約 540 億円であったものが，年平均成長率 17％で拡大し，2022 年度には約 1,386 億円に達すると予測している[16]。

　ただし，シェアリングエコノミーの拡大が既存市場に影響を与える結果，伝統的プレイヤーの収入が減少する可能性があり，Zervs *et al.*（2017）などの実証分析も存在している。他方で，シェアリングエコノミーと既存プレイヤーのターゲットや強みが異なることを活用して連携を進める動きも観察される[17]。これまでにない新しい経済活動であるため，必要とされる制度整備もこれからであり，今後の発展が期待される分野である。

---

[15]　シェアリングエコノミー協会ホームページ（https://sharing-economy.jp/ja/）などを参照されたい。

[16]　https://www.yano.co.jp/press-release/show/press_id/1988

[17]　総務省（2018）では，「タクシー事業者とライドシェアサービス提供事業者」，「メガバンクや地方銀行等の金融機関とクラウドファンディング事業者」および「既存の宿泊施設と民泊サービス」の連携の例が挙げられている。

第 12 章　ネット産業の政策課題　*313*

表 12-3-1　オンライン・プラットフォームの経済的インパクト

オンライン・プラットフォームのもたらす経済的インパクト

マクロ経済への影響
・オンライン・プラットフォームによって促進されるアイデアや情報の流通がイノベーションをもたらし生産性を改善し，それにより経済成長がもたらされる。また，プラットフォーム利用による販路拡大がもたらす経済規模の拡大や，プレイヤー増加が引き起こす競争激化が経済活動を活性化する。
・途上国経済の中小企業にとってはグローバル経済への扉が開かれる。

企業活動への影響
・新規市場へのアクセス改善や，取引コスト削減，広告効率の改善により個別企業の活動にメリットがもたらされる。
・中小企業にとっても，大企業と同様の活動が可能になる余地が生まれ「市場の民主化」が進む。特に，各企業がローカル市場において個別に物理的プレゼンスを設けることなくサービス提供や顧客対応を行うことを可能にする。
・一部の企業は市場から駆逐され，業績を悪化させる。ただし，十分な競争環境の下では，これにより長期的な資源配分が改善される。

消費者への影響
・オンライン・プラットフォームの利用を通じて，多様な情報，新しいサービス，豊富な選択肢が提供される結果，取引コストの減少や，消費便益の増大といったメリットを享受する。

公共サービスへの影響
・オンライン・プラットフォームは，公共放送や自警団，郵便局，公共空間といった機能を代替する。
・地図情報やメッセージ配信，緊急通報，雇用情報といった基本的な「公共」サービスの提供にも活用されている。

資源配分への影響
・取引コストの削減を通じて，市場メカニズムの資源配分効率性を改善する。

出典：OECD（2019b, Chap.3）を基に筆者作成

　その他に予想される経済的インパクトの主要なものについては OECD（2019b）が表 12-3-1 のようにまとめている。

　OECD では，これ以外にも，消費者保護や，個人情報を取り扱うことに伴うプライバシー問題，労働慣行や雇用へのインパクト，フェイクニュースやヘイト情報の拡散による社会の分断化が民主主義にもたらす影響への対処などが議論されている。発生が予想される問題の中には，プラットフォーム事業者自身に責任があるものばかりではなく，オンライン・プラットフォームの利用者に責任があるものも多い。後者の問題に対処する役割の一部をプラットフォーム事業者に担わせる，つまり，利用者が行う活動についてプラットフォーム事業者が執行者として監視・評価を行うこともある。これは，プラットフォーム事業者が通信の秘密や表現の自由に干渉することを意味するため，運用にあたっては事業者の社会的責任に関する慎重な検討が必要である。

314　第4部　通信産業からネット産業へ

4.　ネットワーク中立性[18]

4.1.　問題の本質

　インターネット利用の急速な普及と高度化により，ネットワーク上で混雑状況が発生する可能性が高まり，希少なボトルネックを管理するネットワーク事業者の市場支配力を行使する余地が拡大したことに対し，コンテンツ事業者や一般利用者の懸念が大きくなってきた。そのため，「ネットワーク中立性（network neutrality, net neutrality）」というコンセプト[19]が規制担当者や事業者の間で議論されている。

　Cisco 社，総務省などが定期的に発表しているとおり，インターネット上を流れる通信量（トラフィック量）は急速に増大しており，それを支えるネットワークへの負荷は急速に増大している。そのため，利用ピーク時にはトラフィック混雑が発生し，ネットからのダウンロードに普段以上の時間がかかったり，アプリケーションによっては利用が中断されたりする事態を，われわれは日常的に経験している。サービスの品質低下を避けるために，ネットワークを運営する事業者は設備投資のペースアップを迫られており，大きな経営課題ともなっている。

　経済理論的にみた場合，ネットワーク中立性「問題」と呼ばれるものは，ネットワークの容量制約がもたらした通信混雑を克服して資源の最適配分を回復する問題，あるいは，ネットワーク事業者が利用者（消費者およびコンテンツ事業者）に対して設定するインターフェイス条件の最適化問題，としてとらえることができる。だとすれば，「ネットワーク中立性」とは「ネットワーク事業者の通信設備を効率的に利用できる状態」と定義することが適当である。これは，市場環境が一定の理想的な条件を満たすのであれば，関連するプレイヤー間での自由な交渉を通じて解決可能な問題であり，政府の介入は必要とされない。ネットワーク中立性が各国の規制当局において議論されている理由は，ネットワーク事業者が一定以上の市場支配力を行使し，プレイヤー間の自由な交渉を阻害している点にある。

　なお，社会厚生最大化の観点からは，最適化の水準は，最終利用者にとっての利用

---

[18] 本節の議論の詳細は，実積（2013, 2018）を参照されたい。

[19] ネットワーク中立性という用語は当初，Wu（2003）により「ネットワーク側から特定のアプリケーションに対して特別の取り扱いを行わないことで，アプリケーション間の公平な競争が確保されている状況」と定義された。その後，日米欧のインターネット先進国において，多様な議論が展開される中で，様々な利害が反映された意味付けが与えられている。

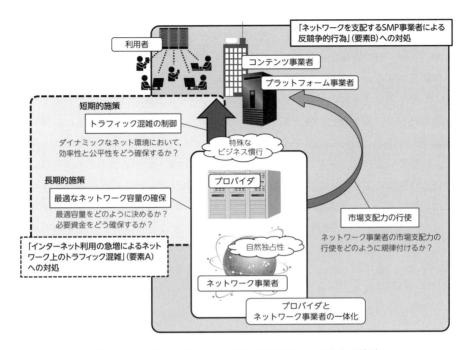

図 12-4-1　ネットワーク中立性問題をめぐる議論の構造

価値を意味する QoE を尺度として判断されるべきであり，技術的なトラフィック品質である QoS をベースとすべきではない。QoE をより望ましいものにするために，コンテンツ毎の QoS に格差をつける（＝不平等に取り扱う）ことはパレート改善的である。例えば，ネットビデオなどに電子メールよりも高水準の QoS を設定することで利用者の総合的 QoE を向上することは，ネットワーク中立性を改善する行為である。

　ネットワーク中立性の本質を明らかにし，その解決策を議論するためには，「インターネット利用の急増によるネットワーク上のトラフィック混雑」（要素 A）と，「ネットワークを支配する SMP 事業者による反競争的行為」（要素 B）の二つに分割し，それぞれの解決策をめぐる議論を行うことが適当である（図 12-4-1）。以下，4.2 節では要素 A，4.3 節では要素 B について分析する。

4.2. トラフィック混雑への対処

　トラフィック混雑解決のために議論すべきは，有限なネットワーク容量の下で，社

会厚生を最大化するような運用をどう確保するかであり，問題解決へのアプローチは「道路混雑問題」に対するものと本質的には異ならない。

　解決策は，短期的施策と長期的施策に分類することが可能である。ネットワーク容量が変更できないと想定する「短期」では，既存の容量を有効に活用するために適切なインセンティブを利用者に与えることが必要であり，具体的には，いわゆるピグー流の混雑料金の導入などが解決策となる。混雑料金の水準は，「実際に混雑が発生するピーク時間帯においてのみ正の値をとり，それ以外ではゼロの水準に等しい」という，時間帯によって単価がフレキシブルに変動する性質を持つ必要がある。混雑箇所自体も時間帯によって変化するため，特定の通信経路あるいはルーターをリアルタイムに指定できるような高度にダイナミックなメカニズムを構築する必要もある。加えて，「公平性基準」への配慮が必須である。例えば，オンラインゲームと遠隔医療の双方について同じ混雑料金を課すことは公平性に悖る可能性が高い。利用者の所得水準を考慮し，高所得者層はより大きな負担を甘受すべきという意見もありうる。

　ネットワーク容量を変更することが可能な「長期」の枠組みでは，利用者に効率化インセンティブを与えるという短期的施策の実施を前提に，①最適なネットワーク容量を決定すること，さらに，②必要な投資資金を継続的に確保すること，が求められる。ベストエフォート環境の下において，①は，どの程度の QoE 低下が利用者にとって許容可能であるのかを見定めることに等しい。QoE の悪化が許容されない場合，ピーク時の利用量に応じて設備投資を積み増す必要がある[20]。QoE 維持のために高いQoS の設定が必須であるサービスに対してプレミアムサービスを有償で提供するというアプローチも検討に値する。ただし，本アプローチには，ベストエフォートサービス向けの設備投資を抑制することによってプレミアムサービスの価値を相対的に高めることで利益を増やすという行為をネットワーク事業者に許容してしまう余地があり，社会的最適性の観点からは問題となる（Cheng *et al.*, 2011）。

　これに対し，②は新たなビジネスモデルの探索を意味する。従量料金制の導入といった，ネットワーク利用量に応じた料金徴収を可能にするための工夫や，直接の契

---

[20] 容量増大の方策については，光ファイバの増設といったハード面の拡充だけではなく，新技術や新プロトコルの導入といったソフト面の改良も選択肢として存在する。クライアント端末間の直接のやり取りを可能にする P2P プロトコルを導入すれば，サーバーを介するトラフィック量が減少し，バックボーンでの混雑緩和につながる。人気が出そうなコンテンツのコピーをあらかじめ複数のサーバーに分散するといった手段も有効であり，コンテンツ配信ネットワーク（CDN）として既に事業化もされている。

約関係にはないコンテンツ事業者などの従来は課金対象とはされてこなかったプレイヤーから利用料金を徴収するようなモデル[21]の導入が問題解決に有効である。

これら短期・長期の解決策を実行する際は，ブロードバンドエコシステムが有する以下の三つの特殊性を十分に考慮する必要がある。

(1)　インターネットがプロバイダの共同作業で実現されていること
(2)　サービス品質がベストエフォート型であること
(3)　品質情報が十分に利用可能でなく，かつ利用可能な情報は一般利用者にとっては理解が必ずしも容易ではないこと

第一の特殊性の結果，QoE を規定する E2E の QoS は，通信経路上で最も低い品質を提供しているプロバイダに左右される。QoE を改善するためには，プロバイダ同士が，品質に悪影響を与えるボトルネックの発見に協力し，問題解決のための設備投資を協調して行うことが求められる。しかしながら，ビジネス上の観点からは，各プロバイダが自社の QoS（＝設備投資の状況）やボトルネックに関する情報を開示することは通常はない。設備投資の額やタイミングを総合的に調整するようなメカニズムや，インターネット全体をコントロールできる主体も存在しない。一方で，一つのプロバイダが実施した容量増大は，ネットワーク全体の品質にプラスの効果（外部経済）をもたらす。そのため，各プロバイダは，他者の設備投資にフリーライドし，既存のネットワーク容量をコモンズ（共有地）として過剰使用しようというインセンティブを持つことになり，QoE 悪化はさらに加速する[22]。

プロバイダが相互接続を行う場合の契約形態が双務的ではないことが，過剰使用のインセンティブをさらに拡大する。現在，インターネットにおける相互接続においては，多くの場合，お互いに対する通信パケットを無償で交換するピアリング（peering），あるいは，大規模ネットワークを有する事業者が小規模事業者に対しインターネット全体への接続を有償で提供するトランジット（transit），のいずれかの形態で契約が結

---

[21] 自身の直接の顧客ではない者への課金は，従来の暗黙のビジネス慣行（zero-price rule と呼ばれる）に正面から挑戦するものであり，これまで同慣行による恩恵を享受してきた事業者からの大きな反発が予想される。例えば，Chettiar and Holladay（2010）は，zero-price rule とは，ラストワンマイルのアクセス費用の負担から解放することによって，コンテンツ事業者に実質的な補助を与えるための便法であるとしている。
[22] いわゆる「コモンズの悲劇（Tragedy of the Commons）」（Hardin, 1968）と呼ばれる状況である。

318　第4部　通信産業からネット産業へ

ばれている。トランジット契約における支払い関係は小規模事業者から大規模事業者への一方向であり，逆方向に料金が支払われることはない。つまり，ピアリングとトランジットの双方のケースで，ネットワーク利用に際し発信者が費用を負担する必要がない場合が存在する。その場合，発信側プロバイダは接続相手方のネットワークをフリーライダーとして過剰に利用し，トラフィック混雑という外部不経済を発生させてしまう。本問題の解決のため，Kruse（2008）は，トラフィックを送り出す側のネットワークが受け入れ側に費用を支払うべきであると主張し，その清算方法を「Sending Party's Network Pays Principle（SPNP 原則）」[23]と名付けている。

　第二の特殊性により，利用者は，実際に経験する通信速度が宣伝されている上限速度を大きく下回ることがあっても，QoS に関する債務不履行の訴えを起こすことができない。そのため，ベストエフォート品質は，プロバイダ間の競争状況によっては，品質改善のための設備投資を行うインセンティブを下げる方向に作用する。

　第三の点も前二者に劣らず重要である。一般利用者にとって，自身が経験している通信速度の実効水準を知ることは必ずしも容易ではないため，料金に見合うサービスを受けているかについて正確に判断することは難しい。インターネット上には，利用者端末との間の実効通信速度を計測する無料サービスがいくつか提供されているが，その存在が一般利用者に周知されているとは言いがたいうえに，得られた計測結果を正確に評価して改善策を講じることは技術的知識が十分ではない者にとっては困難である。QoS と QoE の関係についての定量的な情報開示も存在しない。このことは，回線品質がベストエフォート基準であることともあいまって，実効品質への消費者の関心を低下させてネットワーク利用における合理的意思決定を困難にし，市場の効率を低下させ，効率的なネットワーク構築を阻害する。市場メカニズムを活用して，トラフィック混雑問題の解決を達成するためには，ブロードバンドサービスの品質情報が利用者側に十分な正確性をもって伝達され，かつ，その情報が正確に理解されることが必須の前提条件である。

---

[23] SPNP 原則については，国際電気通信規則の改正を目的として 2012 年 12 月にドバイ（アラブ首長国連邦）で開催された世界国際電気通信会議（WCIT：World Conference on International Telecommunications）での採択を目指し，欧州電気通信事業者協会（ETNO：European Telecommunications Network Operators' Association）が欧州委員会提案とすべく働きかけを行ったものの，提案として会議に提出されるには至らなかった。

4.3. ネットワーク事業者の市場支配力

ネットワーク中立性問題の第二の要素（要素 B）は「ネットワークを支配する SMP 事業者による反競争的行為」である。当該行為が大きな効率性損失をもたらす場合は，状況改善の措置を講じる必要がある。

ネットワーク管理に関する最終的な意思決定主体はプロバイダであるが，プロバイダ市場は参入障壁が低いため，プロバイダ単独での市場支配力の獲得・行使は想定しがたい。主として問題となるのは，ボトルネック性のあるアクセスネットワークを独占的に支配する事業者がその優越的地位を利用してプロバイダ市場に参入しているケースである。実際，ネットワーク中立性問題の震源地である米国で問題視されたのは，プロバイダ機能を有するネットワーク事業者が，アプリケーションやコンテンツを提供する隣接市場に独占力を及ぼす可能性についてであった。

自然独占で守られたネットワーク事業者が当該市場で培った市場支配力を隣接市場において不当に行使する可能性に対しては，一般的には，非対称な SMP 規制によって事業範囲を制限したり，保有しているボトルネック設備を競争事業者に開放するメカニズムを構築したりすることが要請される。しかしながら，具体的にどういった措置が適切なのかは，現実に成立している市場に即して決定される必要があるため，国によって大きな差が生じうる。また，ブロードバンドエコシステム全体の資源配分効率性への影響も視野に入れる必要がある。例えば，武田・尾形（2008）は，SMP 事業者に対しコンテンツの公平取り扱いを義務付けることは，コンテンツ市場における製品差別化の余地を減少させることを通じて，既存事業者間の協調行動の可能性を増大させ，新規参入事業者に対して高い参入障壁を課すことになると主張する。

ネットワーク事業者による反競争的行為の発生を懸念するあまり，ネットワーク事業者による垂直統合を一律に禁止することには問題が多いことは，前章 2.3 節で既に議論したとおりである。加えて，近年，遠隔医療のための手術画像伝送や，高品質のテレビ会議システムなど，高い QoS や精密なトラフィック管理を前提として構築されているサービスが登場してきている。ネットワーク管理による高度な品質管理を行える事業者が，そういったサービスを自ら提供すれば，利潤最大化と社会厚生の増大の双方の実現が期待できる。この場合，垂直統合に対する規制は資源配分の効率性を阻害する政府介入に他ならない。

ネットワーク中立性の維持・増進という目的を掲げた規制庁には，上記のような議論を踏まえ，ボトルネックを保有するネットワーク事業者に対する規制を適用するこ

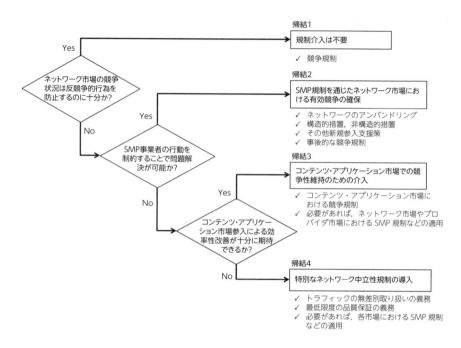

図 12-4-2　規制発動フローチャート

とが求められる。例えば，図 12-4-2 に示すようなフローチャートが参考となろう。

　まず，ネットワーク市場における競争の状況が，当該事業者による独占力の獲得・行使を可能にするか否かを判定する必要がある。現実の市場において観察される競争圧力が十分に高ければ，「SMP 事業者による反競争的行為」を抑止するという観点からの規制庁の介入は不要であり，一般的な競争規制だけで十分となる（「帰結 1」）。

　有効競争が発生していないのであれば，SMP 規制を施行することで問題を回避できるか否かを判定する必要がある。SMP 事業者の行動に制約を加えることが解決策となるのであれば，通信分野において伝統的に施行されてきた SMP 規制がその責を十分に果たすことが見込まれる（「帰結 2」）。

　現状の競争圧力が不十分であり，かつ，非対称規制によってもその実質的な改善ができなければ，ネットワーク事業者の市場支配力行使は不可避である。この場合，隣接市場での過度の独占力発揮を抑制することなどが求められる（「帰結 3」）。「特別なネットワーク中立性規制」が求められるのは，それによる効率性改善が不十分な場合

に限られる。トラフィックの無差別取り扱いや，最低限度の品質保証を事業者に義務付けたり，必要があれば，SMP 事業者に対する直接介入を行ったりすることが要請される（「帰結 4」）。なお，通常の競争法による事後規制では，問題対応に時間がかかるため大きな社会的コストが事後的に生じかねないことや，市場プレイヤーの側からみた予見可能性が減少し産業活動などに支障が生じかねないことも，ネットワーク中立性規制の追加的な論拠として主張されている。

4.4.　通信品質リテラシーの確保

　ネットワーク中立性問題が経済学的に道路混雑問題と同一視できるのであれば，短期的であれ長期的であれ，その解決のためには利用者に適切なコスト負担を求めるビジネスモデルを導入する必要がある。十分な競争市場が成立している場合，ビジネスモデル導入をめぐる関係者の利害や必要なリテラシーの獲得は価格メカニズムを通じて調整され，パレート効率的資源配分が達成される。トラフィック混雑に起因するネットワーク中立性問題に関しては，QoS，あるいはそれによって実現される QoE，を明示的に取り扱う市場が機能する限り，問題は自律的に解決される。しかしながら，現状では，そういった市場は存在せず，近い将来に状況が改善することも期待薄である。その大きな原因としては，本「問題」についての利用者のリテラシーが低いことが挙げられる。

　競争メカニズム補完の観点から導入される規制の策定においても，消費者の意向を十分に踏まえる必要がある。そのためには規則制定過程に一般消費者の積極的参加を促すことが近道である。これまで主としてネットワーク中立性の受益者として位置付けられ，課題解決の主体としてはみなされてこなかった一般利用者を，アクティブなプレイヤーとして適切に機能発揮させることができれば，ネットワーク中立性問題の大半は，政府の最小限の関与の下で効率的に解決できる。通信品質に対するリテラシーはそのための前提条件でもある。

　現状においてリテラシーが低い原因の一つは，サービス自体の難解さに求めることができる。プロバイダから利用者に示される QoS 情報は，①理想的な環境下で享受可能な通信速度（上限速度），および，②サービス品質がベストエフォートであるため上限速度の確保は保証されないという留保条項，の 2 点がほぼすべてである。上限速度が体験できる確率や，平均速度の情報，あるいは通信速度の揺らぎ（jitter）などの品質情報は通常与えられていない。仮にそれら詳細情報が提供されても，一般消費者

322　第4部　通信産業からネット産業へ

には容易に理解できるものではないため，通信品質への理解を深める役には立たない。情報提供の内容やその方法に関して事業者側が努力を重ねてきているのは事実であるし，規制庁側も法制度やガイドラインの整備を進めてきている。しかしながら，折角得られた情報も十分には理解されていない。やや古い情報になるが，筆者が2012年3～4月に実施したアンケート調査によれば，3割強の回答者が，プロバイダから与えられた情報を不十分にしか理解できなかったと回答している（実積, 2013）。

　E2Eの実効QoSやQoEが，契約プロバイダの通信品質だけでは決定されないことが，問題をさらに複雑にする。実効QoSは，当該プロバイダの品質のみならず，コンテンツサーバーとの間で経由する各プロバイダのサービス品質やゲートウェイの容量，インターネットエクスチェンジ（IX：Internet eXchange）の処理能力に大きな影響を受ける。コンテンツサーバーの能力や利用者の宅内ネットワークの状況，利用するコンテンツやアプリケーションによってもQoEは大きく異なる。つまり，ブロードバンドサービスはその性質を理解することが一般利用者にとって困難であることに加えて，利用価値は，味わう個人の嗜好，それを経験する環境，あるいは利用する目的により，大きく左右される。その意味で，ブロードバンドサービスは家電製品や電話サービスとは大きく異なるカテゴリーに属する。素人にとっては価値の評価が困難で，かつ合わせる料理や気候によって味わいが大きく左右されるワインなどにむしろ近い性質を持つ。

　こういった状況を改善するためには，通信品質リテラシー，あるいはさらに広く，ICTリテラシー，を改善するための消費者教育を広く提供することが必要である。利用者が高度なリテラシーを身につければ，提示されたワインリストから自分にとって最良のワインを選択するように，プロバイダ同士を比較衡量して最適の通信品質を享受できるようになる。予算や料理に合った最適なワインを選択する際に専門家であるソムリエの助言が有益であるのと同じく，ブロードバンドサービスを選択するに際しプロバイダ選択の専門家「ISP ソムリエ」[24]の助けを得ることができる環境を整備することも有効であろう。利用者が，現在契約しているプロバイダに対し，よりよいサー

---

[24] ISP ソムリエ（Internet Service Provider Sommelier）は，実積（2013）で提案されたICT専門家の名称である。市場で利用可能なプロバイダサービスの特性を把握し，クライアントの宅内ネットワーク環境や使用端末，利用パターンや利用コンテンツを考慮し，利用者の予算の範囲内で，最適のネットワーク環境を提案する。的確な提案を行うためには，プロバイダの公表データを理解できる専門知識に加えて，一般利用者のインターネット利用動向やコンテンツ事業者の設備投資状況に通暁していることが要請される。

ビスを提供している他のプロバイダに切り替えること（あるいは「切り替えるぞ」という脅し）によって圧力を加えることができれば，競争メカニズムを介して最適品質が実現され，問題解決に要請される政府介入は最小限に限定できる。

ただし，リテラシーが高まったとしても，実際に選択しうるプロバイダの数が限定されていれば，効率性改善は依然として望みがたい。NTT東西に対するSMP規制により，わが国の固定ブロードバンド市場は十分に競争的であり，利用者は選択肢に恵まれているようではあるが，実情は高水準のスイッチングコストが存在するため，実質的に選択可能なプロバイダの数は極めて限られている（Jitsuzumi, 2013）。既存3社による寡占状況が強固に保たれているモバイル・ブロードバンド市場の状況はさらに選択肢が限られている。既存事業者によるロックインを緩和し，競争の実質化を達成するためには，競合事業者は既存事業者にはない魅力を実現する必要がある。まずもって考えられるのが料金面での魅力であるが，市場の料金水準は既に十分に低いため，低料金戦略の余地は限られる。価格競争だけでスイッチングコストを克服することが困難であるならば，実効品質などの非価格要素に競争の分野を広げることによって競争性を高めることを検討すべきである。既存利用者がプロバイダ変更の際に費やす手間やコストを低減化する制度設計（メールアドレス・ポータビリティの実現や，早期解約に係る違約金水準の合理化を目指すガイドラインの策定など）や，特定コンテンツの利用量を無料にするゼロレーティングやスポンサードデータなど特定のサービスメニューを新規事業者のみに認めることも有効な手段であろう[25]。

4.5. 「ネットワーク中立性」からの中立性

資源の効率的配分は完全競争によって達成されるが，特定の条件の下では，政府による介入が必要とされる。介入方法の設計においては，一般に，「中立性」の原則が重視されてきた。政府介入にこれまで要求されてきた伝統的な中立性原則とは，簡単に言えば「特定のモノを優遇しない」という行動指針であり，「競争中立性」と「技術中立性」に大別される。

競争中立性とは，政府の介入が特定の市場参加者の競争力に影響を与えてはならないという原則である。特定企業に対する補助金の供与や，特定者に対してのみ事業許可を与えるといった行為は，「特定企業」以外の市場参加者に不利益を与えるという

---

[25] ゼロレーティングとネットワーク中立性をめぐる議論については実積(2017)を参照されたい。

意味で，競争中立性を満たさない。ただし実際には，財源に制約がある以上，補助金対象はある基準で選択されざるを得ないし，周波数利用をめぐる物理的制約（電波干渉など）により携帯電話事業者数は一定数以下に制限されるため，競争中立性を厳密に満足させることは難しい。自然独占性が認められる市場では，SMP 規制などのように既存事業者に特別の制約を課す場合もある。一方，技術中立性とは，政府の介入により特定技術を優遇したり不利益を与えたりしてはならない，という原則である。特定技術の採用を事業許可の条件としたり，特定技術のみに補助を行ったりすることは，技術中立性に反する。

　それに対し，ネットワーク中立性規制の制定を主張する論者は，「アプリケーション間の公平な競争が確保されている状況」（Wu, 2003）を維持するため，市場参加者に対して一定の中立性基準を採用させるべく政府の積極的な関与を求める。自由競争に資源配分の帰結を委ねるために政府の意思決定を制約することを志向した競争中立性や技術中立性に対し，ネットワーク中立性が大きくその性質を異にする点である。

　トラフィック量が爆発的に増加しているという事態に対し，短期的には供給が非弾力的なネットワークで対処しなければならないという現状は，希少なネットワーク資源の利用に関して勝者と敗者を生み出すことが不可避である。例えば，混雑時に優先的に取り扱われるアプリケーションと，そうでないアプリケーションの間で格差が発生する。もしくは，すべての利用者に対して同等のベストエフォート品質が提供された場合は，高品質な QoS の下でしか十分な機能を発揮できない一連のアプリケーション（遠隔医療など）の提供者にとっては市場に参加する機会自体が奪われてしまう。

　ネットワーク中立性原則のルール化，とりわけ「中立性を確保するためのネットワーク管理手法のルール化」とは，勝者と敗者を分けるラインが，市場競争によってではなく政府によって描かれるということに他ならない。最適な資源配分が実現されるか否かは，ルール決定者が正確な判断を下せるかどうかに依存する。しかし，急速な技術進歩や市場の変化を前にして，政策決定者が完全情報に基づく合理的判断を下すことは難しい。そうであるなら，われわれは分散型意思決定システムである市場メカニズムを活用すべきである。政府が定めた基準を全員で遵守するよりも，市場プレイヤー各々が適切と考えるネット中立性ルールに基づいてサービスの提供や利用を行い，競争による淘汰を経て，最適なルールを選抜する方が，より効率的な結果が実現できる。

　もちろん，市場競争が十分でない場合，政府の介入を排するということは，勝者と

敗者を分けるラインが SMP 事業者によって画されるという結果になることは事実である。分散型意思決定システムのメリットを活かすためには，プレイヤーの数を増やす必要がある。そのためには，SMP 規制などの支援策の導入が不可欠となる。

　先述したとおり，ネットワーク管理方法や QoS・QoE を明示的に取り扱う市場は現在のところ存在しない。したがって，競争メカニズムを活用するには市場自体の育成から開始しなくてはならず，長い時間と多くのコストが必要である。一方で，「ネットワーク容量に係る供給制約の下で，社会厚生の最大化を達成するようなネットワーク運用を確保するメカニズムをどのように構築するのか」という問題は緊急に解決を要し，市場の成立を悠長に待つ時間的猶予はない。そのため，暫定的なルールを政府のイニシアティブの下で作成することは時限的な緊急避難として正当化される。暫定ルールの決定に際しては可能な限り多くの意見を反映することが望ましい。変化の激しい市場に適した柔軟かつ効果的な規制アプローチである「共同規制」[26]の活用も有力な選択肢となろう。

　競争的なネットワーク市場を育成したのちに，通信品質リテラシーの改善や，プロバイダによる情報公開の義務付けといった環境整備を通じて，QoS・QoE を明示的に扱う市場を育成し，その下で最適な中立性基準を見出していくことが，インターネット政策の目指すべき長期的な方向である。ネットワーク中立性ルールは「暫定的ルール」以上のものであるべきではない。目指すべき方向は，「ネットワーク中立性のルール化」ではなく，特定の中立性「基準」を恣意的に決定することを避けること，つまり「『ネットワーク中立性』からの中立性」でなくてはならない。ネットワーク中立性原則は，これまでの伝統的な中立性原則に倣って消極的な意味付けを追求すべきである。少なくとも，誕生して半世紀程度にしかならないインターネットの現状を神聖視し，それをルールとして固定する愚は犯すべきではない。

---

[26] 共同規制は，広範な利害関係者の合意によって形成されるガイドラインによって適切な市場環境の確立を目指す一方，ガイドライン違反に対しては国が法的措置をとる余地を認めることで，変化の激しい市場に適した柔軟かつ効果的な規制環境の実現を図ろうとするものである。EU 法（European Parliament, Council, and Commissson［2003］Interinstitutional Agreement on Better Law-making, 2003/C 321/01）上には明確な定義規定（Article 18）があるが，わが国においては法律上正式に定義されてはいない。詳しくは，生貝（2011）を参照のこと。

326　第4部　通信産業からネット産業へ

5.　ブロードバンドエコシステムが求める中立性

5.1.　ネットワーク中立性の進化

　ネットワーク中立性「問題」には，近年では，様々な論点が付加され，議論される範囲が拡大し，問題が重層化してきている。

　本問題がメディアの大きな注目を集めた米国では，技術的バックグラウンドを必ずしも有しない多数のステークホルダーが議論に参加し，それに伴い，本来の素朴な問題設定に様々な論点が追加された。追加された論点には「公平性」や，「人権」，「民主主義」といった非経済的価値に関わるものが多く，それらは市場メカニズムでクリアに解決できる性質のものではない。他方，ICTの急速な発達と，ネットワーク事業者やコンテンツ配信ネットワーク（CDN：content delivery network）事業者による積極的な設備投資の結果，ネットワーク容量の稀少性は以前ほど重大な問題ではなくなりつつある[27]。その結果，効率性改善を目指す経済的介入ではなく，行政府による関連法益の比較衡量が要請される政治的介入の方が重要となる。技術進歩やビジネスモデル転換が急速に進むブロードバンド市場における比較較量では，政策担当者はケースバイケースの判断に依存せざるを得ず，市場には大きな不確実性がもたらされている。

　また，モバイル・ブロードバンド事業者が固定ブロードバンド事業やコンテンツ事業を垂直統合により取り込む傾向が強まった結果，巨大な統合型ブロードバンドサービス事業者が誕生し，市場支配はこれまでになく強化されつつある。垂直統合の結果，インターフェイスは事業者交渉の対象から企業の内部調整課題となり，外部性の内部化が実現し，ホールドアップ問題の可能性もなくなったことから，ネットワーク中立性を理由とする政府介入の存在意義が問われる局面も想定できる。一方で，統合型ブロードバンドサービス事業者と競争する独立系中小事業者にとっては競争支援措置が急務である。

　統合型ブロードバンドサービス事業者の誕生が，これまで想定してきたのとは全く異なる「OTT主体のブロードバンドエコシステム」の誕生を意味する余地もあり，ネットワーク事業者の市場支配力を抑制することを眼目にしてきた従来型規制は所期の

---

[27] 例えば，Charter社によるTime Warner Cable社およびBrighthouse社の買収にFCCが課した条件（FCC, 2016）では，データ利用の抑制手段としてポピュラーな月間データ利用量制限の設定，制限超過後の超過支払いの要求や品質低下措置の適用等を行ってはならない旨が定められているが，これらは混雑制御が技術上の要請ではなく，経済的な判断であることの反映と解される。

効果を達成できない。エコシステム全体を見渡して，レベルプレイングフィールドを確保する施策であり，利用者にとって重要な「中立性」を確保するためには，エコシステムを構成する様々なプレイヤー間のインターフェイスのすべてに目を配る必要がある。

5.2.　様々な中立性

インターネットは，様々なサービスのインフラ基盤として機能している。サービス事業者はインターネット上でサービスを展開することで，通信事業者やケーブルテレビ事業者が設置した施設を利用しつつ，全世界に対してサービスを提供できる。Amazon 社などの電子商取引事業者がその典型例であり，彼らが行うビジネスは，Over-The-Top（OTT）と形容され，それを行う事業者は OTT 事業者と称される。OTT 事業者はネットワーク設備そのものの構築を行う必要がないため参入障壁が低く，かつ，レガシー化した既存資産に縛られることが少ないために急速に進化する ICT の恩恵を受けやすい。また，膨大な初期投資の負担が不要で，事業規模に応じて利用設備（すなわち設備費用の負担）を順次増加することができるため，財務体力に劣る中小規模の事業者にとってもサービス開始が比較的容易である。

そのため，本分野には多数のプレイヤーが参入を果たし，市場の様々なニーズに応える多種多様なサービスが提供され，そのバリエーションは年々拡大している。現在，OTT サービスは，クラウドサービスやビデオ配信から，音声通信まで幅広い。

多数の OTT 事業者の存在は，それぞれの分野において，競争を通じた価格低下，イノベーションの加速などを通じて消費者に大きな価値をもたらす。実際，インターネットの商用利用が 1989 年に解禁されて以降，電子商取引の規模は急速に拡大している。新しい事業者の活躍は従来型事業者にとっては新たな競争圧力を意味するため，経済全体の生産性にも大きなプラスの効果が見込まれる。

OTT 事業者にとって，ネットワークインフラの利用が十分に確保されることはビジネスの生命線である。利用の制約は少なければ少ないほど，利用料金は低ければ低いほど望ましい。ただし，ネットワーク設備は民間投資によって構築されたものであり，必要な通信容量を提供・維持するためには，相応の設備投資を行う必要がある。十分な設備投資インセンティブを生むためには，一定水準を超える投資収益率をネットワーク事業者（もしくは投資家・金融市場）に対して確保することが必須であり，利用条件の緩和には一定の限界が存在する。利用条件を過度に緩和すれば，投資収益率

が低下し，ネットワーク利用量の急増に対応した投資拡大が困難になり，OTT事業の基盤が損なわれる。一方，自然独占性の下で一定の市場支配力を有するネットワーク事業者側には，利潤最大化の目的でネットワークの利用条件を過剰に厳しく設定する可能性がある。OTT事業者の提供するサービスがネットワーク事業者と競合するものである場合，その可能性は一層大きい。この点について，資源配分最適化の観点からは，OTT事業者とネットワーク事業者の間のインターフェイス条件をどのように設計すべきかということがネットワーク中立性「問題」のそもそもの本質である。

　一方，OTT事業者の中には，主としてコンテンツやアプリケーションの開発・提供に携わる事業者（OTTコンテンツ事業者）や，オンライン・プラットフォームを提供する事業者がある。特に，後者の中には，前章3節で既に論じたように，両面市場性を十二分に活用した革新的ビジネスモデルによってエコシステム全体に大きな影響力を持つ巨大事業者が存在している。OTT事業者にとってネットワークインフラがビジネスの生命線であるのと同じく，OTTコンテンツ事業者にとってはオンライン・プラットフォームが事業の死命を制する。そのため，OTT事業分野における資源配分効率性を確保するため，プラットフォーム上での取り扱い，検索結果の表示における「中立性」を，巨大事業者の市場支配力の行使に対抗する形で確保する必要がある[28]。

　ネットワーク事業分野についても同様である。ネットワーク設備とプロバイダ機能が分離されている状況であれば，ネットワーク事業者の保有する設備に対する「中立性」が要請される。さらに，端末や周辺機器を製造するレイヤを分析の視野に入れた場合，ネットワークへの接続条件についての「中立性」確保が望ましい[29]。

　OTT事業者とネットワーク事業者を当事者とする産業構造に関連する様々な政策課題とネットワーク中立性「問題」の関係を図12-5-1に示す。ただし，OTT事業者に関する政策課題はこれだけにとどまらない。表現の自由をはじめとする非経済的な論点が俎上に載ることも多く，技術発展や市場環境の変化により新たな政策課題が追加されてもいる。

---

[28] 同様の指摘は，Easley *et al.*（2018）にもある。
[29] 端末や周辺機器をネットワークに自由に接続できる中立性については，カーターフォン（Carterphone）ルールと称されることもある。これは，FCCが1968年に下した裁定（カーターフォン裁定）（FCC, 1968）に基づくもので，ネットワークに損傷を与えない限り，任意の端末を接続することを認めたものである。なお，カーターフォンとは，固定電話端末を自営無線電話に接続するシステムの名称である。

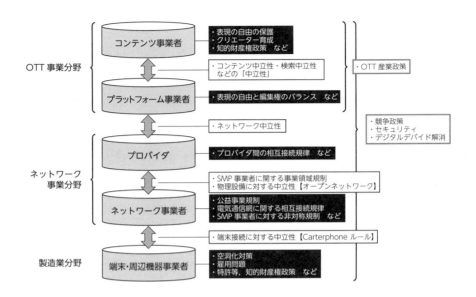

図 12-5-1　ブロードバンドエコシステムが求める各種中立性

引用文献：

アルビン・トフラー［著］徳山次郎［監修］鈴木健次他［訳］（1980）『第三の波』日本放送出版協会.

Calvano, E., Calzolari, G., Denicolo, V., and Pastorello, S.（2019）"Artificial Intelligence, Algorithmic Pricing and Collusion," https://ssrn.com/abstract=3304991

Cheng, H. K., Bandyopadhyay, S. and Guo, H.（2011）"The Debate on Net Neutrality: A Policy Perspective", *Information Systems Research*, 22(1), 60-82.

Chettiar, I.M. and Holladay, J.S.（2010）"Free to Invest: The Economic Benefits of Preserving Net Neutrality," Report No.4, Institute for Policy Integrity, New York University School of Law, http://www.policyintegrity.org/documents/Free_to_Invest.pdf

デジタルトランスフォーメーションに向けた研究会（2018）「DX レポート～IT システム『2025 年の崖』の克服と DX の本格的な展開～」https://www.meti.go.jp/shingikai/mono_info_service/digital_transformation/pdf/20180907_03.pdf

Easley, R.F., Guo, H., and Krämer, J.（2018）"From Net Neutrality to Data Neutrality: A Techno-Economic Framework and Research Agenda," *Information Systems Research*, 29(2), 253-272.

European Commission［EC］（2016）"Communication from the Commission to the European

Parliament, the Council, the European Economic and Social Committee and the Committee of the Regions, Online Platforms and the Digital Single Market Opportunities and Challenges for Europe," COM/2016/288 final.

European Commission ［EC］（2018）"Communication from the Commission to the European Parliament, the Council, the European Economic and Social Committee and the Committee of the Regions, Tackling online disinformation: a European Approach," COM/2018/236 final.

Federal Communication Commission ［FCC］（1968）"In the Matter of Use of the Carterfone Device in Message Toll Telephone Service; In the Matter of Thomas F. Carter and Carter Electronics Corp., Dallas, TEX. （Complainants）, v. American Telephone and Telegraph Co., Associated Bell System Companies, Southwestern Bell Telephone Co., and General Telephone Co. of The Southwest （Defendants）," 13 F.C.C.2d 420（1968）.

Federal Communication Commission ［FCC］（2016）"Memorandum Opinion and Order, In the Matter of Application of Charter Communications, Inc., Time Warner Cable Inc., and Advance/Newhouse Partnership, For Consent to Assign or Transfer Control of Licenses and Authorizations," 31 FCC Rcd 6327（2016）.

Hardin, G.（1968）"The Tragedy of the Commons," *Science*, 162（3859）, 1243-1248.

生貝直人（2011）『情報社会と共同規制：インターネット政策の国際比較制度研究』勁草書房.

Jitsuzumi, T.（2013）"Consumer Preferences for Mobile Broadband Quality in Japan: Implications for the Discussion on Network Neutrality,"『経済学研究』80（1）, 127-142.

実積寿也（2013）『ネットワーク中立性の経済学：通信品質をめぐる分析』勁草書房.

実積寿也（2017）「ネットワーク中立性とゼロレーティング」『情報法制研究』（1）, 55-63.

実積寿也（2018）「ネット中立性規制 ver.4 へ――ネットワーク中立性 3.0 の世界―」『情報法制研究』（3）, 29-43.

國領二郎（2017）「トレーサビリティとシェアリングエコノミーの進化」『研究・技術・計画』32（2）, 105-116.

Kruse, J.（2008）"Network Neutrality and Quality of Service," *Intereconomics*, 43（1）, 25-30.

Lepanjuuri, K., Wishart, R., and Cornick, P.（2018）"The Characteristics of Individuals in the Gig Economy," https://www.gov.uk/government/publications/gig-economy-research

三菱総合研究所（2018）「ICT によるイノベーションと新たなエコノミー形成に関する調査研究報告書」http://www.soumu.go.jp/johotsusintokei/linkdata/h30_02_houkoku.pdf

Nedelkoska, L. and Quintini, G.（2018）"Automation, Skill Use and Training," *OECD Social, Employment and Migration Working Paper*, 202, https://doi.org/10.1787/2e2f4eea-en

OECD（2019a）*Going Digital: Shaping Policies, Improving Lives*, OECD Publishing, https://doi.org/10.1787/9789264312012-en

OECD（2019b）*An Introduction to Online Platforms and Their Role in the Digital Transformation*, OECD Publishing, https://doi.org/10.1787/53e5f593-en

総務省（2017）『平成 29 年版情報通信白書』http://www.soumu.go.jp/johotsusintokei/whitepaper/ja/h29/index.html

総務省（2018）『平成 30 年版情報通信白書』http://www.soumu.go.jp/johotsusintokei/whitepaper/ja/h30/index.html

武田邦宣・尾形将行（2008）「『ネットワーク中立性』の研究」『阪大法学』57(6), 931-973.

Wu, T.（2003）"Network Neutrality, Broadband Discrimination," *Journal on Telecommunications and High Technology Law*, 2, 141-175.

Zervas, G., Proserpio, D., and Byers, J.W.（2017）"The Rise of the Sharing Economy: Estimating the Impact of Airbnb on the Hotel Industry," *Journal of Marketing Research*, 54(5), 687-705.

索　引

A

AI　39, 81, 291-293, 302-304

B

Baxter's Law　280

D

Data is the new oil.　79

digitalization　289-290, 301

digitization　289-290, 301

DX　301-306

E

EBPM　296

e-Japan 戦略　26-30

I

ICE, Internalizing Complementary　280, 310

IoT　39, 290, 292, 302-303

IPR　82-83

ISP ソムリエ　322

M

MNO　218

MVNO　190, 218

N

NTS コスト　142

O

OTT 事業者　3, 327-328

Q

QoE　259, 315-318, 321-322, 325

QoS, Quality of Service　258-259, 315-319, 321-322, 324-325

S

smart market　254, 256

Society 5.0　301-302

SPNP 原則　318

T

TELRIC, Total Element Long Run　231

TS コスト　142

U

UNE, Unbundled Network Elements　219, 221, 224, 227

X

X 効率性　192

X 非効率性　192, 310

X ファクター　206-210

Z

Z ファクター　208

ア行

アバーチ＝ジョンソン効果　22, 193
アルゴリズム共謀　304
アローの不可能性定理　15, 21, 27
閾値加入者数　99-100
インセンティブ・オークション　267
インセンティブ規制　201, 204, 210, 230
迂回生産　36-37
オンライン・プラットフォーム　277, 296, 302, 306-313, 328

カ行

価格上限規制　29, 201, 206-210, 230
価格スクイズ　231-233
学歴シグナル　69
過剰慣性　127-128
過剰参入定理　49, 56
過剰転移　127-128
過剰投資定理　50, 56
仮想加入需要曲線　117-120
仮想通信需要　120
加入需要曲線　108, 112, 115, 117-120
慣性効果　127
間接ネットワーク効果　93, 97, 100, 233, 283, 286-287, 308
完全競争モデル　5
完全コンテスタブル市場　210-211
完備情報　66
ギグ・ワーク　306
ギグエコノミー　312
規模の経済　19, 49, 56, 58, 80, 93-94, 107, 144-148, 153-154, 165, 168, 177, 189, 203, 208, 211, 220, 223, 227, 240, 263, 303, 309-310
規模の不経済　78, 148, 155-156
逆選択　68, 70-71
逆淘汰　68
クラウド・ワーク　306

クラウドコンピューティング　251, 302
クラブ財　18, 76
クリームスキミング　181, 226
クリティカル・マス　106-108, 110-112, 115, 121-127, 131
グローバル・プライスキャップ　230, 232
ゲーム理論的不安定性　152
限界費用価格形成　168-170, 172-176
顕示選好　84
現実（の）加入需要曲線　117, 119-120
ケンプの規準　45, 241
公益事業特権　56
厚生経済学　3, 13
公正報酬率　182, 192, 196, 198-199
公正報酬率規制，ROR規制　180-182, 191-193, 196, 198-200, 202, 205, 208, 212
効率的投入財価格ルール　228
合理的期待均衡　102
コースの定理　20
個別通信需要　115-118, 120-121
コモンキャリア　56-57
コンテスタビリティ理論　49, 210, 212-213

サ行

サービス競争，サービスベース競争　218-225, 231
サミュエルソン条件　18
産業構造政策　34, 39
産業組織政策　34, 48
産業転換・産業調整　34, 46-48
三者間市場　281, 283-285, 287
参入規制　29, 56, 163, 178-182, 185-188, 192, 200-201, 203, 208, 217, 260
シェアリングエコノミー　302, 312
時間の経済効果　42, 241
シグナリング　69-70, 132
市場支配的事業者　30
市場通信需要　120-121

索　引　*335*

市場の失敗　20, 24, 27, 33, 58, 80, 82, 247, 295

次善　172, 212, 227

自然独占　4, 29, 34, 56-58, 132, 149, 157-158, 165, 171-172, 178, 185, 188-191, 193-194, 201, 210, 217, 220, 225, 233, 294, 309-310, 319, 324, 328

次善料金→セカンドベスト料金

習熟の経済　58

充足の経済　135-136

収入等価定理　202

周波数オークション　49, 204, 260, 263-268

従量料金　108, 173, 257, 287-289, 316

需給調整条項　28-29, 183-184, 200

受信の外部性　95, 97

純粋公共財　18, 76

小国の仮定　44-45

消費における外部性　91, 95

情報銀行　85

情報財　65, 67, 76-79, 82-85, 98

情報非対称性　66, 68, 70

情報リテラシー　25-26, 57, 107, 249

人工知能　39

スイッチングコスト　50, 127, 236-240, 309, 323

スタートアップ問題　121

スノッブ効果　94

政府の失敗　56, 186, 295

聖ペテルスブルグのパラドックス　72, 74

セカンドベスト料金　168, 171, 178, 185, 207

接続料金　30, 208, 225, 227-229, 231-232, 274

設備競争，設備ベース競争　218-225

設備の不可分性　135

戦略的貿易政策　34, 58, 295

総括原価方式　229

増分費用　151, 153, 227-228, 234

増分費用プラス・ルール　228-229

タ行

大国の仮定　45

大数の法則　67

多部料金　108

単独採算費用ルール　227, 234

知的財産権　76, 82, 240, 295

長期増分費用　30, 229, 231

直接ネットワーク効果　93, 100, 308

定額料金バイアス　288

定額料金プリファレンス　288

ディスインターミディエーション　275-276

ディスインフォメーション　85-86

データ駆動型経済　292, 294-296

データ駆動型ネットワーク効果　81

データポータビリティ権　79, 311

データローカライゼーション　296

デジタル・デバイド　26

デジタルトランスフォーメーション　301, 303

デジュリ標準　235

デファクト標準　235-236

電波資源　26, 50, 204, 218, 261-263, 265-268

動学的外部性　43

動学的規模の経済　42, 44-45, 241

投資の階段　223-225

道徳的危険　71

ナ行

内部相互補助　29, 180-181, 225, 232-234, 281, 287-288, 307, 309

二部料金制　173-174, 288

二面市場　285

根岸の規準　46, 241

ネットワーク外部性　25, 91, 93, 95-97, 115, 118, 130

ネットワーク効果　4, 91-95, 99, 102, 106-109, 111, 115, 118-122, 124, 126-130, 132, 167, 203, 212, 223, 226, 235-236, 238,

263, 283, 287, 294, 303, 307, 309-310

ネットワーク中立性　141, 314-315, 319-321, 323-326, 328

ハ行

パーシャル・プライスキャップ　230

パーソナルデータストア　84

破棄し得ない使用権　225

パケ詰まり　25

バステーブルの規準　42-43, 45, 241

範囲の経済　19, 56, 78, 80, 150-154, 224, 237, 263, 303, 308-310

バンドワゴン効果　94

ピークロード料金　175-176

ピグー　128, 316

ピグー税　21, 256

非線形料金　173

非対称規制　30, 320

ビッグデータ　39, 289-296, 302

評判のメカニズム　70, 77, 83

表明選好　84

品質保証型（ギャランティ型）サービス　258

ファーストベスト料金　169, 171, 178, 185

フェイクニュース　86, 308, 313

不確実性　17, 65-66, 72-73, 77-78, 82-84, 209, 326

不可欠設備　82, 218-221

不完備情報　66

プライスキャップ規制→価格上限規制

プライバシー・パラドックス　84

プラットフォーム事業者　306-311, 313

プラットフォーム独占　309

フリーミアム　282-283, 287

プリンシパル・エージェント問題　27

文脈依存性　78, 80

平均費用価格形成　170-172, 180-181, 192, 196-198, 212

ベイズ定理　77

ベストエフォート　141, 257-259, 316-318, 321, 324

ペティ＝クラークの法則　34-35

ペニーギャップ　283

ベルヌーイ基準　73

ポーク・バレリング問題　170

補完財効率性の内部化　280

ボトルネック設備　219, 319

マ行

マーシャルの外部性　19, 58-59, 242, 294, 304

ミスインフォメーション　85-86

ミルの規準　43, 45, 241

ムーアの法則　149

メトカーフの法則　98-99

免許入札制　201-204, 260, 263

モノのインターネット　39

モラルハザード　71

ヤ行

ヤードスティック競争　201, 204-205, 210

ユニバーサルサービス　128, 179-181, 202, 225, 232-233

幼稚産業保護　34, 39, 42, 45-46, 241

ラ行

ラムゼイ価格　171-172, 177

ラムゼイ最適な料金設定方式　171-172

リスク　30, 66, 73, 77, 107, 121, 209, 219, 224, 235, 285,

リスク愛好（的）　73-74

リスク回避（的）　73-74, 288

リスク資産　73-75

リスク中立的　73

リスクプレミアム　74

料金規制　29, 56, 163, 169, 172, 178, 181, 185-188, 191-193, 207, 213, 280, 310

料金仲介型ネットワーク外部性　92
両面市場　97, 233, 285-287, 307, 328
臨界加入者集合→クリティカル・マス
レートベース方式　182
劣加法性　154-155, 157-158, 163, 178, 189,

192
レモン市場　67
連続独占仮説　52, 56
レントシーキング　27, 200, 262, 266

著者紹介

実 積 寿 也（じつづみ　としや）

中央大学総合政策学部　教授
郵政省（現，総務省），長崎大学，日本郵政公社，九州大学を経て，2017年より現職
東京大学法学部卒業（法学士），New York University 経営大学院修了（MBA［Finance］），早稲田大学大学院国際情報通信研究科修了（博士［国際情報通信学］）
安倍フェロー（2006 年度）としてコロンビア大学 CITI にて visiting scholar
専門は通信政策，インターネット政策，および通信経済学

主要著書
『OTT 産業をめぐる政策分析―ネット中立性，個人情報，メディア―』（共著；2018 年，勁草書房）
『ネットワーク中立性の経済学―通信品質をめぐる分析―』（2013 年，勁草書房）
『IT 投資効果メカニズムの経済分析―IT 活用戦略と IT 化支援政策―』（2005 年，九州大学出版会）

所属学会
情報通信学会，情報法制学会，公益事業学会，日本地域学会，International Telecommunications Society

---

通信産業の経済学 R1

2010 年 12 月 15 日　初版発行
2013 年 9 月 30 日　2.0（改訂増補版）発行
2019 年 10 月 30 日　R1（第 3 版）発行

　著　者　実 積 寿 也

　発行者　笹 栗 俊 之

　発行所　一般財団法人 九州大学出版会

　　　　　〒814-0001 福岡市早良区百道浜 3-8-34
　　　　　九州大学産学官連携イノベーションプラザ 305
　　　　　電話　092-833-9150
　　　　　URL　https://kup.or.jp/

　　　　　　　　　　　　　　印刷・製本／城島印刷 ㈱

ⓒToshiya Jitsuzumi　2019
Printed in Japan　ISBN978-4-7985-0264-9